愛しのオクトパス

——海の賢者が誘う意識と生命の神秘の世界

The Soul of an Octopus
A Surprising Exploration into the Wonder of Consciousness

Published by arrangement with Atria Books, a Division of Simon & Schuster, Inc.
through Tuttle-Mori Agency, Inc., Tokyo

アナに
「きのうは完璧なまま」

目次

第一章　アテナ　軟体動物の心と出合う　7
第二章　オクタヴィア　ありえないはずなのに——痛みを味わい、夢を見る　46
第三章　カーリー　魚が結ぶ縁　86
第四章　卵　始まり、終わり、変貌　127
第五章　変貌　海のなかで息をする　177
第六章　出口　自由、欲望、脱出　216
第七章　カルマ　選択、運命、そして愛　251
第八章　意識　考え、感じ、知る　290

追記　332
謝辞　334
訳者あとがき　339
参考文献・資料　1

第一章　アテナ

軟体動物の心と出合う

三月中旬にしては珍しく暖かな日で、私が住んでいるニューハンプシャー州では融けた雪で地面がぬかるんでいた。ボストンに到着すると、誰もが波止場を散策したり、ベンチに腰を下ろしてアイスクリームをなめたりしていた。しかし私は日向ぼっこをあきらめ、湿気があって薄暗いニューイングランド水族館に向かった。これからミズダコとデートする約束があったから。

私はタコについてはほとんど知らなかった。オクトパス（octopus）の複数形をオクトパイ（octopi）とするのは厳密には誤用だということすら知らず、ずっとオクトパイだと思い込んでいたくらいだ（実際には、octopusという単語はギリシャ語から来ているので、ラテン語の複数形語尾である-iはつけられないそうだ）。それでもタコについて知っているいくつかのことが私の興味をかき立てた。ヘビのような毒と、オウムのようなくちばしと、古風なペンに使うようなインクを持っている動物。体重は成人男性並みになる場合もあって、体長は伸ばそうと思えば自動車くらいまで伸ばせるが、その一方で、骨がなく袋のようにたるんだ胴体を、オレンジくらいの大きさの隙間から滑り込ませることもできる。体の形と色も変えられる。皮膚で味がわかる。私が何より興味を惹かれたのは、本で読んだかぎりでは、タコは頭がいいということだった。これは私が当時すでにわずかながら経験していたことを裏づけていた。公共の水族館にタコを見に行ったことのある多くの人が同じ経験をしていると思うが、こちらが興味津々でタコを見ていたら、向こうも同じくらい興味ありげにこちらを見返している気がすることが少なくなかった。

どうしてそんな気がするのだろう。タコほど人間からかけ離れている動物はそうそういない。タコの体は私たちの体とは構造がまったく違う。私たち人間は頭があって胴体があって手足がある。タコの場合は、胴体があって頭があって手足がある。口は腋の下――あるいは、タコの腕を人間の腕ではなく脚とみなしたければ、股間――にある。呼吸はえらでする。腕を覆う吸盤は器用に物をつかむことができ、これに相当するものは哺乳類にはない。

しかもタコは、哺乳類、鳥類、爬虫類、両生類、魚類といった背骨のある生き物と、それ以外のすべての生き物とを隔てる脊椎による分水嶺の向こう側にいるばかりか、背骨のない無脊椎動物のなかでも軟体動物に分類される。ナメクジ、カタツムリ、二枚貝など、あまり知的とはいえない動物たちのグループだ。二枚貝には脳すらない。

今から五億年あまり前に、進化の過程でタコにつながる系統と人間につながる系統とが分かれた。私は思った。その進化の分水嶺の向こう側にある、もうひとつの心に触れることはできるのだろうか、と。

タコは「向こう側」の大いなる神秘を象徴している。見た目はまるでエイリアンだが、彼らの世界、つまり海は、地球全体に占める割合（地表部分の七〇パーセント、生物が生息できる空間の九〇パーセントを超える）では、陸地をはるかに上回っている。この惑星のほとんどの生き物は海に棲んでいる。そして、そのほとんどが無脊椎動物だ。

私はタコに会いたいと思った。もうひとつの現実に触れてみたかった。私たちの意識とは別の種類の意識が実際に存在するのだとしたら、それを探ってみたかった。タコというのはどんなふうに感じているのだろう。人間の場合と似たところはあるのだろうか。そもそも、それを知ることなんてできるのだろうか。

だから、水族館のロビーで出迎えの広報担当者から、アテナというタコを紹介しようと言われたときは、別世界へ招かれた特別な客になった気分だった。けれども、その日を境に私が発見することになるのは、実は私自身にとっての愛おしい青い惑星——息をのむほど異質で驚異的ですばらしい世界だった。この地球に生まれて半世紀、その大部分をナチュラリストとして過ごした末にようやく見つけた、自分の居場所だと心から感じられる世界だった。

＊

アテナの主任飼育員は留守だという。私の心は沈む。タコの水槽は誰でも開けられるわけではなく、それにはもっともな理由がある。ミズダコは世界に二百五十ほどいるタコの種のなかで最大で、人間ひとりくらい簡単に負かしてしまうほどの力がある。大きなオス一匹の直径八センチメートルにも満たない吸盤ひとつで一三キログラムの重さのものを持ち上げることができ、それがミズダコの場合は一匹で千六百個もある。かまれたら唾液と一緒に神経毒も注入され、その毒には肉を溶かす力がある。何より、水槽を開けた隙にタコが逃げ出したら、当のタコにとっても水族館にとっても大問題になる。

幸い、スコット・ダウドという別の飼育員が力になってくれるという。スコットは四十代前半の大柄な男性で、銀色のあごひげを生やし、青い瞳を輝かせている。スコットは淡水ギャラリーの上級飼育員で、淡水ギャラリーはアテナのいるコールドマリンギャラリーから通路を行った先にある。スコットが初めてこの水族館に来たのは開館初日の一九六九年六月二十日、当時はまだ赤ちゃんでおむつをしており、言ってみれば、そのままずっと居続けているみたいなものだ。スコットは水族館のほとんどの生き物をよく知っている。

アテナは二歳半くらい、体重はおよそ一八キロだと、スコットが説明しながら、彼女のいる水槽の重い蓋を持ち上げる。私は小さな可動式の三段の踏み台を上り、水槽のなかをのぞき込む。アテナは体長一五〇センチくらい。頭――「頭」というのは私たち哺乳類からすれば頭だと思う位置にあるからで、実際は頭部と外套膜、つまり胴体の両方をさす――のサイズは小さめのスイカくらい。「そうですね、少なくともハネデューメロンくらいはあります」とスコットが言う。「ここに来たばかりのときはグレープフルーツくらいでした」。ミズダコは地球上の動物のなかでもとくに成長が早い。コメ粒大の卵から孵化して三年後には、体長も体重も成人男性を上回る場合もある。

スコットが水槽の蓋を勢いよく開けたときには、アテナはすでに容量二〇〇〇リットルちょっとの水槽の隅からにじり出て、こちらの様子をうかがっていた。水槽の隅に二本の腕でつかまって、残りの腕を広げ、興奮して全身を真っ赤にし、腕を水面に伸ばしてくる。彼女の白い吸盤は上を向いて、ちょうど人が握手をしようと手を差し出すときの手のひらみたいだ。

「触ってもいいですか?」私はスコットに尋ねる。

「もちろんです」。私は腕時計を外し、スカーフをとり、袖をまくり上げて、水温八度のとても冷たい水に両腕をひじまで突っ込む。

アテナのゼラチン質の腕がねじれながら、水面に浮かび出てきて、私の両腕へと伸びてくる。たちまち私の両手から両ひじまでを何十個もの柔らかい吸盤が包み込んでまさぐる。

こんなことはみんながみんな好きというわけではないだろう。アメリカの博物学者で探検家のウィリアム・ビービはタコの感触が嫌でたまらなかったらしい。「両手で触手に触れるまでいつも葛藤がある」と打ち明けている。フランスの詩人で作家のヴィクトル・ユゴーはそんな出来事はまさしく恐怖で、悲惨な運命が待っている、と考えていた。「その化け物があなたの体にのしかかる。残忍なけだものはきっとあなたをむさぼり食うだろう。身の毛もよだつ悪魔の魚が、あなたの生き血を吸い尽くす」と、ユゴーは小説『海に働く人びと』で書いている。「筋肉は膨れ上がり、体の繊維はゆがみ、皮膚は忌まわしい圧迫の下に裂け、血は噴き出して恐ろしいことに怪物の体液と混じり合う。怪物は無数のおぞましい口で犠牲者を捕らえて離そうとせず……」。タコに対する恐怖心は人間の心の奥深くに根ざしている。「水中で人間を死に至らしめることにかけては、これほど残忍な動物はいない」とローマの政治家・博物学者の大プリニウスは七九年ごろ『博物誌』に記した。「人間をぐるぐる巻きにして格闘し、吸盤で吸いつき、体をばらばらに引き裂いて……」

でもアテナの吸いつきかたは、しっかりとではあるけれど、優しかった。エイリアンにキスされている感じがした。メロンくらいの大きさの頭が水面に浮かび上がり、左目――人間に利き手があるように、タコの場合は利き目がある――が眼窩のなかでくるりと回って私の目と合う。黒い瞳孔は真珠のような球に浮かぶ太いハイフンだ。目の表情は絵に描かれたヒンドゥー教の神々のそれを思わせる。澄んで、すべてを見通し、時を超えてはるか昔の知恵をたたえた瞳。

「まっすぐあなたを見つめてる」とスコットが言う。

私に向けられたアテナの輝く目を見つめ返しながら、私は思わず手を伸ばして彼女の頭部に触れる。「革のようにしなやかで、鋼のように頑丈で、夜のように冷たい」とユゴーはタコの体について書いている。だが意外にも、アテナの頭は絹のような感触で、カスタードクリームよりも柔らかい。皮膚はルビーの深紅と銀色のまだら模様で、暗いワインレッドの海に夜空が映っているかのようだ。指先で撫でると、触れたところが白に変わる。白はタコがリラックスしているときの色だ。タコの近い親戚であるコウイカの場合も、メスはほかのメス、つまり、戦ったり逃げたりしなくていい相手に出くわしたときに白くなる。

実際、私が女だとアテナは知っているかもしれない。タコのメスは人間の女性と同じようにエストロゲンが分泌されるので、彼女が私のエストロゲンを味覚で捉えて認識している可能性はある。タコは全身で味がわかるが、なかでも味覚がずば抜けて発達しているのが吸盤だ。アテナの吸盤が触れているあいだはことのほか親しみのこもった抱擁を受けている気分になる。私の肌に触れると同時にそれを味わっている。ひょっとしたら、その下にある筋肉や骨、血液にも触れて、それらを味わっているのかもしれない。会ったばかりだというのに、アテナはすでにこれまでのどんな生き物とも違う方法で私を知っている。

それに私がアテナのことを知りたがっているのに負けないくらい、アテナも私に興味を持っているように見える。彼女は私をつかまえている吸盤を、触手の先端にある外側の小さめのものから、頭部により近い、より大きい力のあるものにゆっくりと移していく。私は今では小さな踏み台の上で九〇度に体を折り曲げ、開きかけの本のような体勢になっている。ああ、そうか。彼女はじりじりと私を水槽に引きずり込んでいるのだ。

喜んで一緒に行きたいところだけれど、悲しいことに、私には無理だ。彼女の巣は張り出した岩の下にあり、彼女は水のようにするりと入っていけても、私の場合は骨と関節が邪魔になる。水槽の水深は私が立てば胸の高さくらいのはずだ。でも引っ張られているから、真っ逆さまに頭から水中に突っ込んで、すぐに肺呼吸の限界を思い知らされるだろう。引っ張って取るべきかとスコットに尋ねると、スコットは優しく引っ張って私たちを離し、すぽん、と小さな吸引カップが立てるような音がして、アテナの吸盤は私の肌からはがれた。

＊

「タコ?!　タコってモンスターなんでしょう?」翌日、それぞれの愛犬を連れて散歩しているとき、友人のジョディ・シンプソンが言った。「怖くなかった?」ジョディがそんなことを訊くのは、自然界について知識がないというより、むしろ欧米圏の文化に広く浸透しているイメージのせいだった。

巨大なタコと、その親類の巨大イカに対する恐怖は、一三世紀のアイスランドの伝説から二〇世紀のアメリカ映画まで、欧米のさまざまな芸術形態をにぎわせてきた。古代アイスランドの冒険譚「弓の名手オッドルのサガ」に出てくる「人も船も鯨も何もかも手当たり次第に飲み込む」巨大な「ハーヴグーヴァ」は、間違いなく触手を持つ軟体動物のどれかが基になっていて、深海に棲むという北欧の巨大な怪物クラーケンの伝説を生んだ。フランスの船乗りたちが伝えたアンゴラ沖で自分たちの船を襲った巨大なタコの話は、現代の人々の記憶にとくに長く刻まれるイメージを生み、今でも船乗りは腕にその入れ墨をする。軟体動物に詳しいピエール・ドニ・ド・モンフォールの著書に使われた一八〇一年のペンと淡彩の象徴的な絵には、海原から現れた巨大なタコが、一隻の帆船を捕まえて、四方八方に大きくくねらせた触手を、三本のマストのてっぺんに伸ばしている様子が描かれている。モンフォールは大ダコが少なくとも二種類はいて、一七八二年にイギリスの戦艦十隻以上が一夜にして謎の失踪を遂げた事件は、そのうち一種類の仕業だと結論を下した（その後、生存者の話から、実際はハリケーンで消息を絶ったことがわかり、モンフォールは赤恥をさらすはめになったのだが）。

一八三〇年、イギリスの詩人アルフレッド・テニスンは、怪物めいたタコについてのソネットを発表した。「数知れない巨大な突起／まどろむ青い海を巨大な腕でかき乱す」。もちろん、フランスの作家ジュール・ヴェルヌが書いた一八七〇年のＳＦ小説『海底二万里』でも、タコは人間が太刀打ちできない敵の最たるものだった。一九五四年につくられた映画版ではタコは巨大イカに変更されたが、一九一六年制作の映画〔訳註：邦題『海底六万哩』〕の水中シーンを撮影したジョン・ウィリアムソンは原作の悪役であるタコについて、次のように語っている。「人喰いザメも毒牙を持つ大ウツボも殺人オニカマスも、例のタコに比べれば無害で罪がなく友好的に思え、魅力的といってもいいくらいだ。暗く謎めいた巣穴から、タコの大きくまぶたのない目がこちらを見据えているのに気づいたときの、忌まわしい恐怖は、言葉では言い尽くせない……。にらみつけられた人間は魂そのものが縮み上がり、額に冷たい汗が玉をなす」

何世紀にも及ぶ誹謗中傷からタコを擁護しようと、私は必死でジョディに反論した。「モンスター？　そんなことないわよ！」辞書のモンスターの定義にはいつも、「大きい」「醜い」「恐ろしい」といった言葉が並んでいる。私にとって、アテナは天使のように美しく優しかった。「大きい」でさえ、タコに関しては議論の対象になる。最大の種であるミズダコは以前ほど大きくはない。触腕を伸ばしたときの最大距離が四五メートルを超えるタコが存在した時代もあるのかもしれない。でもギネスブックに載っている最大のタコは、体重一三六キロ、触腕を伸ばした最大体長が九・七メートルだった。一九四五年にカリフォルニア州サンタバーバラ沖で捕獲されたタコははるかに重く、一八二キロだったという。ただし残念ながら、このタコを男性と比較した写真を見るかぎりでは、腕を放射円状に広げた大きさはせいぜい六メートルあまり。けれど現代のこうした大物でも、同じ軟体動物で近い親戚のダイオウホウズキイカの大きさにはなかなか達しない。最近、南極沖で漁をしていたニュージーランド船が捕獲した同種のイカは、体重は四五〇キロ、体長は九メートルを超えていた。近ごろでは、史上最大のタコは半世紀以上前に捕獲されてしまったらしいと、モンスター好きの人たちは嘆いている。

アテナがどんなに優雅で、穏やかで、友好的かを、私が並べ立てているあいだ、ジョディは疑っている様子だった。吸盤に覆われた、大きくて、ぬるぬるした頭足類［訳註：イカ、タコなど、頭部に触手がある頭足綱の軟体動物のこと］は、モンスターの資格ありというのが彼女の考えだった。「まあね」私は作戦を変えて同意した。「モンスターっていうのは必ずしも悪いことじゃない」

私は昔からモンスター好きだった。子供のころでも、ゴジラやキングコングを殺そうとする人間たちではなく、ゴジラやキングコングを応援した。こうしたモンスターたちがいらだつのは本当にもっともだと思えたからだ。核爆発で眠りから覚まされるなんて誰だって嫌だから、ゴジラが不機嫌なのは当たり前だと思った。キングコングはといえば、美しいフェイ・レイに心惹かれたからといって、ほとんどの男は彼を責められないだろう（もっとも、あんな悲鳴を上げられても最後まで愛想を尽かさないのは、ゴリラくらいのものだろうけど）。

モンスターの立場になってみれば、彼らの行動はすべて理にかなっていた。うまくいく秘訣はモンスターふうに考えられるようになることだった。

*

抱擁のあと、アテナは巣穴に戻っていった。私は三段の踏み台をよろよろと降りた。めまいがしそうで、一瞬その場に立ち尽くし、ひと息ついた。「うわぁ」と言うのが精いっぱいだった。

「彼女があんなふうに頭を見せるなんて珍しい」とスコットが言った。「驚きましたよ」スコットの話では、アテナの先代と先々代のタコ、トルーマンとジョージは、訪問者に対しては腕を差し出すだけで頭を見せることはなかったそうだ。

アテナの振る舞いは、彼女の性格を考えればよけいに意外だった。トルーマンとジョージはのんきな性格だったが、アテナはギリシャの戦争と知略の女神からとった名前にふさわしかった。とりわけ威勢のいいタコで、とても活発で興奮しやすく、興奮すると皮膚がでこぼこして赤くなった。

タコはとても個性が強い。だから飼育係はたいてい、それぞれのタコの特徴をとらえた名前をつける。シアトル水族館ではエミリー・ディキンソンと名づけられたミズダコがいた。「隠遁の女性詩人」と同じく、とてもシャイで日中は水槽の陰に隠れて過ごしていたからだ。来館者はほとんど彼女の姿を見ずじまいだった。しまいには捕獲されたピュージェット湾に放された。女の子を追いかけまくるゲームの主人公にちなんでレジャースーツ・ラリーと名づけられたタコもいた――飼育係の体を触腕であちこち探り、一本を引きはがしても、たちまち別の二本がくっついてくるからだった。さらに別の一匹はロックのヒット曲に登場する悪女にちなんで、ルクレシア・マック・イヴィルという名前を頂戴した。水槽内のありとあらゆるものを壊しまくっていたからだ。

タコは人間もひとりひとり違うことをちゃんとわかっている。好きな人、嫌いな人がいる。自分が知っていて信頼している人たちに対しては態度が違う。ジョージは来館者に対してはやや警戒していたけれど、担当の上級飼育員ビル・マーフィーの前ではリラックスして友好的だった。私は水族館を訪ねる前に、水族館側が二〇〇七年にユーチューブに投稿したジョージとビルの映像を見ていた。ジョージは水槽の上部に浮かんでビルを吸盤で優しく味わっていて、長身でひょろっとしたビルは屈み込んでジョージを撫でたりかいてやったりしていた。「彼のことを友だちだと思ってる」ビルはジョージの頭に指を滑らせながらカメラマンに向かって言った。「長いことつき合って、世話をして、毎日会っているからね。彼らのことをひどく気味が悪くて、ぬるぬるしてるという人たちもいる。でも僕は楽しんでる。ある意味、タコは犬みたいなものだ。頭を撫でてやったり、おでこをかいてやったりする。ジョージはとても喜ぶよ」

タコは誰が味方かをすぐに理解する。ある研究でシアトル水族館の生物学者ローランド・アンダーソンは、ミズダコ八匹を、水族館のまったく同じブルーの制服を着た見知らぬ人間ふたりに引き合わせた。それぞれのタコに、ひとりはいつも餌をやり、もうひとりはいつもワイヤーブラシで触れた。実験開始から一週間足らずで、タコたちのほとんどはふたりの姿が見えただけで——水中から見上げただけで、相手に触れたり味見したりすらせずに——餌をくれる人間のほうに寄っていき、嫌なことをする人間からは遠ざかった。ときには、ワイヤーブラシで触った人間に対して、放水する漏斗（頭の横あたりにある水を出し入れする管で、タコが水中でジェット水流を噴射して移動するのに使う）を向けることもあった。

タコはときおり特定の人間を嫌うことがある。シアトル水族館では、ある女性生物学者が毎晩タコを調べる際、普段は人なつっこいタコが彼女に対してだけ漏斗からものすごく冷たい海水を浴びせるのだった。野生のタコは漏斗からの水流を推進力にするだけでなく、ちょうど噴射式除雪車で舗道の雪を吹き飛ばすような感じで、嫌なものを追い払うのにも使う。ひょっとしたらタコは夜勤の生物学者が持っている懐中電灯の光にいらだっていたのかもしれない。ニューイングランド水族館でボランティアとして働く女性スタッフも、いつもトルーマンから同じ目に遭わされていた。トルーマンは彼女を見ると必ず海水をお見舞いしてずぶ濡れにするのだった。そのあと、彼女は大学進学のため水族館のボランティアを辞めた。数か月後に訪ねてみると、トルーマンは——そのあいだは誰にも水を浴びせなかったのに——たちまち彼女をずぶ濡れにした。

タコに思考や感情や個性があるという考えに不快感を示す科学者や哲学者もいる。輸血ができるくらいヒトに近いチンパンジーに対してさえ、心があるという栄誉に値すると多くの研究者が認めたのは最近になってからだ。一六三七年にフランスの哲学者ルネ・デカルトが提唱した、人間だけが考える（ゆえに人間だけが倫理的な宇宙に存在する——「我思う、ゆえに我あり」）という考えは、いまだに現代科学界に広く行き渡っていて、世界有数の著名な研究者であるジェーン・グドールでさえ怖じけづいて、野生のチンパンジーについてとくに興味深い観察結果を出版するまでに二十年かかったほどだ。グドールはタンザニアのゴンベ渓流国立公園で包括的研究を行い、野生のチンパンジーが、たとえば何かの果実をほかのチンパンジーが発見しないように餌を見つけたときの鳴き声を押し殺すなど、仲間をわざと欺くのをたびたび観察した。それを長いあいだ書かなかったのは、ほかの研究者から、動物学では重大な過ちとされる研究対象の擬人化——「人間の」感情を投影すること——だと、非難されるのを恐れたからだ。私が話をしたゴンべのほかの研究者たちも、研究者仲間に信じてはもらえないのではないかという思いから、一九七〇年代以降に発見したことの一部をまだ論文として発表していない。

「ヒト以外の種が持っている感情や知性を過小評価しようとする動きは常にあります」と、私がアテナに会ったあと、ニューイングランド水族館の広報責任者トニー・ラカスは言った。「とくに魚類と無脊椎動物に対してはそういう偏見が強い」とスコットが相槌を打った。私たちはジャイアント・オーシャン・タンクを囲む螺旋状のスロープを歩いた。GOTという愛称で知られる、三階建てで容量七六万リットル弱の大水槽は、カリブ海のサンゴ礁のコミュニティーを再現したもので、この水族館の目玉だ。最上階まで吹き抜けになった大水槽を取り囲むように螺旋状のスロープが設置され、各フロアに通じている。科学のタブーを破り、多くの人々がヒト以外の種には存在しないと主張する感情や知性について話している私たちのそばを、白昼夢のようにサメ、エイ、カメ、熱帯魚の群れがゆっくりと通り過ぎていった。

グドールの仲間を欺くチンパンジーと同じように、ものをくすねるタコがいたと、スコットは言った。「タコの水槽から四、五メートル離れたところに特別なカレイ用の水槽があったんです」研究用のカレイだった。ところがそのカレイが次々といなくなったものだから、研究者たちは慌てた。そんなある日、彼らは犯人を現行犯で捕まえた。タコが自分の水槽をこっそり抜け出してカレイを食べていたのだ！　スコットの話では、悪事を見咎められたメスダコは「ばつが悪そうに横目でこっちをちらっと見て、ずるずると退散した」そうだ。

トニーからはGOTで以前飼育されていた大きなメスのコモリザメ、ビミニの話を聞いた。ビミニはある日、同じ水槽にいるウツボを襲い、獲物のしっぽが口から飛び出したままの状態で泳ぎ回っていた。「ビミニをよく知っているダイバーのひとりが彼女に向かって、駄目だよと指を振り、鼻先をげんこつでたたいたんです」とトニーは言った。するとビミニはすぐさまウツボを吐き出したという（ウツボは急いで水族館の獣医のもとに運ばれて救命措置を受けたが、残念ながら助からなかった）。

似たようなことは我が家のボーダーコリーのサリーにもあった。サリーは森で死んだシカを見つけて食べていた。私が「やめなさい！」と叱ったら、言われたとおりに吐き出した。サリーのそんな忠実さを私はいつも誇りに思っていた。でもサメは？

サメは水槽内の魚を食べ尽くすわけじゃない。餌は十分に与えられているのだから。「だけどときどき、空腹以外の理由で、ほかの生き物を食べたり傷つけたりすることはあります」とスコットは私に言った。ある日、ＧＯＴの水面近くをパーミット――コバンアジの仲間で、体は長くて平べったくて光沢があり大きな草刈り鎌状の背びれを持つ――の群れが騒々しく泳ぎ回っていた。「うるさくて大変な騒ぎでして」とトニーは言った。やがてオオワニザメ科のシロワニが一匹、水面めがけて突進し、パーミットの背びれにかみついたが、殺したり食べたりはしなかった。トニーによれば、どうやらシロワニはいらついただけらしかった。「食べようとしたんじゃなくて、自分のほうが上だと思い知らせるためにかみついたんでしょう」

私がスコットたちと話したことは、大方の意見とは食い違う。懐疑派の言うとおり、私たち人間に最も似ている動物でも誤解しやすいのは確かだ。私は数年前、霊長類学者のビルーテ・ガルディカスがボルネオ島で運営しているオランウータン保護施設を訪れた。ここではとらわれていたオランウータンを保護し、野生に返す訓練をしている。私が施設を訪れているとき、赤茶けた毛むくじゃらの類人猿に夢中になった新入りのアメリカ人ボランティアの女性が、おとなのメスに駆け寄って抱きしめた。抱きしめられたメスは女性の体を持ち上げて地面にたたきつけた。女性は気づかなかったようだが、そのメスは知らない人間に構われたい気分ではなかったのだ。

私たちはつい、動物も人間と同じように感じていると思いたくなる。動物に好かれたい場合はなおさらだ。ゾウの飼育係をしている友人から聞いた話だが、自分は動物とコミュニケーションできると主張する女性が、とある動物園の攻撃的なゾウを訪れていた。彼女はゾウとテレパシーで会話したあと、飼育係の友人にこう言ったそうだ。「あのゾウ、私のことをすごく好きみたい。私のひざに頭を載せたがってる」。このゾウと女性の交流で一番興味深いところは、自称コミュニケーターの女性がゾウの意思を正しく理解したと言えなくもない部分だった。そう、彼女が感じたとおり、ゾウは確かに人のひざに頭を載せることがある。ただし、それは相手を殺すためだ。人間が靴でタバコの火を踏み消すように、ゾウは額で人間を押し潰すのだ。

二〇世紀初めのオーストリア生まれのイギリスの哲学者、ルートヴィッヒ・ウィトゲンシュタインは次のように書いたことで知られる。「ライオンが言葉を話せるとしても、人間はライオンを理解することができないだろう」。タコの場合、その誤解の可能性は非常に大きくなる。ライオンは私たちと同じ哺乳類だが、タコは体の構造がまったく異なり、心臓は三つ、脳はのどを包み込むように位置していて、体は体毛ではなく粘液に覆われている。血液の色さえも人間とは違って青い。タコの場合は鉄ではなく銅が酸素を運ぶからだ。

アメリカの博物学者ヘンリー・ベストンの古典的著書『ケープコッドの海辺に暮らして』によれば、動物は「人間のきょうだいではなく、下僕でもない」。むしろ「人間が失った、あるいは手にしたことのない広範囲に及ぶ感覚に恵まれ、私たちがついぞ耳にすることのない声を頼りに生きている」という。「彼らは命と時の網にとらわれている、地球の光輝と苦痛の虜という点では私たちと同じだが、私たちとは別の国に住んでいる」のだ、と。多くの人にとって、タコは異邦人にとどまらない。はるか遠くの、恐ろしげな星雲からやってきた異星人なのだ。

でも私にとってアテナはただのタコではなかった。彼女は——私の大好きな——特別なタコであり、ひょっとしたら始まりかもしれなかった。アテナは私を、考えることについて考える新しい方法、人間の心とは別の心を想像する方法へと導こうとしていた。そして私がそれまでやったことのないやりかたで、私自身の惑星——そのほとんどを、私が本当の意味で知っているとは言いがたい水の世界が占めている——を探るよう、いざなっていた。

*

帰宅後、私は心のなかでアテナとのやりとりを思い返そうとした。難しかった。アテナのあれもこれもが思い出されて、そこらじゅうにあふれ返った。彼女のゼラチン質の体と水中をふわふわと漂う弾力のある八本の腕の動きを追い続けようとしたが、無理だった。絶えず変化する色、形、感触も、追い続けることはできなかった。真っ赤ででこぼこしているかと思うと、次の瞬間にはより滑らかになって暗褐色か白のすじが入る。体のあちこちのまだらな色も一秒とたたずに目まぐるしく変化するので、変わったと気づいた瞬間にはもう別の色に変わりかけているのだった。アメリカのシンガーソングライター、ジョン・デンバーのフレーズを借りれば、アテナは私の感覚を満たした。

アテナの腕は関節がなくて自由に動くので、それぞれが同時に違う方向へ、絶えず探り、よじれ、伸び、突っ張り、広がっていた。まるで一本一本が別の生き物で、独自の心を持っているかのようだった。実際、これは文字どおり真実に近い。タコの神経細胞（ニューロン）の五分の三は、脳ではなく腕にある。タコの腕がどれか一本切断されたら、切り離された腕はたいてい、その後数時間、何事もなかったかのように動き続ける。狩りを続け、ひょっとしたら獲物を仕留めさえするかもしれない——その獲物を口に向けて運んでも、その口は悲しいことにもう腕とはつながっていないのだが。

アテナの吸盤たったひとつで、私をクギ付けにするには十分だった——しかも彼女には全部で千六百個の吸盤があった。そのひとつひとつがせわしなくマルチタスクをこなしていた。吸い、味わい、つかみ、持ち、引っ張り、放す。ミズダコの場合、それぞれの腕に吸盤が二列ずつ、いちばん小さいのが先端に、いちばん大きいの（オスで直径七、八センチ、アテナの場合はたぶん五センチくらい）が口に向かって三分の一ほどの位置に並んでいる。どの吸盤にも部屋がふたつある。外側の部屋は幅の広い吸着カップのような形をしていて、縁に向かって何百もの細い隆起が放射状に伸びている。内側の部屋は吸盤の中央に開いた小さな穴で、これが吸着力を生む。吸盤が何かつかんでいるときは、その輪郭に合わせて構造全体が曲がるようになっている。それぞれの吸盤は、ちょうど人間の親指と人差し指のように、折り曲げて物を両側からつまむこともできる。吸盤はそれぞれ個別の神経によって動かされ、それらの神経はタコが自発的かつ独立してコントロールする。そしてどの吸盤もすばらしく強力だ。長く続いている生物学サイト「ザ・セファロポッド（頭足類）・ページ」を運営管理するジェームズ・ウッドの計算によれば、直径六センチあまりの吸盤で重さ一五キロ以上のものを持ち上げることができるという。吸盤がすべてその大きさだったら、タコの吸着力は二五トンになるだろう。別の研究者の計算では、はるかに小さいマダコに吸いつかれた場合でも、離すのに二五〇キロの力が必要だという。「ダイバーは十分気をつけるべきだ」と、ウッドは警告している。

一方、アテナの吸盤は、私の皮膚に優しく吸いついた。私は怖いと思わなかったから、引っ張られても抵抗しなかった。これが幸いしたのに気づいたのは、次に訪問する日を決めるため、アテナの担当飼育員のビルと電話で話していたときだった。

「タコを怖がる人が多いんです」とビルは言った。「来客があるときは、その人がパニックを起こした場合に備えて必ず誰かが立ち会うようにしています。何よりタコを水槽から出さないためにね。何をするか保証できないから。僕はアテナに四本の腕でつかまれたことがあって、はがしたかと思ったら別の四本につかまれてるという調子でした」

「そういうデートの経験は誰だってあるんじゃない」と私は言った。

アテナは私の両腕と両手を味見しながら、私の顔をのぞき込むことも忘れなかった。アテナ自身の顔とは似ても似つかない顔を、ちゃんと見分けるだけでもすごい、顔についても目で見るだけじゃなくて味見したいだろうか、と私は思った。顔を近づけてもいいのかどうか、ビルに訊いてみた。「だめです」とビルはきっぱり言った。「顔に近づかせちゃいけない」。どうして、だめなのだろう。眼球を引っこ抜くとか？　「そのとおり」とビルは言った。「やりかねない」。ビルは掃除用ブラシの柄をタコにつかまれ、勝ち目のない綱引きをするはめになった経験が何度もある。「勝つのは決まってタコです。自分が何をしているのか、自覚しなくちゃいけない。顔に近づかせちゃだめです」

「アテナは私を水槽に引き込みたがってるみたいだった」と、私はビルに言った。

「確かに、アテナがその気になれば、あなたを水槽に引きずり込めた」とビルは言った。「やってみようとするでしょうね」

私はなんとかアテナにもう一度チャンスを与えたかった。次のデートは火曜日に決めた。その日はビルと、タコ担当のボランティアのなかでいちばんのベテランのウィルソン・メナシがいる。ウィルソンについて、私がスコットから聞いたとおりのことをビルも口にした。「ウィルソンはタコの扱いがほんとにうまいんですよ」

ウィルソンは以前、アーサー・D・リトル社で技師兼発明家として働いていて、彼の名義で多くの特許権を持っている。ほかにもキュービックジルコニアを人造ダイヤモンドとして市場に送り出した功績もある（人工的につくり出したのはフランス人だが、彼らは使い道を思いつかなかった）。この水族館では重要な使命を与えられていた。知的なタコが飽きないような面白い玩具タコは言った。「タコは何もすることがないと退屈してしまうんです」とビルは言った。タコを退屈させれば気の毒なだけでなく、危険でもある。私はボーダーコリー二匹と体重三四〇キロの豚と暮らした経験から、賢い動物を退屈させれば災難のもとになるのを知っていた。動物たちは間違いなく独創的な暇潰しを思いつくだろう。シアトル水族館のルクレシア・マック・イヴィルがいい例だ。サンタモニカでは小さい（たぶん体長二〇センチほど）カリフォルニアツースポットタコが水槽のバルブをいじくり回して事務所を何百リットルもの水で水浸しにし、新しくしたばかりのエコ設計の床に何千ドルもの損害を与えた。

もうひとつ、退屈したタコがもっと面白いところに行こうとするおそれもある。タコは脱出の達人で、縄抜けや箱抜けなどで名を馳せたアメリカのマジシャン、フーディーニにも引けを取らない。イギリスのプリマス臨海実験所のL・R・ブライトウェルは、午前二時半に一匹のタコが階段を這い下りているところに出くわしたことがある。そのタコは実験所の研究室にある水槽から抜け出したのだった。またあるときは、イギリス海峡を行くトロール船のなかで、捕獲されて甲板に放置されていたタコがどういうわけか甲板から滑り出て、甲板昇降口の階段を下り、船室にたどり着いた。数時間後、タコはティーポットに隠れているところを発見された。別のタコはバミューダの小さな私設水族館で飼育されていたが、水槽の蓋を押し開けてするりと抜け出し、床を這ってベランダから逃走、ふるさとの海へ向かった。しかし、三〇メートルほどの逃避行の末に芝生の上で力尽き、そこでアリの群れに襲われて命を落とした。

もしかしたら、さらに驚きかもしれないのが、二〇一二年六月に報じられたケースだ。カリフォルニアのモントレーベイ水族館で午前三時に警備員がシェールリーフ展示コーナーの前にバナナの皮が落ちているのを見つけた。よく見るとバナナの皮に見えたものは、人間のこぶしくらいの大きさの健康なレッドオクトパスだった。警備員は湿った粘液の跡をたどって、タコを元の展示コーナーに戻した。ところが、話はここで驚きの展開を迎える。なんと水族館側はシェールリーフ展示コーナーにレッドオクトパスがいるとは知らなかったのだ。どうやらタコは若いころヒッチハイクをして、岩か海綿にくっついたまま展示コーナーにたどり着き、水族館で人知れず成長したらしかった。

惨事を避けるため、水族館のスタッフはタコの水槽用に逃げ出せないような蓋を苦心して設計し、タコを飽きさせない方法を考え出そうとする。二〇〇七年にクリーブランド・メトロパークス動物園がまとめたタコについての理解を深めるガイドブックには、タコという賢い生き物を飽きさせないアイディアが満載だ。一部の水族館はミスター・ポテトヘッド〔訳註：ジャガイモの顔をした人形で目や鼻などのパーツをつけ替えることができる〕の内部に餌を隠して、それをタコに分解させる。レゴを与えた水族館もある。オレゴン州立大学ハットフィールド海洋科学センターは、タコが芸術作品を生み出せるよう、レバーを動かせば絵の具がキャンバスに落ちる装置を考案――タコの水槽を維持する資金を稼ごうと、タコが描いた絵をオークションに出品した。

シアトル水族館ではミズダコのサミーがプラスチック製ボールで遊ぶのを楽しんだ。半球をふたつ、ねじって合わせると、野球ボールくらいの大きさのボールになる。あるスタッフがボールのなかに餌を入れておいたところ、驚いたことに、サミーはボールを開けただけでなく、餌をたいらげてしまうとボールをもう一度ねじり合わせて元どおりにしていた。それからビニールチューブでできていて、ペットのアレチネズミがトンネルのように潜り抜けて遊べる玩具も用意してあった。スタッフはてっきり、サミーが腕を突っ込んでトンネルのなかを探ると思っていたが、実際にはサミーはパーツを外すのが好きで、全部外し終えたら、同じ水槽に同居するイソギンチャクに渡すのだった。イソギンチャクには脳がないので、このイソギンチャクも渡されたパーツをしばらく触手でしっかり抱えていたが、やがて口に運び、結局は吐き出した。

ただし、ウィルソンは時代を先取りしていた。彼は史上初のタコガイドブックが刊行されるはるか以前、今から何タコも何タコも昔に、タコの知性にふさわしい安全な玩具の考案に乗り出していたのだ。

ウィルソンはアーサー・D・リトルの研究室で働きながら、三個の透明なアクリル樹脂製の箱にそれぞれ違うタイプの鍵をつけた装置を考案した。一番小さい箱の鍵はスライド式の掛け金がついていて、厩舎のかんぬきのように、ひねると鍵がかかる。そのなかに生きたカニ——タコの大好物——を入れて蓋の鍵はかけないでおく。タコは蓋を開けるだろう。蓋に鍵をかけておけば、タコは決まって鍵の開けかたを突きとめる。そうしたら第二の箱の出番だ。こちらの掛け金は左回りにスライドさせて腕金にはめるタイプ。カニを入れた最初の箱を第二の箱に入れて鍵をかける。タコは鍵の開けかたを突きとめる。最後に第三の箱が登場する。今度のは前とは違うタイプの鍵がついており、ひとつめはかんぬきを滑らせて鍵を閉め、そしてふたつめのレバーアームのついた鍵で、ちょうど古風な保存瓶のように蓋を閉める。ビルの話ではタコは一度「コツがわかったら」、三分から四分で四つの鍵をすべて開けることができるという。

私はビルとウィルソンに会うのが楽しみで、ふたりの話が聞けるのを心待ちにしていた。でもそれ以上に、アテナにもう一度会い、彼女が知っている人たちのなかではどう振る舞うかを知りたかった。そして思った。アテナは私のことを覚えているだろうか、と。

＊

ビルは水族館のロビーで出迎えてくれた。三十二歳、身長一九五センチ、すらりとしているがたくましく、短い茶色の髪で、満面の笑みをたたえ、目尻に笑いじわができている。水族館の制服であるグリーンのシャツの右袖からは触手が這い出している――空色の傘と毒を持つクラゲ、カツオノエボシのタトゥーだ。私たちは階段を上って水族館のカフェに行き、そこから従業員専用の階段でビルが担当しているコールドマリンギャラリーにたどり着いた。ビルはここで一万五千種の動物の世話をしている。アテナやヒトデやイソギンチャクのような無脊椎動物から、巨大なロブスターや絶滅危惧種のカメ、奇妙な姿をしていることからキメラの異名を持つギンザメ（深海に生息する種で、鋭い歯の代わりに臼歯を持ち、四億年前にサメの進化系統から分かれた軟骨魚綱の魚）などだ。ビルは担当する動物を一匹残らず知っている。生まれたとき（あるいは卵から孵化したとき、あるいは発芽したとき）もビルが世話をしていて、そのころから知っているケースも少なくない。ほかはビルがメーン州沖や太平洋北西部の寒冷な海域に遠征して集めてきたものが多い。

私たちが着いたときには、ウィルソンはもうそこにいた。ビルよりもずっと小柄で、身だしなみがよく物静か、黒っぽい口ひげを生やし、髪の生え際は成人間近の孫がいるおじいちゃん相応で、どこか中東風のアクセントで話す。七十八歳という年齢よりはるかに若く見える。

そろそろ午前十一時、アテナに餌をやる時間だ。銀色に輝く体長一三センチくらいのカラフトシシャモを並べた皿が、隣の水槽の蓋の上に載っている。これ以上、アテナを待たせたくはない。

ビルとウィルソンは水槽の重い蓋を持ち上げ、頭上のフックにとめて開けたままにする。蓋は水槽の輪郭の複雑な曲線にぴったり合わせた目の細かい金網で覆われている。たくさんのタコを飼育するうちに完成した予防策で、タコが逃げ出さないようにするためのものだ。ビルは私とウィルソンを残して、ギャラリーでの仕事に戻っていった。ウィルソンは背の低い踏み台に上って、水槽をのぞき込む。

アテナが鍋から蒸気が上がるように巣穴を出て水面に上がってくる。ウィルソンめがけてまっしぐらにやってくる様子に、私は息をのむ――この前、私と対面しにきたときより、はるかに速い。

「私がわかるんだ」ウィルソンがさらりと言い、冷たい水に手を入れてアテナを迎える。

アテナの白い吸盤が水面から弧を描いてウィルソンの両手両腕をつかむ。アテナは銀色の瞳でウィルソンを見て、それからなんと、犬が仰向けになってお腹を見せるように、ひっくり返る。ウィルソンはアテナの前側の腕の一本の中央にある吸盤に餌の魚を渡す。魚は吸盤から吸盤へ、まるでベルトコンベアーに載っているかのように、口に運ばれていく。私は口のなかを見たい、くちばしをひと目見たいと思う。しかし私の願いも空しく、魚はエスカレーターの段が吸い込まれていくように口のなかに消えていく。タコがくちばしを見せた例を自分は知らないと、ウィルソンは言う。

そのとき初めて、私は大きなオレンジ色のヒマワリヒトデがウィルソンの手のほうにやってきているのに気づく。海の星の名〔訳註：ヒトデは英語で sea star〕にふさわしく、「光線《レイ》」と呼ばれる腕を二十あまり持ち、中心から腕の先までの長さは六〇センチを超えるヒトデが、一万五千本の管足で私たちのほうに近づいてくる。ヒトデはみんなそうだが、最大のヒトデであるヒマワリヒトデでも目も顔も脳もない（胚の状態では発生しかけるのだが、考え直すらしく、代わりに口のまわりに神経網が形成される）。

「彼も魚が欲しいらしい」とウィルソンが言う（実はこのヒトデはオスで、ある日射精して水槽が濁ったのでわかったという）。ウィルソンはヒトデにも、ディナーの席で招待客にバターの皿を渡すようにさりげなく、カラフトシシャモを与える。

脳のない動物が何かを「欲しい」と思うなんて――まして自分とは異なる種に欲求を伝えるなんてことが、どうしてあるのだろうか。ひょっとしたらアテナが答えを知っているかもしれない。アテナにとって、このヒトデは独特な個体、習性や癖を認識し予想できるご近所さんなのかもしれない。ハットフィールド海洋科学センターのビジターセンターでは、タコが遊び終わったミスター・ポテトヘッドの目玉を、ヒトデが取って二本の腕のあいだに載せたまま動き回っていた（「すごくかわいかった」とタコ用お絵かき装置を考案したクリステン・シモンズが言っていた）。

シモンズによれば、ここのヒトデは「好奇心旺盛」で、タコが新しい玩具を手に入れるたびに「横取りしたがる――それってすごいと思う」。スタッフが玩具をヒトデから遠いところに動かそうものなら、ヒトデは大急ぎで取り戻しにいくという。

私は思った。脳のない動物が好奇心を持つなんてことがあるのだろうか。遊びたいと思うんだろうか。それとも単に、植物が日光を「欲しがる」ように、玩具を「欲しがる」というだけなのか。ヒトデは意識を感じたりするのだろうか。感じるとしたら、ヒトデにとって意識とはどんな感じがするんだろう。

私は明らかに、陸の脊椎動物のなかで学んだルールでは判断できない世界に足を踏み入れている。ヒトデは私たちの目の前で魚を消化し始め、カラフトシシャモはまるでタイムラプス動画を見ているかのように溶けていく。ヒトデは口から胃を出して、餌――たいていはウニ、巻き貝、ナマコ、ほかのヒトデ――を消化することができる。

ヒトデは満足し、ウィルソンはアテナに向き直って残りの魚を与える。一匹、また一匹、全部で三匹。それぞれ別の腕の吸盤に渡す。驚いて見守る私の前で、魚はそれぞれ吸盤から吸盤へと口に向けて運ばれていく。ゴールにたどり着くまで長い時間がかかりそうだ。なぜ腕を曲げて直接口に入れないんだろう。そこで私ははっとする。ひょっとしたら、私たちがアイスクリームをコーンごと、よく味わいもせずに丸飲みするのではなく、ちょっとずつなめるのと同じ理由かもしれない。味覚は満足感をもたらす。それは味覚が役に立つからだ。私たちは味覚によって、おいしく安全なものと食べられないものがわかる。タコも吸盤を使って同じことをするのだ。

魚を食べ終えたアテナは、ウィルソンの手と前腕に優しくじゃれつく。ときどき腕の先端の巻きひげのような部分がウィルソンのひじに巻きつくが、ごくゆったりとだ。たいていアテナの腕は水中で軽やかにねじれ、吸盤はウィルソンの皮膚に優しく口づけしている。このあいだ私に触れたときは、探るように執拗に吸いつく感じだった。でもウィルソンに対してはリラックスしきっている。彼とアテナが触れ合っている姿は、長いこと愛のある結婚生活を送ってきた年配の幸せな夫婦が、優しく手を取り合っている様子を思い起こさせる。

私もウィルソンと一緒に水中に手を入れ、アテナの空いている腕の一本に触れる。吸盤の一部をゆっくりと撫でる。吸盤は私の皮膚の輪郭に合わせて曲がり、しっかりと包み込む。アテナが私を認識しているのかどうかはわからない。私がウィルソンとは別の人間だというのは味覚でわかるはずだと思うが、アテナは、信頼する友人が連れてきた仲間に接するときのように、私をウィルソンの一部と思っているかのようだ。ゆっくりと物憂げに、ウィルソンに挨拶したときと同じように、私の皮膚に吸いつく。私は彼女の真珠のような目を見たくて身を乗り出し、彼女は水面から頭を出して私の顔をのぞき込む。

「彼女も人間と同じでまぶたがあるんだ」とウィルソンが言う。ウィルソンはアテナの目をそっと撫でて、ゆっくりまばたきさせる。アテナは後ずさりもせず逃げもしない。餌の魚はもう一匹も残っていない。それでも彼女が水面付近にとどまっているのは、私たちにつき合ってくれているのだ。

「彼女は実に優しいタコなんだ」ウィルソンが夢見るように言う。「実に優しい……」

タコとかかわっていることで彼自身が以前より優しくなった、あるいは思いやりが深まった、ということはあるのだろうか。私の問いかけにウィルソンは少し考え込む。「その質問に答える言葉が見つからない」。ウィルソンはイランのカスピ海沿岸、ロシアとの国境付近で生まれ、両親がイラク出身だったので、英語を覚えるまで、幼いころはアラビア語を話していた。でも彼は英語力不足で答えられない、と言ったわけじゃない。これまで考えたことがなかったという意味だ。「私は昔から子供好きでね」とウィルソンは言う。「子供たちと心が通じる。タコとも……そんな感じだ」

相手が子供の場合と同じで、アテナとのコミュニケーションにも、共通の文化を持つ大人同士の場合より寛大さと直感が必要だ。といっても、ウィルソンはこの強く、賢い、野生で捕獲されたおとなのタコを、未完成で不完全で、まだ十分に成長していない人間の赤ちゃんと同じだと言っているわけではない。アテナは、カナダの偉大な物語作家の故ファーレイ・モウワットの言葉を借りれば「人間以上」、そのままで完璧な存在で人間が手出しするには及ばない。驚いたのは、彼女が私たちを彼女の世界に受け入れるだろうということだ。

「光栄でしょう?」私はウィルソンに尋ねる。

「ああ」ウィルソンはきっぱり言う。「光栄だよ」

ビルも戻ってきて、水槽の上に長身をかがめ、手を水のなかに入れてアテナの頭を撫でる。

「こんな喜びはめったに味わえない」とビルが言う。「みんながこんなことできるわけじゃない」

私たちはどのくらいの時間、アテナと過ごしたのか。それは答えようがない。言うまでもなく、水に腕を入れる前に腕時計を外した。そのときから三人とも私たちがタコ時間と呼ぶ状態に入った。人間は畏怖の念を抱くとき、時間が永遠に続くような感覚に陥ることがわかっている。「フロー」――ただひたすら一点に集中し、積極的に関与し、楽しむ状態――もそうだ。瞑想と祈りも、時間の捉えかたを変える。

私たちの時間感覚を変える方法はもうひとつある。人間もほかの動物もお互いの感情を真似できる。これにはミラーニューロンが関与している。ミラーニューロンとは脳内の神経細胞で、ほかの個体がある行動をしているのを見て、あたかも自分が行動しているかのように反応する。たとえば、物静かで慎重な人と過ごせば、あなた自身の時間の捉えかたも相手に見合ってくるだろう。ひょっとしたら、水中でアテナを撫でているとき、私たちはアテナの時間の流れのなかに入ったのかもしれない――それは流動的で、つかみどころがなく、はるか昔から続いていて、どんな時計とも違うペースで流れている。私は自分の感覚をアテナの不思議さと美しさで満たし、新しい友人たちと語り合いながら、永遠にこのままでいることだってできる。

ただし手が凍えきったのだけは別――真っ赤になってこわばり、指がかじかんで動かなかった。アテナの水槽から手を出すのは、魔法を解く気分だった。急にどうしようもない落ちつかなさ、気詰まりさ、無力感に襲われた。赤くなった皮膚を熱いお湯で一分近くすすいでも冷え切ったままで、ポーチからペンを取り出すことさえできず、まして手帳にメモするなんて無理だった。以前の人間に、物書きに、なかなか戻れないかのようだった。

＊

「グィネヴィアが僕の初めて担当したタコだった」ビルは私たちに言った。「だから一番好きだ」。ビル、スコット、ウィルソン、私の四人で近所のスシ店で食事をしていたときだ。スシ店を選ぶなんておかしいと思ったが、そんなことはなかったのかもしれない。何しろ、みんなアテナが生の魚を食べるのを見たばかりだったから。誰もタコは注文しなかった。私はカリフォルニアロールにした。

「初対面のときは最初の二分間はグィネヴィアに体じゅうを触られまくった」ビルは話を続けた。でもそのあとは落ちついて、ビルの近くにとどまり、彼の両腕を吸盤を使って優しく探っていたという。

グィネヴィアはビルをかんだ最初で最後のタコでもあった。毒を注入したりはせず、かみ傷も残らなかった。それでも「あんなことは二度とごめんだ」、オウムにかまれたような感じだったとビルは言った。オウムはくちばしで四二キロ毎平方センチメートルの圧力をかけることができるから、けっしてささいなこととはいえないが、ビルは軽く受け流した。グィネヴィアの評判を落とすまいとするかのように、付け加えた。「大口開けてがぶりとやられたわけじゃない」

かまれたのは出会ってまもないころで、しかも悪いのは自分だと、ビルはグィネヴィアをかばった。彼女の口元に手を近づけすぎたせいだという。「彼女は興味津々だったんだ。『食べられるの？』ってね」

男性陣は自分たちが知っているほかのタコの話もしてくれた。

「ジョージは本当にいいやつだった」ビルが言った。「実に物静かで。実にいいタコだった——手のかかるタイプじゃなかった。手のかかるタコはまず絡みついてくる腕を引きはがすのに十分かかる。ひっきりなしにつかみかかってくるんだ。ジョージの場合は、寄ってきて、こっちの腕に腕を這わせ、餌を食べたら、離れて何か別のことに取りかかった。僕と一時間以上一緒に遊ぶこともあったよ」

「ジョージは僕の休暇中に死んだんだ」ビルは話を続けた。タコの一生は短い。ミズダコはおそらくタコにしては長寿なほうで、たいてい三年から四年ぐらい生きる。水族館にやってくるころには少なくとも生後一年はたっているのが普通で、それ以上のケースもある。「ジョージがもうすぐ死ぬなんて思ってもいなかった」とビルは言った。「たいていは体や行動や体の色が変化する。赤味が薄くなってくるんだ。いつも白っぽくなる。色に精彩がない。あまり遊びたがらなくなる。人間が年を取るのと似ている。しみができて皮膚がところどころ白くなって、はがれ落ちそうに見えることもあるんだ」

「つらかったでしょうね」私はビルに言った。ビルは肩をすくめた。結局はこれも仕事のうちなのだ。でも初めて水族館を訪ねたとき、私はスコットからビルとビルが担当するタコについて、こんな話を聞いていた。「彼にとってタコは我が子みたいなものなんだ。タコの死は我が子を喪うこと。彼が何年間も一日も欠かさず、愛し、世話をしてきた動物だから」

ジョージの後釜のトルーマンは、ビルが休暇から戻る前に水族館にやってきた。「最初から、歴代有数の活発なタコだった。トルーマンは」とビルは言った。「いつもチャンスをうかがっていた」

ウィルソンの箱をどうやって開けるかはタコによってそれぞれ違っていた。どのタコも鍵の開けかたはかなり早く学習した。ビルは一番小さい箱から始めて、その箱を週一回およそ一か月のあいだタコに見せるやりかたをした。二か月めに入ると第二の箱に挑戦。タコは二、三週間で鍵を開けられるようになった。第三の、タイプの違う鍵がふたつついている箱は、鍵を開けるまでに五回から六回かかった。それでも、どのタコも鍵を開けられるようになり、それぞれの性格に応じて使う戦略が違うこともあった。

冷静なジョージは常にきちょうめんな開けかたをした。一方グィネヴィアはせっかちだった。箱のなかの生きたカニにひどく興奮して、第二の箱をきつく締めすぎてヒビが入ったこともあった。その後、トルーマンに挑戦させたときは、トルーマンは箱を開けるのを楽しんでいるように見えた。ところがあるとき、ビルが奮発して、箱に生きたカニを二匹入れた。二匹のカニがケンカを始めたものだから、それを見たトルーマンは大興奮、鍵なんてそっちのけで、グィネヴィアがつくった五×一五センチの割れ目に全長約二メートルの体を押し込んだ。トルーマンを見に来た来館者が目にしたのは、ひしゃげた吸盤を外側に向けて、二三〇立方センチの第二の箱とそのなかに入っている九八立方センチの第一の箱との小さな隙間に、無理やり体を押し込んでいる大ダコの姿だった。結局トルーマンは小さな箱を開けられずじまいだった。たぶん窮屈すぎて思うように動けなかったのだろう。いずれにせよ、トルーマンがようやく箱から出てくると、ビルはカニを二匹とも彼に食べさせた。

タコはそんな狭いところにも入り込めるので、飼育員をぎょっとさせるときもある。ジョージはビルに死ぬほど怖い思いをさせたことがあった。大きな岩の下に隠れて、ビルが長いこと必死になって探しても見つからなかったのだ。「逃げてしまったんだと思った」とビルは言った。「どんな穴からでも抜け出してしまう」ウィルソンも言った。

その十年あまり前、スコットは水族館の宝石箱として知られる、より小規模な展示用水槽のひとつで飼育されていたカリビアンドワーフという種のタコを知っていた。ある日スコットが出勤すると、水槽の水が床にあふれていて、タコの姿はどこにも見当たらなかった。探したところ、タコは水がしみ出すようにして水槽の裏側に出て、水を再循環する直径一・三センチほどのパイプのなかに無理やり体をねじ込んでいた。さあ、どうしたものか。

「子供のころに見たナショナル・ジオグラフィックの番組を思い出した」とスコットは言った。その番組ではギリシャの漁師たちが仕掛けておいたタコ壺を海から引き揚げていた。一晩じゅう餌を追い求めたあとで安全な寝床を見つけたと思っていたタコたちは、引き揚げられて漁師たちに食べられる運命にあった。当然ながらタコのほうは壺から出ようとせず、漁師たちは壺を壊したくはない。そこで壺に真水を注ぎ入れたところ、タコは大慌てで壺から出てきた。スコットもパイプに隠れたタコに同じ手を使った――効果はてきめんだった。

それから何年もたって、スコットはいたずら好きのミズダコに再び同じ手を使った。あまりに昔でタコの名前は忘れてしまったが、事件のことは鮮明に覚えているという。餌を与えようとして水槽の蓋を開けたとき、タコがスコットの左右の手と腕にくっついた。一本の腕をはがしたかと思うと、新たに二本の腕が吸いついているという状態だった。「タコは水槽に戻ろうとしないし、こっちは次の仕事があった」。そこでスコットは水槽の向かいにある流し台に手を伸ばし、水差しいっぱいに真水を入れて、その水をタコに浴びせた。彼女は途端に退散した。「どうだ、参ったか！　と思ったね」とスコットは言った。ちょっと得意になったという。

でもタコのほうはかんかんだった。「真っ赤になって本当にとげとげしくなった。一触即発って感じだった。でも、まさか彼女がほんとに爆発寸前だなんて、思ってもみなかった」。タコは大量の水を吸い上げて「僕の顔めがけて塩水をぶちまけたんだ！」。ずぶ濡れになって立ち尽くしているスコットを前に、「今度はタコのほうが、『どうだ、参ったか！』って顔をしていた」という。

＊

数週間後、私はアテナに会いに行った。三度目の訪問だ。ビルもウィルソンも不在で、スコットが水槽の蓋を開けてくれた。アテナは岩棚の下の隅にある、いつもの寝床で休んでいたが、すぐに浮かんできて私の前で逆さになった。

アテナが頭を出したり私を見たりしないので、最初はがっかりした。もうあまり私に興味がないのだろうか。私が気づかないうちに、はにかみがちに、ベールをかぶった女のように、腕と腕のあいだの傘膜越しに私を見たのだろうか。それとも、私が誰だか、いちいち見なくても吸盤だけでわかるとでもいうのだろうか。でも、まだ私に触れてもいないじゃないか。本当に私だとわかったのなら、なぜ以前のように近づいてこなかったのだろう。なぜ私の前で、開いた傘みたいに、逆さまになっているのだろう。

そのとき、私はアテナが何を求めているのかに気づいた。私に餌をねだっていたのだ。

スコットが聞いて回ったところ、アテナは毎日食べる必要はないので、数日前から餌を与えられていないことがわかった。それでアテナにカラフトシシャモを手渡す役目を、特別に私に許してくれた。私は魚を一匹、アテナの大きな吸盤のひとつに手渡した。アテナはそれを口に向かって運び始めた。ただし、まずは別の二本の腕で魚を覆って、さらに多くの吸盤で包み、まるで指をなめているかのように、食事を楽しんでいた。

アテナが食べ終えたところで、私はさらに水中深く手を入れた。今度はアテナは私が撫でるに任せた。アテナの頭と外套膜を撫でながら、その柔らかさと感触に私はあらためて感嘆した。アテナの皮膚はところどころ寄り集まって小さなでこぼこができていた。私は彼女の腕のあいだにある傘膜に手を伸ばした。傘膜は薄い紗のように繊細で、水着でたまにあるように下の水泡が透けて見えるくらいだった。それでいて、アテナの体は、私の体とは似ても似つかず、私が触れると犬か猫か子供のような反応を示した。皮膚は色を変え、味がわかるけれど、私の皮膚と同じように撫でられればリラックスする。口は腕と腕のあいだにあって、唾液は肉を溶かすけれど、アテナも私と同じように、お腹が空いているときはおいしい食事を明らかに楽しんでいる。そのとき、私はアテナについて、ごく基本的な何かを理解した気がした。体の色を変えたり、墨を吐いたりするのがどんな感じなのかはわからないけれど、優しく触れられたり、空腹のときにものを食べたりする喜びは私にもわかる。満ち足りたときにどんな気分になるかは知っている。アテナは満ち足りていた。

それは私も同じだ。ニューハンプシャーの我が家に向かって車を走らせながら、私の満足感は膨れ上がり、高揚感に変わった。今回は私のことをあまり覚えていなかったとしても、もう餌を与えたのだから、次はきっと覚えているはずだ、と思った。

＊

一週間後、私のもとにスコットから衝撃的なeメールが届いた。

「残念ながら悲しいお知らせをしなくてはいけません。アテナは死期が近いようで、もって数日か数時間と思われます」。それから一時間足らずでスコットから再びeメールが届き、アテナが死んだことを知らされた。

不覚にも、涙があふれた。

なぜあれほど悲しかったのだろう。私はあまり泣かない。相手が人間だったら、三回会っただけで、一緒に過ごした時間は全部で二時間にも満たないなら、悲しいとは思っても、たぶん泣きはしなかっただろう。自分がアテナにとって何かしら意味のある存在だったのかどうか、見当もつかなかったし、たとえ意味があったとしても、きっとごくわずかだったはずだと思った。私は、ウィルソンやビルと違い、アテナの特別な友だちではなかった。でも私にとっては、アテナはとても大切な存在だった。彼女は、ビルにとってグィネヴィアがそうだったように、「初めての相手」だった。私たちはお互いをほとんど知らなかったけれど、彼女は私に、それまでまったく知らなかった種類の心をのぞかせてくれた。

それも悲しみを大きくした。私はアテナを知りかけたばかりだった。花開いたかもしれないのに成長するチャンスに恵まれなかった関係を、私は嘆いていた。

「コウモリであるとはどのようなことか」とは、アメリカの哲学者トーマス・ネーゲルが、意識の主観的性質についての一九七四年の論文で発した有名な問いかけだ。多くの哲学者は、コウモリの気分について「どのような」も何もない、と言うかもしれない——一説によれば、動物には意識がないからだ。自意識は意識の重要な構成要素で、多くの哲学者や研究者は、人間にはあるが動物にはないと主張する。タフツ大学の教授が書いた本によれば、動物に意識があるなら、犬は自分を柱につないでいる革紐をほどき、マグロ漁の網にさらわれたイルカは網から跳び出すはずだという（その教授は明らかに新聞の人生相談コラムを読んでいない。ああいうところに相談を寄せる女たちはなぜ暴力を振るう夫のもとを去らないのだろう。あの夫婦はなぜ失礼な義理の子供たちを訪ね続けるのだろう）。

ネーゲルの結論は、彼以前にウィトゲンシュタインが出した結論と同様、コウモリの気持ちはわからない、というものだった。結局のところ、コウモリが世界の大半を理解するのに使う反響定位は、私たち人間には備わっておらず、なかなか想像もつかない。ましてタコの心となれば、人間の理解をどれほど超えていることか。

それでも私は思った。タコであるというのはどういうことなのだろう。

これは私たちが気にかけている相手について知りたいことではないだろうか。会うたびに、一緒に食事をして内緒の話をして静かな時間を過ごし、触れ合い、視線を交わしながら、私たちは思う。あなたはどんな気持ちなのだろう、と。

「赤ちゃんタコが太平洋岸北西部からボストンに向かってます」。アテナが死んだ数日後、スコットからeメールが届いた。「都合のいいときに、握手（×八）しに来てください」

スコットに招かれて、私は五億年に及ぶ進化の裂け目を越えることにした。タコを私の友だちにするために。

第二章

オクタヴィア

ありえないはずなのに――痛みを味わい、夢を見る

「こんにちは、お嬢さん！」私は傾斜の急な踏み台にウィルソンと並んで立ち、水槽に身を乗り出して、新しくやってきたタコに挨拶した。そのときはタコの姿は見えなかったけれど、美しいのはわかっていた。一般公開されている側から彼女を見たばかりだったから。彼女に会うのが待ちきれなかった。アテナよりもはるかに小さく繊細で、頭部は大きなミカンくらい。皮膚はすべて暗褐色で突起があり、白い吸盤でガラスの正面に張りついていた。吸盤はいちばん大きなものでも直径三センチ足らず。いちばん小さいものは鉛筆の先よりも小さかった。銀色の目が腕と腕の垣根の隙間からのぞいていた。

「名前は？」私はビルに叫んだ。ビルは私たちの後ろで、クチバシカジカという、丸い目玉が飛び出してボストンテリアみたいな顔をした魚を一時的に飼育している水槽のフィルターを調節していた。

「オクタヴィア」ポンプとフィルターが立てる騒々しい音に負けじとビルが叫び返してきた。水族館に来ていた幼い女の子が思いついた名前で、いい名前だとビルも思ったのだという。

オクタヴィアはカナダのブリティッシュコロンビア州生まれ。そこで野生の状態で捕獲され、彼女自身の代金よりもはるかにお金のかかる方法で水族館に運ばれた。フェデラルエクスプレスで、だ。彼女が新しい環境に慣れるまで数週間、私はじれながら待たされた。この日は友人のリズ（エリザベス）・トーマスが一緒だった。リズは著述家で人類学者、カナダの作家ファーレイ・モウワットのいう「ほかの生き物」に、私と同じくらい惹かれている。一九五〇年代、十代だったリズは両親と一緒にナミビアのサン人（ブッシュマン）の部落で暮らし、そのことを綴った『ハームレス・ピープル　原始に生きるブッシュマン』は彼女の最初のベストセラーになった。次の六十年間はライオン、ゾウ、トラ、シカ、オオカミ、犬についてのノンフィクションの取材と執筆、それに旧石器時代を舞台にした小説の執筆に取り組んだ。リズもタコに触れたがっていた。

ウィルソンがオクタヴィアを餌で釣って私たちのほうへ誘おうとした。長いトングの先にタコの親戚であるイカをはさんで差し出した。オクタヴィアは腕を伸ばしもしなかった。

「私たちに会いに来て、お嬢さん！」無脊椎動物、それも耳のない相手にせがむなんて、どうかしていると思われるかもしれないが、私は犬や人に対してやるように、オクタヴィアに話しかけずにはいられなかった。ウィルソンはイカを振って、八本の腕と二本の触腕が生きているように浮き上がり、味が水中に広がるようにした。それをオクタヴィアは皮膚と吸盤で感じたに違いない。きっと目でも捉えたはずだ。それでも彼女はイカに反応したくないようだった――そして私たちにも。

「あとでもう一度やってみよう」ウィルソンが言った。「彼女の気が変わるかもしれない」

ウィルソンがビルと一緒に雑用を片づけるあいだ、リズと私はジャイアント・オーシャン・タンクを取り囲む螺旋スロープを訪れた。下のほうでは、明るいブルーのエレクトリックブルークロミスと派手な黄色の尾を持つイエローテイルダムゼルフィッシュがファイバーグラスでできたサンゴにすばやく出たり入ったりしていた。フエダイがショッピングモールのティーンエイジャーのグループのように、徒党を組んで泳いでいた。上のほうでは、エイが軟骨のひれを翼のように広げて飛ぶように泳いでいき、その親戚であるサメは急ぎのおつかいの途中みたいに、ジグザグに、それでいてどこかを目指しているように泳ぎ回っていた。巨大なカメたちは大きなひれ足で水をかいていた。水族館の人気者で体重二五〇キロのアオウミガメのマートルは、GOTの女王と呼ばれている。この水族館が開館して一年後にやってきて以来、サメさえも威圧しており、歯がずらりと並ぶサメの口から餌のイカを横取りするほどだ。何世代もの子供たちが、この人好きのする怖いもの知らずのカメを知って大きくなった。マートルはガラスめがけてまっしぐらに泳いできて来館者の顔をのぞき込み、ダイバーに背中をかいてもらうのが好きで（カメは神経の末端が甲羅のなかにある）、お気に入りの飼育員のひとり、シェリー・フロイド・カッターに頭をとんとんと優しくたたいてもらいながら、シェリーのひざ枕で眠ることで知られている。マートルはフェイスブックに専用のページも持っていて、いつのぞいても、千を超える「いいね！」がついている。

マートルの推定年齢は八十歳くらい（だとしたら、今よちよち歩きしている子供たちが自分の子供を連れて水族館に来る日まで十分生きられるはずだ）。それほど高齢にもかかわらず、マートルはある画期的な研究において、爬虫類が——高齢の爬虫類でも——新しいことを学習できると証明するのにひと役買った。マートルは小さな台を三つ見せられた。両端のふたつにはスピーカー、真ん中の台にはライトボックスが置かれていた。ライトボックスのライトがつくと、マートルはひれ足でボックスに触れることになっていた。ただしライトがついて音も鳴った場合は、どちらのスピーカーから音が出ているのかを判断して、そちらの台に触れなければならない。これは単なる芸ではなかった。複雑な課題で、要求や命令に反応するだけでは駄目だ。マートル自身が判断を下す必要があった。

「カメが八十年のあいだにどれだけのことを目にして学んだか、考えてみなさいよ」そう言うリズの横をマートルが自由に泳ぎ去っていった。カメはのろい、とたいていの人が考えているが、実際にはアオウミガメは急いでいる場合は時速三二キロで泳ぐことができ、マートルは水槽の上部に、ダイバーが餌を持って現れたあたりに向かっていた。「芽キャベツはマートルの大好物です」と、ダイバーが観衆に説明していた（「うぇーっ！　芽キャベツだって！」幼い女の子が自分のお兄ちゃんに向かって言った）。でもこのカメは餌のことだけで頭がいっぱいというわけではない。「彼女はどうやら私たちがしていることに純粋に興味があるみたい」だと、シェリーは言う。「餌を持ってないときでもそう。水槽のなかで起きている、ありとあらゆることに対して、もう騒々しいくらい。私たちが台にいるときはいつも、私たちにずっとつきまとって、台の上やまわりで何が起きているのかを見たがるものだから、いつも押しやらなくちゃいけない」夜間にGOTでプロモーション映像や映画の撮影が行われるあいだ、水族館側は急いでマートルの注意をそらして撮影の邪魔をさせないよう、ダイバーをひとり配備しなければならない。それでも効果があるのは九十秒ほどで、それを過ぎたらマートルは撮影現場に泳いでいってしまう。

私とリズは上のコールドマリンギャラリーに戻り、もう一度オクタヴィアの気を引こうとしてみたが、オクタヴィアはやはり興味を示さなかった。なぜ彼女が寄ってこないのか、リズとふたりであれこれ推測した。どうして私たちに会いにきてくれないのだろう。

「みんな、それぞれ違っている」とウィルソンは私たちに言った。「それぞれ性格が違う。ロブスターだってそれぞれ性格が違う。このあたりにしばらくいれば、きっとわかるよ」

オクタヴィアがアテナとはずいぶん違うことは、早くも明らかだった。オクタヴィアのようなケースは異例なのだと、ウィルソンは言った。アテナの急死は予想外だった。普通、タコは老いの兆し——白い斑点ができ、餌を食べなくなり、痩せていく——を見せ、それを受けて水族館は新しいタコを手配する。若いタコは非公開で飼育され、年老いたタコが死んで水槽が空くころには人に慣れている。「水族館で育ったタコはたいてい気さくなんだ」とウィルソンが言った。「そういうタコがいちばん遊び好きだ。まるで子犬や子猫だよ」

でも今回は水族館で若いタコを育てている暇はなかった——すぐにタコを公開しなければならなかった。「タコのいない水族館など、プラムのないプラムプディングのようなものだ」と、ヴィクトリア朝時代のイギリスのブライトンの博物学者ヘンリー・リーは一八七五年に記している。だからビルはいつもの業者に、来館者の印象に残るくらいには大きいタコを注文した。

オクタヴィアはすでに二歳半くらいかと思われた。野生で育った（ビルの説明によれば、ミズダコの繁殖飼育例はなく、野生の個体数は健全だと思われているそうだ）ので、まだ人間に慣れていなかった。

ウィルソンが最後にもう一度試してみた。イカをはさんでオクタヴィアのほうに差し出したところ、一本の腕がためらいがちに浮き上がってきた。

「リズ！　あなたが触って！」これを逃せば触れ合うチャンスはなくなってしまうかもしれないと思って、私は声を上げた。リズは三段の踏み台を上って水槽のてっぺんに行き、人差し指をオクタヴィアの腕の巻きひげのような先端に伸ばした。システィーナ礼拝堂の天井に描かれた、天上の神に手を差し伸べるアダムみたいだと、私は思った。

出会いはほんの一瞬で終わった。リズがオクタヴィアの腕の先端の裏側にある、細く滑りやすい部分に触れると、オクタヴィアはその部分をねじって、小さくてかわいらしい吸盤でリズを慎重に味見した。

その途端、どちらも驚いたように腕を引っ込めた。

ちなみに、リズは動物はもちろん、何ものも恐れない。三十年近く前に初めて会ったとき、我が家のフェレットの一匹に紹介したところ、フェレットが鋭い歯でリズの手をかみ、血が流れた。

「ごめんなさい」私は謝った。

「こんなの、なんでもないわよ」そう言ったリズの言葉に嘘はなかった。リズは北極圏で独りきりでオオカミたちと過ごし、ウガンダでは野生のヒョウにあとをつけられた経験があった。ナミビアではハイエナ（寝ている人の鼻をかみ切ることで知られている種だ）がリズのテントに頭を突っ込んだが、骨をも砕く肉食獣に対して、リズは自分の部屋の入口にお母さんが現れたときのように「何か用？」と訊いただけだった。そのリズが、オクタヴィアの感触には「お腹の底からびっくりした」そうだ。そして本能的に反応した。思わず跳びのいてしまった。

ではオクタヴィアはリズの何に驚いたのだろう。もちろん確信はなかったけれど、リズは一日一箱吸うほどのヘビースモーカーだ。各吸盤に一万個の化学受容器を持つオクタヴィアは、すばらしく繊細な感覚で、リズの皮膚や血液中のニコチンの味まで察知したのではないかと思った。ニコチンは防虫効果があることで知られ、虫以外にも多くの無脊椎動物にとって有害だ。リズの指は、オクタヴィアにはとにかく嫌な味がしたのかもしれない。そのせいで、人間はみんな嫌な味がするものだなんてオクタヴィアが思い込みませんように、と私は思った。

＊

二度目に訪ねたとき、私は死んだイカを冷たい水のなかで前後に振り続け、しまいには右手がかじかんで動かなくなった。イカを左手に持ち替えて、左手もかじかんで動かなくなるまで振り続けた。オクタヴィアは私からうんと離れた、水槽の反対側の隅にじっとしたままだった。腕一本伸ばしてこなかった。

この日は金曜日で、ウィルソンは不在だった。私はオクタヴィアをもっとよく見ようと下に降りた。彼女はとげとげしていて暗褐色で、岩でできた薄暗い寝床のなかではほとんど姿が見えなかった。ミズダコもタコのほとんどの種と同じく夜行性なので、水槽の照明は抑え気味で、静かで神秘的な雰囲気が漂っている。同じ水槽にいるのはあのヒマワリヒトデ、ローズアネモネ四十匹ほど、二種のイトマキヒトデの仲間、コウモリヒトデとレザースターと呼ばれるヒトデ（*Dermasterias imbricata*）が一匹ずつだけで、それぞれの定位置に張りついていた。ヒマワリヒトデは無数の管足で体を固定し、彼の定位置らしいタコの反対側に陣取っていた。ここなら飼育員が水槽の蓋を開けたときに餌の魚をかすめ取るのに都合がいい。ヒマワリヒトデはヒトデにしてはすばやく動けるほうで、急いでいる場合は分速〇・九メートルで移動できるが、タコほど速くはないのは脳がなくても自覚しているらしかった。

イソギンチャクの触手が水中で、そよ風に揺れる花びらのようにたなびいた。実際、植物のように見えるが、実はオクタヴィアやヒトデと同じ捕食性の無脊椎動物だ——ただし、サンゴやクラゲにより近い。粘着性の足で土台にくっつき、刺胞と呼ばれる器官で小魚やエビを刺して刺激性の毒を注入する。

オクタヴィアの水槽には憂鬱そうな顔のオオカミウオ二匹と、とげだらけで得てして毒のある背びれを持つフサカサゴ科の大きな魚が何種類も同居しているように見えるが、実際は違う。みんな野生の状態では太平洋北西部の海域に一緒にいるが、ここでは一枚のガラス板でタコと、オオカミウオやフサカサゴ科の魚とを仕切り、お互いを食べないようにしている。オオカミウオの水槽のほうが照明が明るいので、来館者側から見れば、野生のタコがねぐらにいるのをのぞき込み、そこから大海原に目を向けているような感覚になる。

私はオクタヴィアが動くのを待った。一本の腕の先端がぴくりとし、こちらから見える側の目が急に向きを変えて私の目と合い、体の色が変わるのを待った。オクタヴィアはじっとしたまま、腕をボールのように丸めて、頭を守っていた。呼吸に合わせてひらめくえらの白い部分さえ見えなかった。向こうはこちらを見ていたのかもしれないが、細長い瞳孔を持つ目は何も語らなかった。

　私に何か動いているものを見せようとして、スコットは私を淡水ギャラリーのお気に入りの水槽のところに連れていった。デンキウナギの展示コーナーだ。デンキウナギはスコットの自慢の種で、それも当然だ。この水槽はカラフルとかかわいいとか特別きれいというわけではない（「もっと魅力的なものがあなたの家のトイレにあるかも」とスコットも言っていた）けれど、自然を模したすばらしい展示で、この水族館でもとくに人気のコーナーだ。スコットは何度もアマゾンに足を運んでいて、現地で水族館用の魚の持続可能な漁業を支援する非営利組織、プロジェクト・ピアバを共同設立した。デンキウナギがどんな環境に生息しているかをスコットは承知しているので、水槽には本物のアマゾン原産の水草が生い茂っている。デンキウナギは葉っぱの陰に隠れたがる。ところが、これが来館者にとっては問題になる。「デンキウナギの水槽でデンキウナギが見られないおそれがある」という。そこでスコットはひらめいた。デンキウナギを訓練すればいいじゃないか。

　スコットの手にかかれば、ほんの数週間でデンキウナギに本来の習性とは正反対の振る舞いを教えることができた。水草の陰の居心地のいい隠れ家を出て、来館者から見える場所に姿を現すことだ。このためにスコットはミミズ撒き装置《ワーム・デプロイヤー》なる代物を考案した。

ウナギの水槽の上には回転式の電動ファンがつり下げられ、そこに玩具の「バレル・オブ・モンキー」のプラスチックでできたサルを使って、ありきたりのキッチン用のじょうごがぶら下がっている。そこへスタッフが生きたミミズを定期的に投入、ミミズは来館者の目の前で、ファンのカーブを伝ってゆっくりと水のなかへ落ちていく。「ウナギにしてみれば、天からの贈り物がいつ落ちてくるか、まったくわからない」とスコットが説明した。「だから、いつ落ちてきてもいいように、あたりをうろつくようになった」スコットの発明品の唯一の欠点は、以前この展示コーナーにはデンキウナギが二匹いて、この装置が原因でケンカになったことだった。今では一匹は追放の身となって、スコットの席のそばにある大きな水槽で暮らしている。

ワーム・デプロイヤーにはいくつも用途がある。スコットは来館者を操縦するのに使ったりもする。水族館の一か所に来館者が集中している日は、淡水ギャラリーのスタッフはよく、ひと握りのミミズを使って、あっという間に群衆をデンキウナギの水槽に引きつけ、渋滞を解消する。デンキウナギのコーナーにはもうひとつ、来館者をクギ付けにする目玉がある。電圧計で、ウナギの電流パルスを計っているのだ。水槽のてっぺんには電気パネルが設置されていて、ウナギが餌を追いかけたり電気ショックで気絶させると、ウナギの発する電気でライトが点灯し、たちまち注意を引きつける仕組みになっている。

この日の午前中はデンキウナギのコーナーはスコットと私だけの貸し切り状態だった。スコットはデプロイヤーにミミズを投入したばかりだったが、体長九〇センチあまりの赤茶けたウナギはじっとしたままで、用心して待っているだけなのだろうかと私は思った。「彼の顔を見て」スコットが言った。「待ってるんじゃなくて、爆睡してるんです」。頭のすぐそばにミミズが一匹落ちても、ウナギは動かなかった。ぐっすり眠り込んでいた。

そのとき突然、例の電圧計が光った。

「どうしたの」私はスコットに訊いた。「眠ってると思ったのに」

「眠ってます」スコットは言った。そのとき、私たちは何が起きているのを理解した。

ウナギは夢を見ていたのだ。

私たち人間は夢のなかで、最も孤独で不可解な状態を味わう。「すべての人間は」古代ギリシャの哲学者で伝記作家のプルタルコスによれば、「目覚めているときは同じ世界を共有している。しかし眠っているときは、それぞれ自分だけの世界にいる」。人間でさえそうだとしたら、動物の夢となるとどれほど近づきがたいことだろうか。

人間は常に夢を賞賛してきた。古代ギリシャの抒情詩人であるテーベのピンダロスは、魂は目覚めているときよりも夢見ているときのほうが活発だと示唆した。夢を見ているあいだ、目覚めている魂が見るのは未来、つまり「褒美として迫り来る喜び、もしくは悲しみ」なのだろう、とピンダロスは考えていた。だから人間が夢は人間だけのものだと言いたがるのも無理はない。研究者は長年、夢は「より高次な」精神に固有のものである、と主張していた。でも、自分の飼っている犬が寝ているときに低いうなり声を出すのを聞いたり、猫がぴくんと動くのを見たりした経験のある人なら、それが真実ではないとわかっている。マサチューセッツ工科大学（ＭＩＴ）の研究者は今では、ラットが夢を見ることだけでなく、どんな夢を見るかも承知している。迷路にいるラットが特定の課題をこなすあいだ、脳内のニューロンは特有の発火パターンを示す。研究者たちは、ラットが眠っているあいだにまったく同じパターンが繰り返されるのを目にした——とてもはっきりしているので、夢に見ているのが迷路のどの地点で、夢のなかでラットが走っているのか歩いているのかまでわかるくらいだった。ラットの夢は脳の記憶に関係する領域で発生しており、夢の役割のひとつは動物が学習したことを記憶するのを助けることだという考えをさらに裏づけている。

一九七二年の研究は、カモノハシ——原始的な、卵生の哺乳類で、発生系統は八千万年前にさかのぼる——がレム睡眠（人間が夢を見ているときの睡眠状態）を経験しない可能性を示唆した。しかし、これは誤りで、研究チームが調べたのは脳の間違った領域だった。一九九八年、新たな研究によって、実はカモノハシがレム睡眠を経験する時間は、ほかの哺乳類よりも多い（一日に約十四時間というケースもある）ことがわかった。

魚類についてはは哺乳類以上に研究されていない。それでも魚が眠ることはわかっている。線虫やショウジョウバエも眠る。二〇一二年の研究では、ショウジョウバエの眠りをたびたび中断すると、翌日飛ぶときに支障をきたすことがわかった。ちょうど人がよく眠れなかった翌日は集中しにくいのと同じだ。

私があまりに気に入っているものだから、毎年クリスマスになると夫が読み聞かせてくれる本があるのだが、そのなかで、ウェールズの偉大な詩人ディラン・トマスは読者をミルクウッドにいざなう。「ゆっくりと、黒の、漆黒の、漁船がたゆたっている海」のそばにある小さな町だ。夜の場面で、登場人物たちはみんな眠っている。著者のトマスは読者に、親しさのなかで最も魅惑的だが普通は入り込めない領域に入り込むチャンスを与える。「あなたの今いるところから」トマスは請け合う。「彼らの夢が聞こえる」と。

夢に魚が出てきたら、ユング派の解釈によれば、それは無意識の親密な、海のような神秘から浮かび上がってくる心の動きを象徴しているという。でもこの朝、平日の公共施設で、母親たちが赤ちゃんを乗せたベビーカーを押し、子供たちが笑ったり指さしたり泣きわめいたりしているなかで、私が経験したのは単なる洞察ではなく、啓示だった。魚が獲物を追って気絶させている夢を見ているところを私は目にしたのだ。

＊

私たちはオクタヴィアのところへ戻り、スコットは長いトングで餌のイカをはさんで、それがオクタヴィアの顔の真ん前にぶら下がるようにした。オクタヴィアはイカをつかみ、トングもつかんだ。私はつま先をぶつけながら踏み台を駆け上がって水槽のてっぺんに行き、両腕を水に突っ込んだ。オクタヴィアはイカを落とした。彼女が欲しかったのはトング――そして今は私のことも欲しがっていた。何百個もの吸盤で水槽の壁にしっかり張りついて、ほかの何十個もの吸盤でトングもつかんだまま、オクタヴィアは三本の腕で私の左腕をつかみ、さらに、もう一本の腕で私の右腕をつかんで、引っ張り始めた――それも力いっぱい。

オクタヴィアの突起のある赤い皮膚は興奮している証拠だった。吸引力の強さに、私は自分の皮膚の表面の血液が吸い寄せられるのを感じた。きょうはアザをこさえて帰ることになりそうだと思った。オクタヴィアを撫でようとしたけれど、両手が動かせなかった。オクタヴィアは私をとらえた腕を伸ばしたままだったが、少なくとも彼女の頭は見えた。頭は今ではカンタループメロンくらいの大きさで、腕はそれぞれ長さ九〇センチ以上になっていた。私が前回会いにきてからめざましく成長していた。ミズダコは食べたものを血肉に変えていくことにかけては世界でもとくに優秀な肉食動物だ。コメ粒大の卵から孵化し、体重は〇・三グラムから、八十日ごとに倍増していき、約二〇キログラムに達すると、それから成体になるまでは四か月ごとに倍増する。

スコットはありったけの力を込めてトングを引っ張り、オクタヴィアが私を水槽に引き込まないようにしていた。私は綱引きをせざるをえなくなった。そうするよりほかなかった。私は自分の体格（身長一六五センチ、体重五七キロ）と年齢（五十三歳）と性別（女性）にしてはかなり力があるほうだが、オクタヴィアの水圧で鍛えた筋肉にあらがえるほど上半身はたくましくなかった。タコの筋肉には放射状の繊維と縦の繊維が両方あり、そのため人間の二頭筋よりも舌に似ているが、腕を堅い棒と化すことができる――つまり筋繊維の長さを五〇パーセントから七〇パーセントも縮められる――ほど強力だ。ある試算によれば、タコの腕の筋肉には、そのタコ自身の体重の一〇〇倍の力があるという。だとすれば、オクタヴィアの場合は一八〇〇キロ近い可能性があった。

タコは普通おとなしいが、タコが興味を持ったせいで人が溺れた、あるいは溺れかけたという話はある。イギリス人宣教師ウィリアム・ワイアット・ギルは二十年間、南太平洋でミズダコよりもはるかに小さいタコたちに囲まれて過ごした。とはいえ、これらの種でも若く、力強く、健康な男性をしのぐ力があった。ギルは「(タコが危険だという)事実を疑うポリネシアの先住民はいない」と記している。ギルによれば、タコ漁をしていたある男性は、息子がいなかったら窒息死するところだった。タコに顔を覆われた状態で水面に浮かんだところを息子に救助された。

もうひとつはフランク・レーンの著書に記されているもので、ニュージーランド沖での出来事だ。D・H・ノリーという男が、マオリ族の友人と一緒にロブスターを探して海峡を歩いて渡っていた。突然、連れのひとりが「金切り声を上げて、自分をしっかりつかんでいるものから逃れようとした。助けに向かった私たちが目にしたのは、彼が若いタコと格闘している光景だった!」。タコは体長八〇センチ足らず——それでも友人たちがいなかったら、その男は絶対に逃げられず、きっと溺れていたはずだと、ノリーは語った。

オクタヴィアは持てる力のごく一部を使っていたにすぎなかった。彼女ができることに比べれば、これはほんの綱引きごっこでしかなかった。私は攻撃されているとは感じなかった。むしろ調べられている感じだった。

オクタヴィアに捕まえられていたのはほんの一分間だったかもしれないし、五分間だったかもしれないが、かなり長く感じられた時間が過ぎたあと、彼女は突然、私たちから後ずさった。私のこともトングのことも同時に手放した。

「ああ!」オクタヴィアが巣に帰っていくとき、私は口走った。「びっくりだわ!」

「こっちは力いっぱい引っ張ってたんですよ!」スコットが言った。「しまいにはあなたの足首をつかまえとかなきゃならなくなるかと思った！」

オクタヴィアと私とのあいだで何が起きたのか。彼女は何を考えていたのか。お腹が空いていたわけじゃないのは明らかで、もし空腹だったのなら、差し出されたイカを食べていたはずだ。怖がっているようにも怒っているようにも見えなかった――哺乳類や鳥類が怖がっていたり怒っていたりすれば、私はだいたいそれを感じ取ることができる。ただし軟体動物については確信は持てない。それでも今回のオクタヴィアとの出会いが、私が初めてアテナと対面したときの、たわむれるような出会いとはまったく違うという点については、スコットも私も同じ意見だった。

「今度のは優位の誇示みたいなものだったのかも」とスコットが言った。ひょっとしたらオクタヴィアはトングが欲しいのに私が邪魔をしていると思ったのだろうか。私の頭には別の可能性が浮かんだ――水槽のてっぺんに駆け上がろうとしてつま先をぶつけたときに、痛みに関連する神経伝達物質が分泌されて、私の体に化学的変化が起きたのかもしれない。痛みの神経伝達物質を認識できれば、タコにとっては有益だろう。それがわかれば、獲物が傷ついていて捕まえやすいかどうかがわかるだろうから。さっきは魚が夢を見ているのを目にしたばかりだが――今度はひょっとしたらタコが私の痛みを味わったのかもしれない。

この水の領域で、私は想像したこともなかった可能性に引き寄せられていた。

＊

タコを相手にする仕事をしている人たちは私たちが知っている世界の通常の仕組みからすれば

現実に起きるはずのないような出来事を、目にしたと報告する。

アレクサ・ウォーバートンが、床を走るこぶし大のタコを追いかけるはめになった日がそうだった。

そう、走っていたのだ。「水槽の下で、行ったり来たりするタコを追いかけるんです。猫を追いかけるみたいに」アレクサは言った。「変なんてもんじゃない！」

アレクサはバーモント州に新設された、ミドルベリー大学のタコ研究室の獣医師予備学生だった。彼女の見たところでは、タコのなかにはわざと、しかもときには手の込んだやりかたで、協力を拒む個体がいるようだった。たとえば、学生がT字型迷路の実験をするためにタコを網ですくって水槽からバケツに移そうとすると、隅に入り込んで隠れたり、何か物にしっかりつかまって離そうとしなかったり。捕まることは捕まるものの、網をトランポリン代わりにするタコもいた。アクロバットさながらに網から床めがけて跳び出して、すたこら逃げていくのだった。

小型の無脊椎動物相手のこうした体験を、アレクサは「シュール」だと表現した。かつての用務員室を利用した小さな研究室で、アレクサたち学生はふたつの種を相手にしていた。小型のカリビアンドワーフと、それより大きく、外套膜が長さ一八センチ近く、腕が最長六〇センチ近くまで達することもあるカリフォルニアツースポットだ。「ものすごく力が強かった」とアレクサは当時を振り返った。「とても小さくて、私の片手に収まるくらいなのに、力は私と同じくらいあって！」

研究室の容量約一五〇〇リットルの水槽は蓋を重くしてあり、一匹ずつ収容できるようにふたつに仕切られていた。それでもタコたちは脱走するのだった。蓋を押し上げて外に這い出し、ときには死ぬこともあった。学生が打ち込んだ仕切り板の下から、もう一匹のタコのいるほうへ潜り込み、共食いすることもあった。あるいは交接することもあり、それも実験にとっては同じくらい致命的だった。交接したメスは卵を産み、引きこもって、迷路に挑戦しようとはせず、卵が孵化するころには死んだ。オスは交接するとすぐに死んだ。

タコたちの物理的な力以上に印象的だったのが意志の力、一匹ごとの個性の強さそのものだった。学生たちは研究論文では研究対象のタコに番号で言及することになっていたが、しまいには名前で呼ぶようになっていた。ジェットストリーム、マーサ、ガートルード、ヘンリー、ボブといった具合だ。アレクサによれば、とても人なつっこいタコもいて、「水面から腕を出して、犬が跳び上がって迎えるみたいに」――あるいは子供が抱っこしてもらいたがるみたいに振る舞ったという。カーミットと名づけられたタコはアレクサに撫でてもらうのが大好きで、アレクサの両腕のあいだに滑り込んでくるかのようだった。「肩をすくめて、といっても肩はないんだけれど」

怒りっぽいタコもいた。カリビアンドワーフの一匹は本当に手のかかるメスダコで、学生たちからビッチ呼ばわりされていた。「迷路の実験のために捕まえるのに、いつも二十分かかりました」とアレクサは言った。このタコは決まって何かにしがみついて離れようとしないのだった。

それからウェンディ。アレクサが卒論発表で使ったメスのタコだ。卒論発表は公式行事でビデオ撮影されるので、アレクサは上等なスーツを着ていた。カメラがまわり始めた途端、ウェンディはアレクサにたっぷりの塩水をお見舞いした。それから大急ぎで水槽の底に向かい、砂に潜って出てこようとしなかった。大失敗の原因は、これから何が起きるのかウェンディは事前に察知して絶対に阻止してやろうと固く決意していたからに違いないと、アレクサは考えている。「ウェンディは」アレクサは言った。「とにかくおとなしく網に入る気分じゃなかったんだと思います」

アレクサの実験データからはカリフォルニアツースポットがものごとをすぐに習得することがうかがえる。しかしアレクサは、査読付きの学術誌では発表しきれないほど多くの知識を得た。「タコはとても好奇心が強くって」アレクサは私に言った。「まわりのことをなんでも知りたがる。無脊椎動物って、ほんとにもう！　すっごく単純な動物のはずなのに！」

「人間はタコのことをわかってませんよ」アレクサは話を続けた。「タコという生き物がどんなふうに考えるかを示す迷路を作ろうとしてみてください。わからないことが多すぎて実験もできない。迷路ではタコの研究はできないのかも。科学でわかっているのはそれだけ。相手がこっちを観察しているのはわかります。私を目で追ってる。でもタコにそんな知能があるって証明するのは至難の業。タコってほんと変わってるんです」

＊

オクタヴィアに水槽に引き込まれかけた一週間後、私は再び水族館を訪ねた。

私がオリオン誌に寄稿した文章がきっかけで、全米ネットのラジオの環境番組「リビング・オン・アース」のスタッフたちが、私と一緒にタコの知能についての特集をやりたいと言ってきた。

彼らはオクタヴィアと交流したがった。私は返事に困った。

私はスコット、ウィルソン、ビルと話をするため、ひと足先に水族館に行った。オクタヴィアはラジオ局の私の友人たちをどんなふうに迎えるだろうか。ビルはこの水族館に勤務して八年間に五匹のタコを担当した経験があり、オクタヴィアの性格について次のように指摘した。「攻撃的でよそよそしい」

ウィルソンも同じ意見だった。「今度のは遊び好きじゃない」。これまでのタコとは違って、オクタヴィアはウィルソンが交流しようとしても、半分くらいは完全に無視するという。

オクタヴィアはもうひとつ重要な点で、ウィルソンがそれまで知っていたタコとは違っていた。擬態するのだ。それまでのタコは、みんな子供のうちに連れてこられ、水槽や樽のなかのまったく何もない環境でひそかに飼育されていた――隠れる場所はなく、岩や砂もなく、同居する魚もいなかった。これらのタコは色を変えることはできた。興奮すれば赤みが増し、落ちついているときは赤みが薄くなるか白くなり、茶色っぽいのと白っぽいのと、その中間色のまだら模様になる。だが、まわりに合わせて擬態するということはなかった。合わせる対象が大してなかったのだ。一般公開用の水槽に移されてからも、やはり擬態しないことに、ウィルソンは気づいた。

ところがオクタヴィアは違った。

タコとタコに近い種の擬態能力は、その速さでも多様さでも卓越している。タコとその親戚の擬態にはカメレオンも真っ青だ。擬態能力に恵まれた動物でも、決まったパターンがごくひと握りという場合がほとんど。一方、タコなどの頭足類は個体ごとに三十種類から五十種類の違ったパターンを使える。色や模様や質感を〇・七秒で変えることができる。太平洋のサンゴ礁で、ある研究者が一匹のタコの変化を数えた結果、わずか一時間で百七十七回に上ったケースもあった。ウッズホール海洋研究所で研究室のチェッカー盤に頭足類を置いたところ、姿がほとんど消えた。といってももちろん、格子模様をつくるわけではないが、明暗のパターンをつくりだして、どんな背景だろうと、相手が誰だろうと、ほぼ確実に姿が見えないようにすることができるのだ。

タコとその親戚は、ウッズホールの研究者ロジャー・ハンロンが電気的な皮膚と呼ぶものを持っている。タコは表皮近くの三種類の細胞の層をカラーパレット代わりにして、それぞれ違う方法でコントロールしている。一番奥の層には白色素胞が含まれ、背景の光を受動的に反射する。このプロセスには筋肉や神経は関係していないらしい。真ん中の層には、それぞれが直径一〇〇ミクロンの小さな虹色素胞が含まれている。これらの細胞は偏光（人間の目には見えないが、鳥類をはじめ、タコの多くの天敵には見える）も含めて光も反射する。虹色素胞はおびただしい数の緑、青、金色、ピンク色の輝きを生み出す。虹色素胞には受動的なものもあるようだが、神経系によってコントロールされているらしいものもある。それらは動物では初めて突きとめられた神経伝達物質、アセチルコリンと関連がある。アセチルコリンは筋肉の収縮を助ける。人間の場合は記憶、学習、レム睡眠においても重要だ。一方、タコの場合は、アセチルコリンの量が増えると緑と青が「オン」になり、減ればピンクと金色が現れる。タコの表皮の一番上の層には色素胞が含まれている。黄、赤、茶、黒の色素が詰まった小さな袋で、それぞれが伸縮性のある容器に収まっていて開閉することで色の出かたを増減できる。目の擬態をする――線《バー》、盗賊の仮面、星形など、さまざまな模様を使って――だけで、五百万個の色素胞を使うこともある。色素胞のひとつひとつが、すべてタコの意のままにコントロールされて、非常に多くの神経と筋肉を通じて調節されている。

周囲に紛れるため、あるいは捕食者や獲物を混乱させるため、タコは吸盤と漏斗の縁と外套腔［訳註：外套膜と内臓塊のあいだの空洞］以外、全身いたるところに斑点や縞やまだらな色を出現させることができる。皮膚の上で光のショーをつくり出せる。タコが生み出せるいくつかの動く模様のひとつは「流れる雲」と呼ばれるもので、風景の上空を黒い雲が流れ過ぎていくかのようだ――そのためタコが実際には動いていないのに動いているように見える。そしてもちろん、タコは皮膚の質感も乳頭と呼ばれる肉の突起を上下させて意図的にコントロールできるほか、全体の形とポーズも変えられる。これがとくにうまいのが、インドネシアに生息する種で、砂地に棲むミミックオクトパスだ。あるオンラインの動画では、ミミックオクトパスが姿勢や体色や皮膚の質感を変えて、最初はカレイに、続いて複数のウミヘビに、最後は毒を持つミノカサゴに変身する――ものの数秒で、だ。

以上がすべて純粋に本能的なものだと示唆する研究者は、現在はいない。タコは間違いなく、そのときに生み出すべきディスプレーを選んで、それに応じて変化し、その結果をチェックする――そして必要なら再び変化する。オクタヴィアの擬態能力が先輩のタコたちを上回っていたのは、海で野生の捕食者や獲物に囲まれて暮らした期間が長く、学習していたからだ。

このことも、タコが異質な、無脊椎動物の知能を持っているという証拠だ。けれども私は、ラジオ番組の友人たちがオクタヴィアのまばゆいばかりの才気をおぼろげにでも感じることなく、単にだぶついた、骨のない体が巣のなかで丸まっているのを目にするだけかもしれない、と不安だった。「彼女が来たがらなかったら」ウィルソンが私に念を押すように言った。「あきらめることだ」

だから、その日の午後、ビルが水槽の蓋を開けたときの出来事に、私は完全に不意打ちを食らった。司会のスティーヴ・カーウッド、プロデューサー、音響スタッフが見守るなか、ウィルソンはオクタヴィアの水槽のへりに置いていた小さなポリバケツからカラフトシシャモを取り出した。途端にオクタヴィアは興奮した様子で、すぐさまウィルソンのほうにやってきた——腕を一本か二本伸ばすだけでなく、体ごとまっしぐらに向かってきた。私たちの顔をのぞき込めるように、水面から頭をぷかりと出した。私たちふたりの目をまっすぐ見つめ、それからシシャモを受け取った。シシャモを口に運ぶあいだ、腕を三本、水上に出して、とくに大きな吸盤でウィルソンの空いているほうの手をつかんだ。私が両手両腕まで水中に突っ込むと、彼女はそれもつかんだ。一本、二本、そして三本目の腕が私にくっついた。吸盤が吸いつくのは感じられたが、腕のほうは私を引っ張りはしなかった。

「スティーヴ、オクタヴィアと対面を」ビルがスティーヴにもオクタヴィアに触れさせるよう誘った。「袖をまくって。腕時計は外して」ビルは指示した。「僕たちがよく冗談で言うようにタコはほんとに手癖が悪いから、気づかないうちに指輪だの腕時計だのをするりと外してしまう可能性がある。でもそれだけじゃなくて、とがったものを身につけていてタコを傷つけてしまう心配もあるから」

　スティーヴは言われたとおりにして指を開いた。オクタヴィアはスティーヴを味見しようと一本の腕を伸ばした。

「わっ！」スティーヴが声を上げた。「つかんでる、ここ――」

　ウィルソンがシシャモをもう一匹、オクタヴィアに手渡した。

「そう、吸盤を感じる！」スティーヴが言った。オクタヴィアはひとつひとつの吸盤をコントロールできるのだと、ビルが説明した。「そうなんだ！」スティーヴが言った。「じゃあ、ピアノを弾いたらすごいだろうな――想像できるかい？」

　私たちは感覚に溺れていた。オクタヴィアの吸盤を皮膚に感じ、彼女の体色の微妙な変化を目の当たりにし、シシャモが口へと運ばれていく様子を見守り、関節のないたくさんの腕の自由自在な妙技を眺めていた。六人がオクタヴィアを見つめ、三人が水槽のなかに腕を突っ込んでいる状態で、誰も気づかなかった。彼女が私たちの足元から魚の入ったバケツをまんまとかすめ取ったことに。彼女は自分の吸盤のなかでもとくに強力で大きいものでしっかりバケツをつかみながら、ほかのたくさんの吸盤を使って、ウィルソンとスティーヴと私を探っていた。

　オクタヴィアは魚に興味があったわけではなかった。魚はバケツのなかで動かなかった。オクタヴィアは魚の顔がバケツのなかで自分と逆のほうに向く持ちかたをしていた。腕と腕のあいだの傘膜をバケツに巻きつけるようにして、タカが捕まえた獲物を翼で隠す格好に近かった。その前の週にスコットからトングをひったくったときと同じで、オクタヴィアは餌そのものよりも、餌が入っている物体のほうに興味を示した。

　どうやら私たち六人では、彼女の広大な注意力を独占するには力不足らしかった。しかも、食事と会話をしながらeメールの送信やチェックをするディナーパーティーの招待客と違って、オクタヴィアは一度にいろいろなことをしていても、心ここにあらずというふうには見えなかった。同時にたくさんのことをこなしながら、そのひとつひとつに集中できていた。だからよけいに驚いた。こちらはたったひとつの、それもシンプルと思われるだろうことをこなすので精いっぱいだったから。それは自分たちが実際に触れている動物が何をしているかを見守ることだった。

「タコがこんなに賢いのなら」スティーヴがビルに尋ねた。「ほかの動物も同じくらい賢い可能性があるのかな――知覚とか個性とか記憶とか、そういったものを持ち合わせてはいない、と僕たちが思っているような動物でも?」

「とてもいい質問だ」ビルは言った。「ひょっとしたら、海にはほかにも賢い動物がいるのかも」

＊

　タコの脳は、無脊椎動物にしては非常に大きい。オクタヴィアの脳はクルミくらいの大きさ――アフリカ西海岸に生息する大型インコでグレーの体に赤い尾のヨウムの脳と同じ大きさだ。アイリーン・ペパーバーグ博士が訓練したヨウムのアレックスは、英語の話し言葉を百語、意味がわかったうえで使えるようになった。形や大きさや材質という概念を理解していることを示した。計算ができた。質問もした。訓練係たちをわざと欺き、見つかると謝りもしたという。

もちろん、脳の大きさがすべてではない。結局のところ、どんなものでも小型化できることは、コンピューター技術を見れば一目瞭然だ。もうひとつ、脳の力を評価する尺度として研究者が使うのが、脳の処理能力の柱であるニューロンの数だ。この尺度でもタコはやはり驚異的だ。タコのニューロンの数は三億個。ラットは二億個。カエルはおそらく千六百万個。タコと同じ軟体動物のモノアラガイ（淡水貝）はせいぜい一万千個だ。

一方、ヒトの脳のニューロンは一千億個。ただし実際にはヒトの脳はタコの脳と比較できない。「火星人が現れて研究材料になろうと申し出ないかぎりは」シカゴ大学の神経科学者クリフ・ラグズデールによれば「脊椎動物以外では頭足類だけが、複雑で聡明な脳の成り立ちを示す唯一の例だ」。ラグズデールはタコの脳の神経回路を調べて、ヒトの場合と似た仕組みがあるかどうかを突きとめようとしている。

たとえば、ヒトの脳には四種類の葉があり、それぞれ異なる機能に関連している。タコの脳は、種や数えかたにもよるが、五十種類から七十五種類の葉がある。しかもタコの神経細胞は脳ではなく腕にある。タコがこなさなければならない極度のマルチタスクに適応した結果かもしれない。たくさんの腕を協調させ、体の色や形を変え、学習し、考え、決断し、記憶する——同時に、皮膚のすみずみから流れ込んでくる味覚情報と触覚情報の洪水を処理し、ほぼ人間並みの、高度に発達した目から入ってくる雑多な視覚情報の意味を理解するという作業だ。

ただし、脳も目と同じように、ヒトとタコとでは、複雑に進化するまでにたどった道筋が違った。ヒトとタコが共通の祖先——原始的な管状の生物——から分かれたのは、はるか昔の先史時代で、当時は脳も目もまだ進化していなかった。それでも、タコの目と私たちの目は驚くほど似ている。どちらもレンズ主体の焦点調節、透明な角膜、光を調節する虹彩、目の奥にあって光を脳で処理できる神経信号に変える網膜を備えている。しかし、違いもある。タコの目は私たち人間の目とは異なり、偏光を察知できる。盲点もない（ヒトの視神経は目の奥の網膜にくっついていて、盲点をつくり出している。一方、タコの視神経は網膜の外側を取り巻いている）。ヒトの場合は前に進むのが普通なので、目は双眼鏡型で正面向きについていて、体の前方が見えるようになっている。これに対し、タコの目は広角型で全景を見るのに適している。左右の目はカメレオンの目のようにそれぞれ独立して回転できる。人間の目が水平線の向こうまで見渡せるのに対し、タコの目は二、三メートル先が限界だ。

重要な違いがもうひとつある。人間の目には視覚色素が三つあり、それによって色を認識できる。タコの場合は視覚色素はひとつだけ——その結果、タコは輝く多彩な色を意のままに操る擬態の達人でありながら、実はいわゆる色覚異常だ。

では、タコはどの色に変わるか、どうやって決めるのだろう。新たな証拠によれば、頭足類は皮膚でものを見ることができる可能性がある。ウッズホール研究所とワシントン大学の研究チームは、タコの親戚であるヨーロッパコウイカの皮膚に、通常は目の網膜にしか見られない遺伝子配列が含まれていることを突きとめた。

これほど異質な生き物の心を評価するには、私たち自身の考えかたに並々ならぬ柔軟さが必要だ。海洋生物学者のジェームズ・ウッドは、人間の傲慢さが邪魔をするのではないかと指摘する。

ウッドは、オクタヴィアのような存在が私たち人間の脳の力をどのように測定しようとするかを想像するのが好きだ。「切断した腕が一秒間につくり出せる色のパターンは何種類あるだろう」とタコなら考えるかもしれない、とウッドは言う。それに対する答えを基に、人間は本当に愚かだとオクタヴィアが結論を下したとしてもおかしくない――目の前で魚の入ったバケツを彼女に盗られるなんて、頭が悪すぎる、と。そう考えれば謙虚な気持ちになった。でもそれは、考えられるもうひとつの可能性についても同じだった。ローマの自然史家クラウディオス・アイリアノスは三世紀初頭、自身の著作でタコについて次のように記している。「いたずら好きで悪知恵が働くのがこの生き物の特徴であることは一目瞭然だ」。ひょっとしたらオクタヴィアは私たちの知能を認めていて、その私たちを出し抜いてせしめたバケツの魚は、ひとしお味わい深かったかもしれない。

＊

それからというもの、その年の秋から冬にかけて私が訪ねるたびに、オクタヴィアは水槽上部に浮き上がってきて私を出迎え、熱心に吸盤で私の味を確かめ、こちらの顔をのぞき込んだ。私が友人を連れていくこともあった。この体験をぜひ分かち合いたいというだけでなく、オクタヴィアが私以外の人間にどう反応するかも知りたかったから。オクタヴィアと対面したひとりは私の友人ジョエル・グリック、タバコは吸わず、以前ルワンダでマウンテンゴリラを研究したことがあり、まもなくプエルトリコで外来種であるマカク属のサルを研究することになっていた。

オクタヴィアはジョエルを心を込めて抱きしめた。

十二月のある日には、高校三年生でライター志望のケリー・リットンハウスを同伴した。ケリーとはそのときが初対面だったが、彼女は私の著書を何冊か読み、学校のプロジェクトでジョブシャドウイングをさせてほしいと連絡をくれた。ボストンに向かって車を走らせながら、私はケリーに、自分の髪のことが少し気になっていると話した。その週にパーマをかけたばかりだったから。皮膚や血液に染み込んだ化学物質の味がして、オクタヴィアが私と触れ合うのを嫌がるんじゃないかと不安だった。

しかしオクタヴィアはまっすぐ私のところに来て、すぐに吸盤で吸いついて私が両腕を動かせないようにした。私の皮膚に吸いつく吸盤をスコットが絶えずはがさなければならなかった。数分後、オクタヴィアが落ちついた頃合いを見計らって、私たちはケリーに、オクタヴィアに触れてみるよう促した。オクタヴィアは一本の腕の吸盤を使ってためらいがちにケリーに触れた。それから――。

ザッバーン！　私のまくり上げていたシャツの袖とズボンの上半分が一瞬にして濡れた。ケリーのほうを見上げると、彼女の暗褐色の前髪と眼鏡から鼻にかけて水がしたたり落ちていた。ケリーの顔めがけてオクタヴィアが水を浴びせたのだ。

ケリーはずぶ濡れだった。セーターはすっかり水浸しになっていた。だまし討ちに遭って凍える寒さのなかを三つ先の通りにとめてある私の車まで歩いて戻るはめになったというのに、ケリーはどうしても笑みがこぼれてしまうようだった。あとで送られてきたeメールには、「ものすごくすてき」な一日だった、と書いてあった。

＊

オクタヴィアはどうしてケリーに水を浴びせたのだろう。よく知られているとおりタコは漏斗を使って気に入らないものを追い払う。巣の正面の食べくずに水を噴射する。不満の表現として水を噴射することもある。一九五〇年代の学習実験に使われたマダコは、餌を手に入れるためにレバーを引っ張らなければならない実験装置に嫌気がさし、装置を見ると決まって、実験担当者をずぶ濡れにした（しまいには水槽の壁から忌々しいレバーを引っこ抜いた）。けれどもタコが水を噴き出す理由はもうひとつある。遊ぶためだ。

そうではないかと私が最初に感じたのは、ニューイングランド水族館の女性ボランティアにトルーマンがしょっちゅう水を噴射した話を書いたあとだ。記事を読んだ本人から連絡が来て、いい記事だったけれど、自分はトルーマンに嫌われていたわけじゃないという。トルーマンとは仲が良かった。トルーマンと過ごした時間は大切な思い出だから、どうしても私にわかってもらいたい、と。

だとしたら、と私は思った。トルーマンが彼女に水をかけたのは、たぶん、小さな男の子が女の子のおさげ髪を引っ張ったり、プールで子供同士が水かけごっこをしたりするのと同じ気持ちからだろう。トルーマンもからかっているだけだったのだろう。

その後、私はジェニファー・マザーとローランド・アンダーソンに出会った。

ジェニファーはカナダのレスブリッジ大学の心理学者で、タコの知能に関する世界有数の研究者。シアトル水族館の館長だったローランドもやはり同じだ。ふたりは共同でも個別にも、タコの心を科学的に調べてきた。問題解決や個性を探り——十九種類の特徴的な振る舞いを使ってタコを「内気」から「大胆」までランク付けする性格テストまで開発して、だ。

ローランドはある日、タコの嗜好を調べる実験中に、研究チームの発見のなかでもとくに重要な発見をした。シアトル水族館の待機エリアで九〇×六〇×六〇センチの水槽にタコ八匹を一匹ずつ入れ、超強力な市販鎮痛剤タイレノールの空き瓶を見せた（ローランドは多くの博士号所有者を出し抜いて、子供が開けられない仕組みになっている瓶の蓋をタコが開けられることを発見した）。「白く塗った瓶もあれば、黒く塗った瓶もあった。エポキシ樹脂を塗った上に砂をちりばめた瓶もあり、暗いものと明るいもの、表面が滑らかなものとざらざらしたものではどちらが好きかを調べた」と、細身できびきびとして、手入れの行き届いた銀色の口ひげをたくわえたローランドは、私に言った。「瓶には重石をつけて、かろうじて浮かぶようにした。餌をやった翌日に実験をするようにした。タコはどのくらいの期間で色や質感を変えるのか。タコの行動を見守った」

瓶をつかみ、探りを入れ、放り出すタコもいた。瓶を一個か二個の吸盤でつかんで腕を伸ばしたまま、怪しいものでも調べているかのようなタコもいた。しかし八匹のうち二匹のタコの行動はまったく違っていた。瓶めがけて水を噴射したのだ——ただしローランドが見たことのない方法で、だ。いらいらさせる研究者に水を噴きかけるときのような「強い、力いっぱいの噴射じゃなかった」とローランドは言った。「空き瓶が水槽のなかでぐるぐる回るように、慎重に調節した噴射だった。彼女はそれを十六回も繰り返したんだ！」十八回目に達するころには、ローランドはすでに電話でジェニファーに報告していた。「彼女はボール遊びをしていたんだよ！」

その後、もう一匹のタコも水の噴射を同じように利用したが、空き瓶を水槽のなかでぐるぐる回転させるのではなく、水面を行ったり来たりさせた。二匹とも、本来は呼吸と移動のために進化した器官である漏斗を、遊ぶために使ったのだ。

この研究結果は比較心理学ジャーナル誌上で発表された。「遊び行動のすべての基準に合致する」とローランドは私に言った。「遊ぶのは知能のある動物だけだ」と力説した。「カラスやオウムのような鳥類、サルやチンパンジーのような霊長類、犬やヒトだ」

ひょっとしたら、これと同じことをオクタヴィアもケリーに対してやっていたのかもしれない。トルーマンがボランティアスタッフの若い女性にいつも水を噴射していたのも、これだったのではないだろうか。ジェニファーは以前ハワイで、パシフィックデイオクトパスが頭上を飛んでいるチョウに水を噴射するのを見たことがあるという。チョウはびっくりした様子で慌てて逃げていったそうだ。タコのほうはチョウが落とす影にいらだっていたのかもしれない。でもひょっとしたら、子供が公共の広場をうろついているハトを追い散らして喜ぶみたいに、タコもただ水をかけてからかっていたのでは？

＊

私がジェニファーとローランドに会ったのはシアトル水族館のオクトパス・シンポジウム&ワークショップにビルと一緒に参加したときだった。シンポジウム——大成功で主催者は早くも第二回を計画中だ——への参加は目を開かされる貴重な体験だった。シアトル水族館の上階にある大きな会議室で、国際的に認められた研究者からアマチュアまで、五か国以上からタコ愛好家六十五人が一堂に会し、愛するタコについての専門家による十のプレゼンテーションが行われた。「このなかでタコを飼っている人は?」ローランドの紹介に続いて、トップバッターで基調講演を行ったジェニファーが聴衆に尋ねた。五十人ほどが手を挙げた。「飼っているタコに個性はありますか」。町会の全会一致の投票のように、力強い答えが返ってきた。「はい!」

シアトルでの最初の夜、ビルと私はジェニファーと夕食を共にした。銀髪でバラ色の頬、教授らしい分厚い眼鏡を掛け、すぐに笑顔になる、陰の実力者だ。ほかの専門家も一緒だった。アラスカ・パシフィック大学の教授で研究者のデヴィッド・シェール。ノースウエスタン大学の進化生物学者、ゲーリー・ガルブレス。そしてデヴィッドの教え子レベッカ・トゥーサン。レベッカは翌日、驚くべき発見を発表することになっていた。遺伝子検査の結果、アラスカの海域には少なくとも二種のミズダコが生息しており、ほかの海域でも同様の可能性があることがわかったという。ミズダコは、ジェニファーによれば、タコの原型、原始タコ、最強のタコであり、公立の水族館に行ったことのある子供ならみんな知っているタコといえるだろう。それでも実際にはふたつの別個の種が存在し、そのことはこれらのカリスマ的だが謎めいた動物について科学的な知識がいかに乏しいかを、浮き彫りにしている。

タコの専門家は海で遭遇する恐ろしいものについてこともなげに話したがる。ジェニファーは私たちに、ボネール島で遭遇した透明で刺胞を持つヒドロ虫の話をした。「どこにいるのか見えないし、予想もつかない」とジェニファーは行った。レベッカはダイビング中にひじをアナサンゴモドキにこすったときのことを振り返った。「最初は痛くなかった」とレベッカは言った。「水から出てから、死ぬかと思った！」

ふたりからパウルの話も聞いた。ドイツのオーバーハウゼン海洋水族館のタコで、二〇一〇年のＦＩＦＡワールドカップの勝敗を七試合連続で正確に予想したという。試合前に餌となるイガイの入ったふたつの箱をパウルに見せる。イガイにはそれぞれ対戦予定の代表チームの国旗がついている。パウルはどうやって勝者を選んだのか。しかもそれほど正確に当てたのか。私たちはさまざまな可能性を検討した——国旗が美しいほうに惹かれた可能性や、どちらのチームが勝つか本当にわかっていた可能性も含めて、だ。

その夜、ジェニファーとデヴィッドはパシフィックデイオクトパスの餌の嗜好と個性に関して実地調査を行う可能性についても話し合った。私も同行しても構わないと言われた。

＊

オクトパス・シンポジウムのあと、またオクタヴィアに会いに行くと、彼女は私を、優しく、だがしっかりとつかんで、一時間十五分離さなかった。私は夢中で彼女の頭や腕や傘膜を撫でた。彼女のほうも負けないくらい私に心を集中しているように見えた。明らかに私たちは互いに相手と一緒にいたがっていた。再会を喜ぶ友人同士のように。相手に触れ、味わうたびに、まるで呪文でも唱えるように「あなたなのね！　ほんとに、ほんとにあなたなのね！」と繰り返している心地がした。しまいにビルとスコットから、もうそのくらいにして、そろそろ蓋を閉めて一緒に昼食に行こう、と促される始末だった。私は両手が凍えていたけれど、それでも離れたくなかった。まもなく書店などを回って読者と交流し、著書をＰＲするブックツアーに出発しなければならず、次にオクタヴィアに会えるのは二か月後だったから、なおさら別れがたかった。

私は広い範囲を頻繁に旅しているが、それでも今回の旅は並外れてつらかった。いつものホームシックに加えて、オクタヴィアに会えなくて寂しかったからだ。

ツアーから戻って、次はいつ訪ねたらいいか確認するため、ビルにｅメールを送った。ビルからは温かい返信が届いたが、心配な知らせもあった。

「オクタヴィアは老化現象で神経質になっているから、挨拶に出てくるといいんだけど……」

老化現象？　胸騒ぎがした。オクタヴィアの一生がそんなにも早く、そんなにも突然に、アテナの一生のように、終わってしまうなんてことがあるのだろうか。

そういえばジェニファーが言っていた。「タコはある程度の年齢になると老化する。認知症という言葉は使いたくないけど――それはとても人間特有のもので精神障害と関連がある言葉だし、長生きすれば誰でもそうなるのが普通とか自然とか避けられないとかいうわけではないから。でも老化のほうは長生きしたタコには必ず起きる」

こうした衰えがミドルベリー大学の年老いたタコに起きるのを、アレクサは目にしていた。「タコたちは水槽のなかで宙返りをして、みんな目をむいているように見えた」とアレクサは言った。「こちらと目を合わせることも、獲物も襲うこともなかった」ある年老いたタコが研究室の水槽から這い出し、壁の亀裂に体を押し込んだまま、干からびて死んでいたこともあったという。

ミズダコのようにより大きな種の場合、老化はさらに劇的な結果につながりかねない。カナダのブリティッシュコロンビア州ビクトリアにあるパシフィック・アンダーシー・ガーデンズで展示コーナーのダイバーをしていたジェームズ・コスグローヴは、ある日、大きなオスダコに襲われた（そんな光景を目の前で見られて来館者は大喜びだったが）。海に浮かぶ船が水族館になっていて、来館者は水深三メートルあまりのところまで降り、ダイバーが持ってくる興味深い動物を窓越しに見られる仕組みになっている。コスグローヴははしご付近の洞窟のような入り口をチェックしていて、なかに二匹のタコらしきものがいるのに気づいた——だが自分の顔を相手の腕が滑るように撫でていったとき、巨大な吸盤が見え、コスグローヴはそれが一匹の怪物みたいに巨大なタコだと気づき、次の瞬間そいつに捕まった。「タコにジャガイモの入った袋みたいに引きずり回されているあいだ、両手でレギュレーター〔ダイバーに空気を供給する装置〕をしっかり押さえていることしかできなかった」とコスグローヴは著書『巨大な吸盤（Super Suckers）』に書いている。「ある時点で、そのタコが腕を伸ばせば窓から海側に設置されている仕切りまで届くほどの大ダコだとわかった。窓から仕切りまでは距離にして七メートル弱あった」その数週間後、タコは死んだ。重さは七〇キロを超えていた。タコは正気を失っていたとコスグローヴは結論した。

一方、ニューイングランド水族館では年老いたタコが攻撃的になったケースはスコットもビルも記憶になかった。年取ったタコはたいてい反応が鈍くなってぼんやりした状態になり、翌日、水族館のロビーで会ったビルから聞いた話では、オクタヴィアにもその兆候があるという。「三週間前に行動が変わった」とビルは言った。「普通はあなたも知ってるように水槽の上の隅にいるだろう。それが最近は底か、より明るい光の差す窓際にじっとしている。食べることは食べるけど、餌を取ったら急いで隅に戻る。上にはまったく来ないときもある。腕を一本伸ばしてくるだけだ。午前中はとても白く見える。いつも並外れて赤いタコだったのに。でも今は色褪せてしまった。白っぽくなった」

そのせいでビルはつらい思いをしてきたに違いない。「彼女は結局、とても人なつっこくて、交流好きなタコだった」ビルは早くもオクタヴィアがいなくなったのを嘆くような口調で言った。老化が始まる少し前、連邦捜査官たちが押収した密輸アロワナを運んできた。長くて分厚い銀色のリボンのようで、縁起がいいとしてアジア各地の水族館で飼育されている魚だ。スコットはお礼に捜査官たちを招いてオクタヴィアと交流させた。捜査官のひとりにオクタヴィアはとくに興味を示し、たくさんの腕を相手の全身に絡めた。それから、相手を引っ張りにかかった。「そのときの彼の表情ときたら」スコットは言った。「パニック寸前でしたよ」。そのとき、スコットははっとした。「当局の担当者はたいてい腰に拳銃を下げてる」。オクタヴィアは彼の拳銃が珍しくて、興味津々で腕を伸ばしていたのかもしれなかった。「だとしたら」スコットは言った。「それこそ退屈な環境に耐えられないタコにとっては最高の環境エンリッチメントだ！」

「安全装置は間違いなくかかってますか」スコットは捜査官に確認した。オクタヴィアを捜査官から急いで引き離した。「ニュースになるのはごめんですからね」とスコットは言った。「《捜査官、タコに足を銃撃される》なんて」

それからまもなくして、オクタヴィアは交流することに興味を失ったようだった。私はオクタヴィアに会いたくてたまらない一方で、彼女の衰えを目の当たりにするのが怖かった。もちろん、愛する人々が同じような苦境に陥るのを見てきた。罠漁師をやめてナチュラリストになった友人は脳卒中で倒れ、支離滅裂なことを口走るようになり、何を言っているのか誰も理解していないことに気づかずに興奮して話し続けた。それなのに、どういうわけか、入院中の彼を夫と一緒に見舞いに行ったとき、友人は突然、はっきりした英語でこう言ったのだ「あのシカ――オスだったが――移動中に落としちまった」。友人のリズのお母さんであるローナもそうだった。バレリーナから人類学者に転身した人で、百四歳近くまで生きた。百二歳でハーバード大学から最初の著書を出版した二年後、ローナは人の名前を忘れだした。私の名前も百三歳になってまもなく忘れたが、私が彼女にとって大切な人間だということははっきり覚えていて、会いに行けば心から歓迎してくれた。似たようなことは我が家で初めて飼ったボーダーコリーにもあり、それは彼女が十六歳のときだった。夜になるとおびえたように吠えて夫と私を起こし、まるで自分自身のことも私たちのことも誰だか思い出せないと訴えているかのようだった。私が床で添い寝し、撫でてキスをしてやっていると、そのうち魂が旅から戻ってきたかのように、彼女の濃い褐色の瞳が輝きを取り戻すのだった。

以上のどのケースでも、それぞれの心の一部が失われてしまった。失われた部分と一緒に、彼ら自身も失われてしまったのだろうか。だとしたら、あのときの彼らはいったい誰だったのだろうか。そしてオクタヴィアのような老境に差しかかったタコが、多様な面を併せ持つ心が壊れていく局面を迎えたとき、彼らの身に何が起きるのだろうか。

「卵を産むといいんだけど」オクタヴィアの水槽に向かう途中、ビルが私に言った。「そうすれば、もう六か月生きられるってことだから」。たとえ精神状態は衰えていても、私たちはオクタヴィアにいてほしかった。友人や愛犬の魂の一部が壊れかけているように思えるときでも、一緒にいてほしいと願ったように。「それから、オクタヴィアに会ったあとで」ビルは私と自分自身を励ますように言った。「サプライズがあるんだ」

ビルは水槽の蓋を開けて、長いトングでオクタヴィアにエビを差し出した。彼女は吸盤を上に向けて一本の腕を伸ばした——さらにもう一本の腕を伸ばし、それから体ごと浮き上がってきた。いつもより色が薄くなっているのがわかった。私が手を伸ばして大きめの吸盤のいくつかに触れると、彼女はそれらの吸盤をくっつけてきたが、力は弱々しかった。次にビルがカラフトシシャモを与えた。餌に気づいたヒトデが身を乗り出してきた。私はオクタヴィアに両腕を差し伸べ、彼女はシシャモを口へと運びながら、四本の腕で私を味わった。二本目と三本目の腕の傘膜のあいだに二センチほどの三日月型の白い肉片がぶら下がっているのを、ビルが指さした。白っぽいだけでなく壊死している感じだった。タコが水中にいるときの湿り気のある健康な皮膚ではなく、誤って水に落ちて朽ちかけている濡れそぼったティッシュペーパーみたいだった。オクタヴィアがばらばらになって少しずつこの世から去っていく、そんなふうに見えた。

顔を上げると、ウィルソンがコールドマリンギャラリーの濡れた通路をやってくるのが見えた。嬉しかった。この前会ったのは十二月――五か月前だ。この五か月間はウィルソンにとってもスコットにとっても大変な試練の時期だった。

十二月、スコットはとくにかわいがっていた動物、赤ちゃんのころから育ててきたアロワナに死なれ、担当しているデンキウナギの一匹もおかしくなっていた。公開時間外にいつもの水槽を掃除するために一時的に別の水槽に移した際、ウナギは巨体を跳ね上がらせて隣の水槽に飛び込み、スコットのかわいがっていたアロワナと、やはり貴重なオーストラリアハイギョを感電死させた。この月、ウィルソンは背中の大手術を受けた。

ウィルソンが手術から回復するころ、今度はウィルソンの奥さん――ベテランのソーシャルワーカーで辛口のユーモアのセンスの持ち主――が筋肉と心を冒す神経系の病気になった。現在の医学では解明できず進行をとめることもできない病だった。

十二月以降、ウィルソンが水族館に来たのは二回きりだった。五月のこの日はマサチューセッツ州レキシントンの自宅から、わざわざ私に会いに来てくれた。彼は満面に笑みを浮かべて私を抱きしめた。

私はてっきり、ビルが言っていたサプライズとはウィルソンのことだと思った。でもそうではなかった。「で」ウィルソンが私に言った。「新入りの赤ちゃんタコにはもう会ったかい？」

第三章

カーリー

魚が結ぶ縁

タコは思いも寄らないところに現れることで有名だ。あるミズダコは難破船に残されたつなぎの作業服を仮の宿にした（作業服がねじれながら立ち上がるのを見たダイバーは、心臓が止まりそうなくらい驚いた）。タコたちは大きな巻き貝や科学者の小さな海洋計測器のなかにも姿を見せてきた。レッドオクトパスはずんぐりした茶色いビール瓶をねぐらにするのが大好きだ。でも、まさかビルの新しいタコが、排水だめの漬物樽にいるなんて、私は思ってもみなかった。

オクタヴィアに会いにいく途中で排水だめのすぐそばを通ったことはあったが、排水だめにはいつもは再循環している海水がたまっているだけで、漬物樽があるのには気づいていなかった。容量二〇〇リットルあまりの樽はねじ蓋式で、目の細かい網が被せてあった。両側には直径一センチほどの穴が無数に開いていて、排水だめの水が勝手に流れるようになっていた。

ビルの見るかぎり、こんなに小さいミズダコを入れておいても大丈夫そうな容器は、水族館ではこれしかない。何しろ新しいタコは、頭部と外套膜をひっくるめて、小ぶりのグレープフルーツくらいの大きさだ。

排水だめの水をのぞき込むと、新しいタコの腕の先端の黒っぽい部分が見える。腕はどれも歯科用医療器具のように繊細で、樽の穴から外の様子をうかがうように伸びている。彼女は練り歯磨きをチューブから絞り出すように腕を穴から出せるのだ。早くも長さ一五センチくらいの腕が三つの穴から突き出している。穴の直径が一センチくらいなのはそういうわけだ。「二センチくらいあったら」とドリルで穴を開けたウィルソンが言う。「タコが外に出てしまうだろう」

このタコがメスだというのは二日前にビルが特定したばかり。タコの性別は目から右へ三番目の腕の先を見ればわかる。腕の先端までずっと吸盤があれば、メス。なければ、それは交接腕と呼ばれるもので、そのタコはオスだ。性別がわかるまでしばらくかかるのは、タコが、オスの場合はとくに、この腕を調べさせてくれるとは限らないせいだ。先端（舌状片）は丸めて保護していることが多く、それにはもっともな理由がある。この部分は精子の入った精莢をメスの内部に送り込むことに特化した器官なのだ（ただしオスが交接腕を挿入するのはメスの「脚」、つまり腕のあいだではない。そこにあるのはくちばしだから。そうではなくメスの外套腔に挿入する――アリストテレスの表現を借りれば「オスは一本の触手の先に一種のペニスがあり……それをメスの鼻の穴に入れる」のだ）。

新しいタコがメスで、初めは少しがっかりしたと、ビルは認めた。ビルとしては男の子がいいと思っていたからだ。「メスは攻撃的な場合がある」からだとビルは言う。「オスのほうがおおらかだ」それに名前もつけやすいそうだ。「フランク、ステューウィ、スティーヴ――オスに名前をつけるほうが気が楽だ。メスの名前を考えるほうが大変だよ」。ビルが最初に担当したタコにグィネヴィアと名づけたのは、アーサー王の映画を見ていたせいだった。

でも、この小さなメスダコは早くもビルを魅了していた。一週間前まで野生だったのに、ビルがねじ蓋を回して持ち上げると、彼女はもう水面に上がってきていて、瞳の部分にスリットの入った澄んだ目で、物珍しそうに私たち三人を見つめている。

「なんてかわいいの！」私は声を上げる。

「すばらしいね」ウィルソンも言う。

「みんな彼女が好きさ」そう言うビルの左右の目尻には笑いじわが寄っている。

オクタヴィアとアテナに比べれば、このタコは精巧なミニチュアだ。大きさはオクタヴィアがこの水族館にやってきたときの半分。タコの年齢は正確に特定しにくい（成長のペースは水温など多くの不確定要素に左右される）が、この新入りは生後九か月未満だろうとビルは見積もっている。腕の長さは四五センチか四六センチといったところ。たぶん、そのくらいだろうと、私はようやく見当がついた。

彼女は最初、頭部の白い斑点以外は、深みのある濃いチョコレート色をしている。私たちを見て、明るい褐色に変わり、ところどころベージュのまだらになる。今では淡い色の縞が目から鼻のあたりに（もしも鼻があったとすればだが）曲線を描いて走り、ちょうどチーターの顔にある「涙の跡」と呼ばれる黒いすじのようだ。

タコが体色を変化させるのにはさまざまな理由がある。言うまでもなく、周囲の環境に合わせたり溶け込んだりして姿が目立たないようにする場合もある。タコ以外の何か（おそらくタコよりもおいしくないか、恐ろしいもの）に似せるケースもある。けれどもそれ以外の変化は間違いなくタコの気分を反映している。すべての体色変化の意味はまだ解明されていない。いくつかはわかっている。ミズダコが赤くなるのは普通、興奮しているときだ。リラックスしているときは白い。難しいパズルを初めて与えられたときはいくつかの色が目まぐるしく変わり、それは人が問題を解こうとするときに顔をしかめ、唇をかみ、眉間にしわを寄せるのに似ている。神経質なタコは頭部を、とりわけ両目を隠すことに気を遣い、多種多様な斑点や線や曲線を生み出して捕食者を混乱させる。オーストラリアの小型で猛毒を持つヒョウモンダコは、脅威を感じると、ブルーリングオクトパスという英語名のとおり、たくさんの蛍光ブルーの輪を全身に浮き上がらせる。もうひとつの擬態はアイバー・ディスプレーと呼ばれるもので、スリット状の瞳孔の両端から太く濃い色の線が伸び、いかにも目とわかる丸みを隠すのだ。タコが個々の人間を見分けるというジェニファーとローランドの研究では、特定のスタッフがいつもワイヤーブラシで触れることを数回繰り返しただけで、タコはそのスタッフが近づいてくるのを見た途端にアイバーを出すようになった。一方、いつも餌を与えるスタッフが近づいてもアイバーは出さなかった。

しかし新しくやってきたタコの頭部の白い斑点は、体色がより均一な濃褐色に戻ってからも、そのままだ。いつ見てもこの印があるとビルも言う。やっと見つけた！　一匹のタコのいつも変わらない特徴だ。

タコの頭部の斑点を見て、ビルはビンディーを連想した――インドの女性が額につける装飾的な点のことだ。そこでビルは彼女をカーリーと名づけた。ヒンドゥー教の女神で褐色の肌をして数々の武器を持つ創造的破壊神の名前だ。タコと同じように、ヒンドゥー教の神々も常に姿を変えている。カーリーはプラクリティすなわち母なる自然の姿をとるときは、意識の原（彼女の夫シヴァの仰向けになった肉体として描かれる）の上で奔放に踊る。髑髏を連ねた首飾りをつけた姿で描かれることもある。タコの驚異的な能力と破壊的にもなりうる性質を併せ持つ、この外向的な子ダコに、カーリーという名前はぴったりだ。

ウィルソンと私はそれぞれ、まず指を一本、それから片手を差し出す。彼女は前側の腕二本の吸盤で私たちを優しくつかむ。

「この子は人なつっこいタコになりそうだ」とウィルソンが言う。

「ええ」ビルも言う。「いいタコになりそうだ」

＊

カーリーはどんぴしゃのタイミングで水族館にやってきた。私はタコのことをもっと知りたくて、自分でタコを飼おうと思って、いろいろ調べていたのだ。

TONMO.com（The Octopus News Magazine Online の略）のような頭足類フォーラムに入り浸り、ネットサーフィンをして、私はタコに惚れ込んだ飼い主がアップした動画に魅了された。ペットのタコのなかにはすばらしく交流好きなものもいた。ある動画ではカリフォルニアツースポットが後ろ側の腕で跳ねながら、水槽の底の砂の上を行ったり来たりして、水槽の前に向かって前腕を激しく振っていた。勉強熱心な生徒が授業中に教師に指名してほしくて必死でアピールするみたいに、全世界にアピールしているのだ。このタコは遊んでほしいときによくこうやって気を引こうとするのだと、飼い主からの説明が添えてあった。それから、別の方法で飼い主の気を引こうとするペットのタコの話も読んだ。飼い主が部屋にいないとき、タコは水槽のガラスをきれいにする装置を内側と外側から固定している磁石のうち、内側の磁石を引きはがす。すると外側の磁石が大きな音を立てて床に落ち、人間が呼び鈴を鳴らして執事を呼ぶように、飼い主を呼び寄せられるというわけだ。

頭足類を飼っているナンシー・キングは、ペットのカリフォルニアツースポットのオリーに餌として生きたカニを与えていたが、オリーはカニがどこに落ちたかわからない場合もあった。そこでキングが助け船を出して、水槽の外側から人差し指でカニが隠れている場所を示した。オリーはすぐにその意味を理解した（これは非常に特殊な能力だ。ヒト以外でこの能力を持つのは犬などごくひと握りの種だけで、犬の祖先であるオオカミにはない）。「こうしてオリーとナンシーは一致協力してカニを捕獲した」とキングは茶目っ気たっぷりに書いている。

自宅で水生生物を飼っている多くの人たちが、ペットと一緒にテレビを見るのを楽しんでいるようだ。とくにスポーツとアニメは動きがあってカラフルなので人気がある。定評ある飼育ガイドブック『頭足類　家庭で育てるタコとコウイカ（*Cephalopods: Octopuses and Cuttlefishes for the Home Aquarium*）』で、キングと共著者のコリン・ダンロップは、テレビのある部屋に水槽を置いて、飼い主とタコが一緒に楽しむよう勧めてさえいる。

一方、私の夫は我が家でタコを飼うことに乗り気でなかった。結婚して三十年近く、夫は（今のところ）私がヘビやイグアナやタランチュラを飼うのをうまく回避してきた――鷹匠の訓練のためにアカオノスリを飼うのもまぬがれた。そんな夫も、他人が飼わなくなったオウムたちを我が家で引き取らないわけにはいかなかったし、オカメインコのヒナを私に買ってくれて夫婦で夢中になったこともある。私たちはさらに、大家さんの猫の里親になり、ボーダーコリー二匹を救い、ヒヨコを育てた。私の仕事部屋で、ヒヨコたちは私の頭にちょこんと乗り、私のセーターに潜り込んで眠った。私たちは病気になった子豚を我が家に連れて帰ったこともある（その子豚は十四年間生きて体重三四〇キロまで大きくなった）。夫はどの動物もかわいがってきたけれど、忍耐力を試されることもしばしばある。私が本を書くための調査取材でどこかのジャングルに行って数週間か数か月家を空けているあいだ、隙をみて逃げようとしたり、殺し合いを始めたり、檻を壊したり、何かに潜り込んだり、ベッドの上に吐いたりする動物たちの相手を、ひとりでしなければならないからだ。そこに今度はタコまで加わるというのか？

私がこの話を切り出すと、夫は言った。「悪い夢だと言ってくれ」

経費（水槽など設備一式、餌、それにタコそのものの費用で何千ドルもかかる）はさておき、果たして飼育環境を整えられるのかという問題があった。ウデブトタコのような小型の種であっても、私としては水槽の容量は三八〇リットルくらい欲しかった。その場合、重さは四五〇キロ以上――ヘラジカ一頭と同じくらいだ。ヘラジカと同じく、その重みで私たちが暮らす築百五十年の農家の床は抜けてしまうおそれがある。それに我が家のような古い家屋は電気コンセントの数が不足しているが、上等な海水用水槽は複雑な生命維持装置（フィルター三種類、酸素供給用のエアレーター、それに熱帯に棲む小型のタコに適した水温――たいてい約二五度から二八度――に保つヒーター）を動かすのにコンセントが数個必要だ。

我が家の近所では、電力供給が不足することがある。停電はしょっちゅうで、数分から数日続き（二〇〇八年十二月、氷雨を伴う暴風雨のあと、停電が一週間続いた）、濾過やヒーター機能が使えない状態が続けば、比較的短期間でも、水槽とそのなかにいるタコはまずいことになる可能性がある――とくにタコが不安のあまり墨を吐けば、当のタコも水も汚染しかねない。

それからタコに適した水と餌の問題があった。天然の海水には七十を超える成分が溶け込んでいる。水の化学組成はタコにぴったりでなくてはならない。たとえば、銅がわずかでも混じっていれば、タコにとっては命取りになる。それに成熟したタコなら死んだ冷凍の餌でも食べるが、私が希望しているようなごく若いタコ（小型の種はミズダコ以上に寿命が短いので）には生きた餌を与える必要がある。我が家から一番近い海でも車で二時間半かかるから、赤ちゃんタコの餌（ヨコエビやアミ）を自分で育てなくてはならず、そのための設備も一式必要になるはずだった。

最後に、私が家を留守にせざるを得ない場合（その年の夏はすでにナミビアに調査旅行に行くことになっていた）、夫が繊細なタコの面倒を見ざるを得なくなる。実を言えば、私がナミビアに出発した瞬間から、夫の仕事のスケジュールにしわ寄せがいく。尻尾の手術をしたばかりの我が家のボーダーコリーが、いまいましいエリザベスカラーを食いちぎってやろうと悪戦苦闘しているからだ。

私は結局、自宅でタコを飼うのはすばらしいだろうけれど、タコにとっても私自身の結婚生活にとってもリスクが大きすぎると判断した。そのうえ、長時間車を走らせなければならなくても、水族館に行くのは楽しみだった。水族館なら周囲は専門家だらけというメリットもあった――水族館の生き物たちのことを知りつくしている彼らのおかげで、私の知識もより豊かに、より詳しくなり、今ではしばらく会わないと恋しくなる。私としては、ナミビアから戻ったら、もっと頻繁にボストンに行ってカーリーの成長と発達を定期的に見守るつもりだった。ウィルソンも私の都合に合わせると言ってくれていた。アフリカから戻った翌週、私たちはのちにワンダフル・ウェンズデーと呼ぶようになるものをスタートし、毎週水曜日をタコの観察に当てることにした。おかげで思った以上に幅広く深い知識が得られ、カーリーとの絆だけでなく、私と同じくらい彼女に夢中になった人たち――私の人生で大切になっていく人たちとの絆も固く結ばれた。

＊

次にカーリーを訪れると、すでにスタッフとボランティアが、オフィスでコーヒーメーカーのまわりに集まる社員たちのように、排水だめのまわりをうろついていた。ただし熱い飲み物をすするのではなく、凍りつくような冷たさをものともせずに、海水のなかでのんきに手をゆらゆらさせて、タコと握手しようとしている。

カーリーが樽に開いたいくつもの穴から腕を突き出すのは、まさにこれが目当てとしか思えない。たった二週間で、彼女はより大きく、より強く、より好奇心旺盛なタコに成長している。

「彼女は退屈してる」ウィルソンはそう言って、樽のねじ蓋を回して開ける。カーリーはもう樽の上部に上がってきていて私たちを待っていた。「いや、違うな」カーリーの腕がウィルソンの腕に伸びてくるのを見て、ウィルソンが訂正する。「彼女は退屈していた――でも、もう退屈してないぞ！」

私たちが両手両腕を差し出すと、カーリーは待ってましたとばかりに吸盤で吸いつく。きつく吸いつかれると彼女の好奇心が伝わってきそうで、タコの点字法を使って私たちの思いを懸命に読み取ろうとしているかのようだ。それに味覚だけでなく視覚でも私たちを捉えたがっている。腕が私たちの腕を這い上がるようにして宙に伸び、私たちを見るためにカーリーの頭と両目が水面から現れる。

彼女のスリット状の瞳孔は、平衡胞と呼ばれる平衡感覚をつかさどる器官によって、体勢に関係なく常に水平に保たれている。平衡胞は袋のような構造で感覚毛が並び、動きと重力に応じて内部を小さな平衡石が移動する。一方、瞳孔の厚みは大きく変化させることができる。明るい光の下では小さく見える瞳孔が、今は人間が興奮しているときや恋をしているときの瞳のように、大きく開いている。

ウィルソンがカーリーに魚を一匹与えるが、彼女はその魚を口から遠ざける。若くて育ちざかりの動物がこんなことをするなんて驚きだ。どうやら交流したい欲求のほうが食欲を上回っているらしい。カーリーは私たちの腕を登りたがる。光沢のある筋肉質の腕の先端が私の前腕、ひじ、それからコットン製のシャツの袖に触れる。みんなカーリーの吸盤をそっと引き離して彼女を水のなかに戻らせようとするが、彼女はまた私たちをつかむ。

数分後、ウィルソンがそんな交流を打ち切った。カーリーを刺激しすぎたくないのだ。「彼女はまだ赤ん坊だ」とウィルソンは言う。「休ませよう」

ケヤリムシ(頭に鰓冠《さいかん》と呼ばれる美しい羽毛のような触手をもつことから名づけられた)の世話をしていたビルが、カーリーが先日外国からの来館者を楽しませた話をする。この水族館に北京水族館のスタッフがやってきた。彼らはタコに触れられると知って驚き、カーリーがとても人なつっこいのを知って、さらに驚いていた。「タコはとても危険だと思っていたそうだ」とビルは言った。

一般に海の生き物をむやみに怖がる人が多いと、ビルは気づいた。なるほど、ビルが世話をしている生き物の多くは毒を持っていたり鋭い歯や毒のあるとげがあったりする。でも、ビルの長い腕に残るたくさんの傷痕はどれも、本人によれば、チューブやガラスや道具類によるものだ。「担当してるどの動物よりもドライバーでけがをする確率のほうが高い」とビルは笑う。「確かにタコはかむ可能性がある。けがをさせる可能性もある。だけど、みんなタコをあまりにも怖がりすぎだよ」

ニューイングランド水族館の四十年に及ぶ歴史のなかで、タコと交流しようなどという人間が出てきたのは割と最近のことだ。ウィルソンの話では「十五年前は誰もタコに近づかなかった」そうだ。

ニューイングランド水族館は他に先駆けて、自然を模した飼育環境を導入した。それは先見の明のある変革だった――展示コーナーが一般の来館者にとってより教育的なものになっただけでなく、飼育されている動物たちにとってもはるかに興味深いものになった。ただし、自然を模倣する方針では、アザラシとアシカ(それからもちろん、アオウミガメのマートルも、無視されることに耐えられないだろうから)を除いて、魚や爬虫類や無脊椎動物と、人間との交流はだいぶやりにくくなるようだった。

昼食のとき、私はウィルソンとスコットから、その後どんな変化が起きたのかについて話を聞いた。それは動物園と水族館業界全体の静かな革命の一環であり、人間と彼らが世話をする一風変わった動物たちとの関係を大きく変えた変化だった。

「きっかけはマリオンだった」とウィルソンが振り返る。「マリオンはすばらしかった」

「マリオンって、アナコンダの？　それともマリオン・フィッシュのこと？」スコットが尋ねる。

最初はマリオン・フィッシュのほうだった。フィッシュというのは彼女の本名だ。二十六年間続けた外傷外科の看護師の仕事を引退したあと、マリオンは一九九八年、水曜日のボランティアを始め、自分が世話をするどの動物のこともじかに接して知っていた。彼女は魚たち一匹一匹に名前をつけた。そして驚くほど正確に魚たちの気分を読み取ることができた。

「ある日、マリオンとふたりでここに腰掛けてタコを見ていたら」とウィルソンが当時を振り返る。「マリオンが言ったんだ。『ねえ、あのタコ、何もすることがなくて退屈そう』とね」「エンリッチメント」つまり、動物園などで飼育されている動物に物理的にも心理的にも刺激を与えるという発想は、当時はまだ、チンパンジーやトラの場合でも、比較的新しかった。魚や無脊椎動物についてはは知られていなかった。飼育員と直接触れ合うことは水族館の計画にはなかった。「当時、ほかの人間はタコに触るのを怖がっていた、触ったらタコを傷つけてしまうと思っていたんだ」とウィルソンが教えてくれる。「だが私たちはそんなことは知ったこっちゃないと言った。タコは退屈してるんだ、とね。で、タコと遊ぶようになった」。じきにマリオンとウィルソンはちょくちょく水槽の蓋を開けてタコを撫で、自分たちの腕をタコに吸わせてやるようになった。そうした交流をタコは明らかに楽しんでいて、ひょっとしたら次に会うのを心待ちにさえしていたかもしれないという。「その後、タコにおもちゃを与えた――なんでも手近にあったものをね。チューブやら何やら。それがすべての始まりだった」とウィルソンは言う。「それから、私が例の鍵のついた箱を作った」

マリオン・フィッシュは心臓発作を起こして二〇〇三年に水族館を去り、その後の消息についてはスコットにもウィルソンにもわからなくなった。しかし二〇〇七年、新たなマリオンが水族館に現れた――若い女性で、影響力の大きさでは初代のマリオンに引けを取らなかった。マリオン・ブリットは、世話をする飼育員と世話をされる動物との、興味深く、穏やかで、愛情あふれる交流がプラスに働くことをさらにはっきり見せつけた。それも水族館で最も恐怖をかきたてる動物をじかに扱うことによって、だ。その動物とは全長約四メートル、体重一三五キロを超えるアナコンダだった。

「マリオンが来るまでは」ウィルソンによれば「アナコンダのいる水槽に入る人間はいなかった」。それはそうだろうと私は思った。アナコンダは南米トップの捕食者で、成熟したシカも体重六〇キロ近いカピバラもたやすく仕留め、ジャガーを食べることでも知られている。私は偶然、アナコンダ研究の権威として知られる生物学者のジーザス・リヴァスに会ったことがある。リヴァスは助手たちが実地調査中に二度、締めつけ力の強いこれらの大蛇に襲われて食べられそうになったことを、記録に残している。人間は「体の大きさからすればアナコンダの餌になってもおかしくない。アナコンダは成長すると九メートルを超えることもあるから」とリヴァスは言った。アナコンダがあまり人間を襲わない（リヴァスたちの実地調査チームを別にすればだが）理由はただひとつ、アナコンダが出るとわかっているところに人は近づかないからだ。

しかし、マリオンは違った。二〇〇七年、二十四歳の彼女がこの水族館でスコットが担当するギャラリーのインターンとして働きだしたとき、アナコンダは三匹いたが、安心して触れる人間はひとりもいなかった。「アナコンダを扱うときは必ず拘束しなくちゃならなかった」とスコットは言う。「頭の後ろをつかむんだ。アナコンダは嫌がってた」マリオンが水族館の仕事を辞めるころには、大きいほうの二匹、キャスリーンとアシュリーは、マリオンに這い寄ってきて、彼女のひざに頭を載せてとぐろを巻くようになっていた。

今では、マリオンのおかげで、ヘビたちは年一回の獣医の診察を受けるとき、あるいは病気の治療のとき、あるいは水槽の水抜きが必要で、水槽から出さなければならないときに、頭を押さえつけられて、それが心の傷になるようなことはなくなった。スタッフはもうアナコンダと触れ合うことを怖がらない。

おかげでアナコンダたちは、以前より明らかに満足そうで健康だ。その証拠に、メス二匹（より小型でオレンジという名の三匹目はオスと判明した）は出産した――ボストンの動物園や水族館では初の快挙だった。柔らかい卵は母親の胎内で孵化し、ウエットスーツを着たマリオンが実際に水槽内で付き添うなか、キャスリーンの十七匹の子供たちが生まれた。二匹が産んだ子供はみんな、赤ちゃんのころからマリオンが世話をしたので、そのうち現在公開されているマリオンとウィルソンという名前の二匹（二匹ともメスだ）は、どちらも頭部を拘束する必要がない。軽く促せば、自分から進んで指示に従う。ほかのスタッフも、アナコンダが気乗りしていないときはそれを察して、別の日にやってみようと考えられるようになった。

マリオンは二〇一一年二月、手術を受けるために水族館を辞め、手術による合併症のせいで復帰できなくなった。それでも彼女の功績は受け継がれている。ほっそりした若い女性がアナコンダの公開コーナーのなかで腰掛け、そのひざで体長四メートルの捕食性の爬虫類が心地よさそうに体を丸め、尻尾の先を女性の片足に愛おしげに絡めている光景は、スコットとウィルソンがすでに知っていたことを感動的に証明してみせた。スコットによれば、「どんな動物も」——哺乳類と鳥類だけでなく——「学び、個体を識別し、思いやりに反応することができる」という。ある動物との接しかたがわかれば、それがタコであれアナコンダであれ、動物の守護聖人として知られる聖フランチェスコでさえ奇跡と考えるかもしれないことを成し遂げられるのだ。

たとえば、スコットの最新のプロジェクト——コモリガエルの調教とか。

コモリガエルは両生類でアナコンダに比べて脳のサイズも処理能力もはるかに劣るだけでなく、目も見えない。目が見えないことがコモリガエルの独特な外見を形づくってきた——体長は一五センチ、平べったい褐色の体のてっぺんに鼻孔がふたつ、それぞれ三角形の突起の先端についている。前肢の指先には餌を探知するのに役立つ、星の形をした触覚器官がある。

コモリガエルのオスは水中でカチッという音を出してメスを呼び、つがいになると一緒に泳いで連続した輪を描きながらメスがオスの腹に卵を産む。オスは卵を受精させてメスの背中の袋に戻す。袋といっても実際にはその部分の皮膚が柔らかくなり、受精卵を包み込んで保護するのだ。メスが脱皮すると、背中から赤ちゃんがとがった頭部から先にどっと出てくる。赤ちゃんはオタマジャクシではなく、小さいながらも完璧なカエルの姿で生まれてくる。

残念ながら、一般の来館者がコモリガエルの風変わりな姿を目にすることはめったにない。自然を再現した美しい展示コーナーの植生に隠れているからだ。スコットはデンキウナギでやったように、コモリガエルを隠れ場所から誘い出す方法を見つけようとしている。

どうやって？「カエルの心のなかに入り込む必要がある」とスコットは言う。「カエルが何を考えてるのか理解しようとしてるんだ」。目の見えないカエルがどうやって安全で快適な居場所かどうかを判断するのか。そしてスコットはどうやってそれを突きとめるのか。「すばやくコツをつかむ必要がある」とスコットは言う。「感情移入できるようにならないと。『E．T．』って映画があったでしょう。ちょうどあんな感じだ。見えない手を差し伸べて生物体の心を読む。相手に歩み寄らなきゃいけない。相手の話を聞こうとしなくちゃ駄目なんです」

多くの人は馬の耳の角度や犬の尻尾の位置や猫の目の表情に、無意識に反応する。水族館の飼育員は魚の「沈黙の言葉」がわかるようになる。以前、シクリッド（カワスズメ）が何匹か別の水槽に移されたばかりの裏の通路に足を踏み入れながら、スコットが心配そうに言ったことがあった。「魚のストレス臭がする」。それは微かなにおいで、私はまったく嗅ぎ取れなかったが、スコットが嗅ぎ取った意気消沈のにおいは、当時の彼の説明によれば、ヒートショックプロテインのにおいだ。細胞間のタンパク質で、最初は植物と動物の両方で熱に反応して分泌されることが発見され、現在は熱以外のストレスとの関連性も知られている。そのにおいを嗅ぐとスコットは胃のあたりが気持ち悪くなる——においそのものに吐き気がするのではなく、自分が担当している魚がストレスにさらされていると思うと、生まれてまもない我が子が泣くときに感じたような焦りと恐れでいっぱいになってしまうのだ。

スコットはほかの魚が出すシグナルも難なく読み取る。シクリッドが移された新しい水槽の前に行くと、スコットは移ってきたばかりの魚と、何週間あるいは何か月も前からその水槽にいる魚とを見比べた。新入りのほうが縞模様の色が薄かった。「この魚を見てください」スコットはそう言って、水槽にすっかりなじんだ一匹を指さした。「目が輝いてるのがわかりますか。今度はこっちのやつを見てみて。こっちは目が輝いてない」私たちが人間の表情を読み取るように、スコットは魚の表情を読み取ることができるのだ。

「タコの心を読む場合、問題は」水族館に歩いて戻りながら、私は言う。「タコは表現力がありすぎること」——私が知っているどんな種よりもはるかに、だ。「私たち人間には詩やダンスや音楽や文学がある。でも人間の声や衣装や絵筆や粘土や技術をもってしても、タコが皮膚だけで表現できるものに太刀打ちできるかしら」

「確かに」スコットが相づちを打つ。「もしも頭足類が車を運転できたら、高速道路で大渋滞に巻き込まれたときのいらいらっぷりが見ものでしょうね！」

＊

その日の午後、ウィルソンが樽の蓋を開けると、カーリーは水面にぷかんと浮き上がってくる。目をくるくる回して私たちの顔を探している。私たちが差し伸べた腕を抱きしめる。今は暗い赤褐色をしていて、腕のあいだの傘膜だけに苔のような緑色の斑点がある。ウィルソンが新たに魚を二匹与え、カーリーはそれを待ちかねたように受け取る。吸盤で優しく私たちをつかんで、頭部の左右の目のあいだを私たちが撫でるに任せている。「今までこれより柔らかいものに触ったことがない」私はウィルソンに言う。「子猫の毛よりも、ヒヨコの羽毛よりも柔らかい。これよりすてきなものはない。一日じゅうだってこうしていられるわ」

「そうだね」ウィルソンが皮肉のかけらもない口調で答える。「君ならできると思うよ」

タコの頭を撫でる至福は、相手が動物好きであっても、なかなか伝わらない場合がほとんどだ。地元のニューハンプシャーで、我が家の愛犬を連れて森を散歩しながら友人のジョディに思い入れたっぷりに話をしたとき、ジョディは私が正気を失ってしまったんだと結論するのを必死で我慢しているみたいだった。

「でも」と彼女は言った。「タコってぬるぬるするんじゃない？　つまり、その、ぬめりはどうなの？」

タコはつるつるすると言ったほうがまだましかもしれない。でもバナナの皮だってつるつるする。ぬめりはとても特別で重要な物質で、タコには確かに大量のぬめり（粘液）がある。水中に棲む生き物はほとんどみんなそうだ。「水のなかの生き物の多くは、私が予想していた以上に粘液を利用したり、『武器』にしたり、粘液質だったりする」と海洋学者のエレン・プラガーは述べている。「水中の世界は相当にぬめりのあるところだ」。ぬめりは海の動物たちが水中を移動する際の抵抗を減らし、餌を捕獲して食べ、皮膚を健康に保ち、捕食者から逃れ、卵を守るのに役立つ。ビルのケヤリムシのようなチューブワームは粘液を分泌して花茎のような硬い管をつくって、体を保護し、岩やサンゴに付着する。一部の魚――スコットのアマゾン原産のディスカスやシクリッドなど――にとって、粘液は人間にとっての母乳に匹敵する。そうした魚の赤ちゃんは実際に親の体を覆う栄養たっぷりの粘液を餌にする。「グランシング」と呼ばれる行動だ。鮮やかな体色のニシキテグリはまずい粘液を出して敵をかわす。タコの親戚である深海のコウモリダコは光る粘液を出して捕食者を驚かす。バミューダファイヤーワームのオスとメスは、夏の夜の蛍のように、発光性の粘液で合図を送り合う。メスが光ってオスの注意を引くと、それに応えてオスが発光し、並んで産卵と受精を行う。

「カーリーとオクタヴィアの粘液は捨てたもんじゃないわよ」私はジョディに言った。「ともかくヌタウナギよりはましね」

海底に棲むヌタウナギは成長しても体長約四五センチ足らずだが、バ、ケ、ツ七、つ、をものの数分で粘液で満杯にできる。それだけ大量の粘液を出せば、どんな捕食者に捕まってもするりと逃げられる。自分の粘液で窒息する危険がありそうだが、幸い人間が風邪をひいたときのように鼻をかむすべを身につけている。それでも、さすがのヌタウナギにも処理できないほど粘液を出してしまう場合もあるが、そういうときのためにうまい方法を編み出している。尾を体に巻きつけて結び目のようにし、その結び目を頭のほうにスライドさせて、粘液を体の外に押し出すのだ。

「いやっ！」とジョディは叫んだ。「気持ち悪い！」それでもカーリーとオクタヴィアの粘液はまだましだと思えるようになったらしく、もう少し詳しく聞きたいと言った。

タコの粘液はよだれと鼻水の中間のようなもの。といってもいい意味で、だ。それにとても役に立つ。滑りやすければ、狭い場所に体を出し入れしやすい。野生のタコのなかには驚くほど頻繁に水から出る種がいるが、そういうときに粘液は体が乾燥するのを防ぐのに役立つ。一九九八年にライル・ザパトによって「発見された」悪名高い「樹上のタコ」は捏造だった(インターネットで読んだものをなんでも鵜呑みにする若者が多すぎることを証明するのが目的で、実際にそのとおりだった)が、潮の影響を受ける区域に生息する野生のタコは、さまざまな潮だまりに出向いて狩りの成功率を上げるために、よく陸に上がる。別のタコなど、水中の捕食者から逃れるためにそうする場合もある。以前何かで読んだことがあったが、ひっきりなしに波しぶきがかかる場所なら、タコは水の外で三十分以上生きられる可能性があるという。

「粘液で何かがだめになるなんてことはないわ」私はジョディに説明した。「何しろ、粘液は人類が知っている二大快楽のひとつだもの」

ジョディはしばし考えていた。

「もうひとつは何?」

「食べること」と私は答えた。

＊

「頭足《セファロ》パーティーだな!」ブレンダン・ウォルシュの深みのある声が、ポンプのうなるような低い音とラジオから流れるヘビメタ音楽に負けじと響きわたる。三十四歳、長身でがっしりした体格のブレンダンは、この水族館のＩＭＡＸシアターで働いている。仕事を終えて帰宅しても、自宅で飼育している魚の世話をする。今飼っているのは、本人によれば五匹「だけ」。以前は二十匹飼っていたという。

ブレンダンもカーリーの樽を囲む人だかりに混じって、みんながカーリーと遊べるようにウィルソンが樽の蓋を開けるのを待っている。私はこの水族館で、タコの粘液を社交の潤滑油にしている同類たちの中心グループに加わった。

クリスタ・カーセオもいる。二十五歳、きれいで小柄で、緩やかにカールした黒っぽい髪を背中に垂らし、小さな黒い宝石のピアスを上唇にして、微笑むと部屋じゅうが明るくなる。「子供のころ」とクリスタが私に話しかける。「ほかの女の子は人形を持ってた。私は魚を飼ってた」。四リットルくらい水が入るボウルで金魚を飼ったのが最初で、それからベタが加わり、さらにテトラ、グッピー、カタツムリと続いて、しまいには水槽が十個になった。「私の部屋に入ると、モーターのぶんぶんいう音しか聞こえないの」。クリスタはボランティアとして淡水ギャラリーで週に一度、スコットを手伝い始めたばかりだ。大学の学費のローン返済のため、バーテンダーの仕事をしている。でも本当にやりたいのは水族館の仕事だという。

アナコンダを手なずけた、あのマリオン・ブリットも、手術後初めて水族館に戻り、ワンダフル・ウェンズデーに参加している。はしばみ色の瞳と、肩まで届く柔らかい、茶色の髪をして、穏やかな物腰からは想像がつかないが、数々の試みに持ち前の怜悧さを発揮している。飼育員がアナコンダの赤ちゃんを一匹ずつ見分けるための「特定マップ」を考案したり（生まれたばかりの体長三〇センチの赤ちゃんを抱っこして、かまれながらも特徴のある模様をテンプレートを使ってスケッチしたのだ）、手術の後遺症でしつこい偏頭痛に悩まされてはいるものの、自宅でできる異国情緒あふれる編み物関連ビジネス、パープル・オカピを立ち上げて拡大したりしている。

きょうはアナ・マギル＝ドーハンもいる。アナは高校の第二学年を終えたばかり。背が低くて小柄で、黒っぽい髪を無造作にポニーテールにして、二年前からこの水族館でボランティアをしている。夏のあいだは週四日勤務だ。二歳のときに水槽をプレゼントされて以来、ずっと魚を飼っている。「あれ以来、水槽の数は増える一方」だとアナは言う。「両親からもう増やさないように言われたんだけど、構わずに両親には黙って手に入れちゃう」。しまいにはヒラメを飼って、お母さんにばれてしまった。罰として――私は罰と聞いて、フライパンでも登場するんじゃないかとはらはらしたが、そうではなかった――小学校の先生だったお母さんは、ヒラメの名前はアナではなく自分がつけると宣言した（お母さんは結局、ヒラメ［flounder］だからということで「Floundie」と名づけたそうだ）。

カーリーの樽のまわりの人だかりには、いつもの顔ぶれに混じって、水族館ガイドがふたりと、それからブレンダンもガールフレンドと一緒だ。「新記録だ」とウィルソンが言う。本日のカーリーのお客は全部で九人――彼女の腕の数より多い。こんなに大ぜいのファンがいるタコは、ウィルソンの知るかぎりではカーリーだけだという。

これほど大人数に会うのは初めてだというのに、カーリーのもてなしぶりは完璧だ。差し出される腕一本一本を茶目っ気たっぷりに引っ張り、私たちの顔をのぞき込み、餌の魚やイカを優雅な仕草で受け取る。

「わあ！」カーリーの吸盤に指をつかまれたガイドたちが声を上げる。「すごい！」探るように手に絡みつくカーリーのなめらかな腕に、ブレンダンのガールフレンドがつぶやく。

私たちがこの樽のまわりに集まるのは、カーリーを知り、カーリーに知ってもらうためだけではない。集まった人間同士がお互いを知る場にもなっている。ここにいる人たちは、人と知り合うにはタコを愛でているときが一番という人がほとんどだ。カーリーと交流しながら、クリスタはみんなにタコが大好きだという双子の弟ダニーの話をする。ダニーは広汎性発達障害（PDD）——広義の発達障害群で、基本的な能力の発達に重篤な遅れや障害が出る——だ。クリスタはダニーと一緒に暮らせるよう法的後見人になりたくて働いている。といっても近くのメシューエンに住んでいる両親が面倒を見たがらないわけでもなければ、ダニーがメシューエンでの暮らしに不満を持っているわけでもない。活発で美しいクリスタはダニーの後見人になりたい理由を次のように説明する。「弟のいない生活なんて想像できない。弟はいつだって朝起きた瞬間からハッピーなんだよね！」

ダニーは大のタコ好きで、一緒に水族館に行けば大興奮でタコの動きを逐一クリスタに話して聞かせるという。「ほら上に行くよ！　ほら腕を動かしてるよ！」クリスタがボストンの魚市場に連れていったときなど、タコが食用に売られていることにひどく腹を立てたそうだ。それでも殺されたタコの死骸にすっかり魅せられてしまい、結局、クリスタに一匹買ってもらった。それを冷凍庫に保管して、ときどき出しては眺めているという。

オクタヴィアとカーリーのおかげで、ウィルソンと彼の家族のこともいろいろわかってきた。イラン北西部の都市ラシュトでユダヤ系イラク人の両親のあいだに生まれたウィルソンは、ペルシャ湾岸の国でアメリカ式の学校に通い、早くから異文化間をさりげなく行き来するすべを身につけた。十六歳のとき、イングランドの寄宿学校に入り、そこからロンドン大学に進学して化学を学んだ。アメリカにやってきたのは（忘れもしない一九五七年一月三日のことだったという）ニューヨークのコロンビア大学で化学工学を学ぶためで、その後ボストンに移り、アーサー・D・リトルに入社。そこでやがて妻となるデビーに出会った。デビーは前向きで独立精神旺盛なソーシャルワーカーで、母親はロシアとポーランドの国境で生まれ、父親はアメリカ人だった。一年半後、デビーが結婚しましょうと告げた。ウィルソンはすぐさま同意した。しかし、ウィルソンの、夫に先立たれた保守的な母親は、息子が選んだ相手がイラクのユダヤ系の女性ではないことを死ぬほどの恥辱と思ったらしく、アメリカにやってきて結婚を取りやめるよう説き伏せようとした。

以前のウィルソンは誤解されがちだった。世間一般の慣行に従うことが求められる世界、動物をほとんど大事にしない、とりわけ水生動物を粗末にする世界で、私たちはみんな誤解されがちだった。おそらく、だからこそ、ほとんどの人が怪物だと思っている、ぬるぬるした無脊椎動物が入った樽のまわりで、こうして結びついたのかもしれない。

たとえば、獲物を締め上げる大蛇がうようよしている水槽にマリオンが入ることすら、理解できる人はなかなかいない。「ヘビが人間をわかってるわけがないでしょう」とみんな言うだろう。もちろんヘビたちはマリオンだとわかっていて、彼女のことが好きだった。マリオンもヘビたちを愛していた。二〇一一年の夏にアシュリーが死んだとき、マリオンは泣いた。彼女の気持ちがスコットには痛いほどわかった。元日の午前四時に、アシュリーが出産したと電話があったとき、スコットは五日前に生まれたばかりの息子を置いて水族館に駆けつけ、生まれたてのアナコンダの赤ちゃんたちの世話をしたのだから。

アナも、ティーンエイジャーはみんなそうだが、自分は理解されていないと感じている。クリスタと同じでアナも双子だが、スポーツ万能で外向的な兄とはまるで似ていない。非常に聡明でまっすぐなアナは、何でも包み隠さず私たちに話す。「特殊」学校に通っていること、アスペルガー症候群という軽度の自閉症であること、偏頭痛と注意欠陥障害と低血圧（そのせいでアナコンダの水槽のなかで失神したことがある）と体の震えに悩まされていること、さまざまな投薬治療を受けていること。自宅で飼っている魚とアオジタトカゲのライラのおかげで、いくらか気が休まる。でも本当に満たされた思いを味わったのは、水族館でボランティアを始めてからだったという。

「水族館で裏方の仕事をすることで人生が変わった」と、みんなと一緒にカーリーを撫でながらアナが言う。六年生になる前の夏休みとその一年後の夏休みに、アナは水族館の「フィッシュキャンプ」に参加した。その後、十四歳で土曜日のアートクラスに通いだし、その帰りに地下鉄に乗って水族館に来るようになった。あごひげを生やした外向的な元教師のデイヴ・ウェッジは、

「エッジ・オブ・ザ・シー」の展示コーナーと教育センターのウエットラボ（生物・科学研究室）の責任者で、フィッシュキャンプに参加したアナを覚えていて、ラボを見学しないかと誘った。デイヴからは一時間後に来るようにと言われていた。しかしアナは時間の感覚がなく、アナログ式の腕時計も持たないし、見かたもわからなかった。それでラボの外で一時間待った。それも土砂降りの雨のなかでだ。デイヴは心打たれ、アナは正規のボランティアになれる年齢には達していなかったけれど、裏方の作業を何か見つけては彼女にやらせるようになった。

アナは今では正規のボランティアとして、デジタル式腕時計を持っている（その見かたもわかっている）だけでなく、水族館にいる海洋性の無脊椎動物と脊椎動物すべての一般名と学名もわかっている。淡水ギャラリーについてはまだ覚えきれていなくてごめんなさい、と言う。「ここの人たちもタコと同じくらい、普通の人とは違ってる。ここにいるとほっとする」アナの言葉は私たちみんなの気持ちを代弁している。「ここが自分の居場所みたいな気持ち」

集団への帰属意識は人類の最も深い欲求のひとつだ。私たちも霊長類の祖先と同じように社会性を持つ種だ。人間が長い人生で経験する多くの社会的関係を覚えていることは、ヒトの脳の進化の原動力のひとつだったのではないかと、進化生物学者は言う。実際、知性そのものは、チンパンジーやゾウやオウムやクジラなど、同じように社会的で寿命の長い生物と最もよく関連づけられる。

とはいえタコが象徴するのはこのスペクトラムの対極だ。タコは短命なことで知られ、ほとんどのタコは社交的とは思えない。興味深い例外はある。その一例がゼブラダコで、オスとメスが一組になって同じ巣で共同生活をすることがある。ときには四十匹以上が集まって暮らす――意外すぎる事実で、最近になってスティンハート水族館のリチャード・ロスが長らく忘れられていたこの種を自宅の研究部屋で飼育するまで三十年間受け入れられず、公にされなかったほどだ。一方、ミズダコは、少なくとも、生涯を終えるころになってようやく交接相手を探すと考えられている。だがそれさえも、周知のとおり、デートのあとはディナーの時間で、食うか食われるかになるわけだから、ちょっと眉唾ものだ。タコの知性は仲間のタコと交流するためでないとしたら、いったいなんのためにあるのだろうか。タコ同士で交流しないのに、なぜ私たち人間と交流したがるのだろう。

タコの心理学者であるジェニファーによれば、「タコが賢くなった理由と私たちが賢くなった理由は違う」。タコと人間の知性はそれぞれ異なる理由で進化した。タコを知性に向かわせる原動力となった出来事は、祖先から受け継いだ殻を失ったことだったと、ジェニファーは考えている。殻がなくなった結果、自由に移動できるようになった。タコは二枚貝と違って、餌のほうからやってくるのを待つ必要はない。トラのように狩りができる。ほとんどのタコはカニが一番の好物だが、一匹のタコが餌として狩りの対象にする種は何十もあり、それぞれの種によって、狩りの戦略、用いるスキル、下すべき判断とその修正は違ってくる。擬態して奇襲攻撃をかけるのか。漏斗で水を噴射してすばやく追いかけるのか。水から這い出し、逃げる獲物を捕まえるのか。

殻を失うことはツケも伴う。殻のなくなったタコは、ある研究者の言葉を借りれば「無防備で大きなタンパク質の塊」と化し、そのくらいの大きさの獲物を食べる生き物にとってはきっと格好の餌に違いない。タコはその弱点を自覚していて、自衛策を講じる。ジェニファーは一九八〇年代、調査旅行中にバミューダでマダコを観察していて、これを目の当たりにした。狩りから戻ったタコは巣の前を腕を使って掃除していた。それから突然、巣を離れて、一メートル先まで這っていき、石を拾ってきて巣の前に置いた。二分後、タコは再び危険を冒して巣から離れて、ふたつ目の石を選び、さらに三つ目を選んだ。どちらの石にも吸盤をしっかりくっつけて引きずって持ち帰り、巣穴に滑り込むと、持ち帰った石を巣の入り口に、慎重に、城の正面にある石の要塞のように並べた。そのときタコは次のように考えていたはずだとジェニファーは言った。「石は三つで十分だ。さあ、寝よう！」タコはこれで安心して眠れると感じているようだったという。

二〇〇九年、オーストラリアの研究者たちは、インドネシアでタコが半分に割れたココナツの殻を持ち運び、それを携帯テントのように使っていると報告した。タコたちは半分に割れた殻をひとつに重ね、それを自分の体の下に引きずって、腕をまっすぐに突き出して海底の砂地を移動し、それから殻を合わせて球形にして、そのなかに入り込む。ミドルベリー大学のタコ研究室では、動物管理助手のキャロライン・クラークソンがタコによる道具使用の別の例に気づいた。ウニが餌を食べていたのだが、その場所がメスのカリフォルニアツースポットの巣の入り口に近すぎた。そのためタコはわざわざ巣穴から出て、一五センチ先にあった約九センチ四方の平たい石を拾い、それを巣穴に持ち帰って入り口に立て、ウニのとげから身を守る盾にした。

シェルターを作ることから体色を変化させることまで、弱いタコはあるときは追う立場、あるときは逃げる立場で、数多くの種の動物にいつでも備えていなければならない。非常に多くの可能性にどうやって備えるのか。それには相手の行動をある程度予測する――言い換えれば、心を読む――必要がある。

他者が何を考えているのか、それが自分の考えていることとは違う可能性も含めて、相手の身になって考えることができる能力は、「心の理論」と呼ばれる高度な認知能力だ。かつては人類特有の能力だと考えられていた。一般的に子供の場合、心の理論は三、四歳ごろに現れると考えられている。典型的な実験ではまず、幼児に次のような映像を見せる。女の子がキャンディの入った箱を残して自分の部屋を出て行く。その隙に大人が箱のなかのキャンディを鉛筆とすり替える。女の子が戻ってきて箱を開ける。幼児が映像を見終わったら実験者が、映像に出てきた女の子は箱の中身は何だと思っているかなと訊く。鉛筆、と幼児は答えるだろう。実際の中身とは違っていても、女の子はキャンディが入っていると思っているだろうと理解できるのはもう少し大きくなってからだ。

心の理論は自己意識（「私はこう考えるが、あなたはそう考えるかもしれない」）を含むことから、意識の重要な構成要素だと考えられている。デューク大学イヌ類認知研究所のブライアン・ヘア所長は最近、犬が自分の知らないことをほかの誰かが知っている可能性を理解していることを立証した。ヘアは実験で、においが外に漏れない容器をふたつ用意し、ひとつには餌を、もうひとつは空のままで、犬に見せた。すると犬たちは自分の知らないことを人間が知っているのをすぐに見抜き、人間の指さした容器のほうへ行ってごちそうにありつくのだった。

ナンシー・キングが飼っていたタコのオリーもまったく同じで、餌のカニを自分では見つけられず、飼い主が指さすほうへ行くことによって見つけた。

もちろん、同様の例はほかにもたくさんある。狩りに使われる鷹は鷹匠を見るか、鷹匠が連れている犬を見て、獲物となる鳥を隠れ場所から追い立てる。アフリカのミツアナグマ（ラーテル）はミツオシエという鳥のあとをつけてミツバチの巣を見つける。ミツアナグマが蜂蜜を食べるために巣を崩せば、ミツオシエのほうは蜂の子にありつけることを、お互いにわかっているようだ。

とはいえ、別の生き物が何を考えているのだろうかと思いを馳せる地球のあらゆる生き物のなかで、誰よりもそうする必要性に迫られているのはタコだとしてもおかしくない——相手の立場で考えられなければ、自衛のための擬態の数々が使えないのだから。タコは自分がタコではないと、さまざまな種の捕食者と獲物に信じ込ませる必要がある。ほら見て！　私は墨の塊だよ！　いや、実はサンゴなんだ！　いやいやいや、ほんとは岩さ！　自分の策略に相手が引っかかったかどうかを判断し、駄目な場合は別の手を考えなければならない。ジェニファーは著書のなかで、共著者と共に、タコの特定のディスプレーは特定の状況下で特定の相手に向けられたものであると報告している。たとえば流れる雲のディスプレーは、動かないカニを脅して動かせ、見つけやすくするために使われる。一方、腹を空かせた魚をだます場合は別の戦略を使う可能性が高い。体の色や模様や形をころころ変えるのだ。ほとんどの魚は探す対象を決まった姿で記憶するのは得意だが、タコが体色を濃い色から薄い色に変え、水を噴射して逃げたかと思うと、縞模様や斑点が出てくるというように、次々と姿を変えるのでは、ついていけずに見失ってしまう。

ニューイングランド水族館で私たちに出会うまでに、カーリーはさまざまな種の鳥、クジラ、アザラシ、アシカ、サメ、カニ、魚、カメ、それにほかのタコや人間のダイバーに出くわし、知恵比べをして生き抜いてきたのだろう。それぞれ異なる種類の目、生活様式、感覚、動機、個性、気分の持ち主だ。たいていの人間が普段直接やりとりするのは自分と同じ種の相手だけなのに比べたら、カーリーは洗練された国際派、一方の私たち人間は野暮な田舎者だ。

しかも今、カーリーは大ぜいの相手をしている。彼女は自分のまわりに集まっている人たちに興味津々——自分に興味を示してくれる相手以上に愛おしいものがあるだろうか。カーリーはブレンダンと彼のガールフレンドを目から左に二本目の腕の先で探りながら、ガイドふたりの指先を吸盤で包むようにして彼らのことも調べている。ひょいとひっくり返って逆さまになり、腕に並ぶクリーム色の吸盤があらわになって、花が咲いているかのようだ。クリスタ、アナ、マリオン、私が両手両腕を差し出す。カーリーは吸盤をくっつけて、そっと引っ張り、じゃれているように見える。カーリーの皮膚がまだらになる。とげや角のような突起が生じる。カーリーは頭をもたげ、もう一度、私に撫でさせてくれて、私の手が触れた部分は白っぽくなっていく。彼女の眼球がくるりと回転する。ウィルソンを探しているのだ。彼の顔を見つけると、腕を二本持ち上げて、二枚のパンでサンドイッチの具をはさむように、ウィルソンの腕を包み込む。

その光景を私たちの後ろで見ているビルはご満悦だ。カーリーは活発で、好奇心があり、人なつっこくて、社交的だ。「きっと公開するにはすばらしいタコになる」と誇らしそうに言う。

＊

水曜日ではないけれど、ウィルソンと私は特別に水族館にやってきた。きょうはクリスタとダニーの誕生日を祝うことになっている。ビルとスコットに協力してもらい、ここでクリスタが弟ダニーのために計画したサプライズに参加するのだ。

ゆうべダニーはバスに乗って、メシューエンにある両親の家からボストンのクリスタのアパートにやってきた。午前十一時十五分、ウィルソンと私はクリスタが弟を三階の裏に連れてくるのを今か今かと待っていた。

「ダニーはいつも百科事典ばかり読んでた」クリスタが得意げに言う。「妹や私はちらっと眺めはするけど、ダニーは読むの。おかげで母は百科事典をたくさん買い込むはめになった」。ダニーのお気に入りの項目は、十三歳のときからずっと、タコだった。タコのどこにいちばん惹かれるのか。「見た目」だとダニーは言う。「なんておしゃれなんだろう。体じゅう吸着カップで覆われてるんだ！」

クリスタはきのうの夜、オリオン誌に載った私の記事をダニーに読んで聞かせたそうだ。いわくありげに私にささやく。「ダニーったら、『タコに触れるなんて想像できる？』だって」。きのうの時点でダニーは、きょうはクリスタとふたりで水族館に行くということしか知らなかったのだ。「じゃあ、きょうはタコを見るんだね」と、ダニーはけさ、クリスタに言ったそうだ。「いい一日になりそう」

私たちが用意しているものを、ダニーはまったく知らない。

ウィルソンがダニーをオクタヴィアの水槽のほうへ案内する。「誰の水槽だと思う？」クリスタがダニーに訊く。

ダニーの目が見開かれる。「タのつくもの？」

ウィルソンがオクタヴィアの気を惹こうと、トングではさんだ魚を差し出す。クリスタとダニーと私は、オクタヴィアがどう反応するかを見ようと、大急ぎで下の一般公開エリアに向かう。ダニーがガラス越しにオクタヴィアに向かって手を振る。最初、オクタヴィアはトングを無視する。だが結局、腕を二本、三本とトングに伸ばし――体の色が鮮やかな赤に変わる。魚は落下する。オクタヴィアは魚を食べたくないのだ。彼女はトングを放し、ウィルソンはトングを引っ込める。

ウィルソンが水槽の前にいる私たちのところにやってくる。「今のを見たかい？」

「すごかった！」とダニーが言う。あれだけでもダニーにはサプライズだった。でも、それから私たちは上の階に戻り、カーリーの漬物樽のそばに立つ。ウィルソンが樽のねじ蓋を開けにかかる。

「ほら、ダニー、これ見て」クリスタが言うと同時に、カーリーの赤褐色の体が水面に浮かんでくる。

「ここにはタコは一匹しかいないって、ずっと思ってたよ！」とダニーが言う。ウィルソンが片手を伸ばすと、その手をカーリーの吸盤が覆う。

ダニーが興奮のあまり震えだす。「ほら、魚をやってごらん」とウィルソンがダニーを促す。「吸盤に置いてやれば彼女が取るよ」

ダニーは魚を手に取るが、最初はおっかなびっくりという感じだ。「つかまれちゃうよ！」

「魚を放して――彼女に取らせるんだ」ウィルソンが言う。「彼女は君を傷つけやしないから。手を水のなかに入れて！」

カーリーの頭部と腕三本が水から出て、水槽の縁を越えて伸びてくる。私たちに挨拶したくてたまらないようだ。私たちはみんなで彼女を撫でながら、ダニーにもそうするよう促す。でもダニーは怖がっている。震えながら、吸盤のひとつを指で突っついて引っ込める。無理もない。あとでダニーから聞いた話では、テレビ番組でビルみたいに大きなタコが人々を攻撃していたのを思い出していたのだという。

そのとき突然、樽から勢いよく水が噴き出す。「あなたに挨拶してるのよ！」とクリスタが言う。続いてまた水が噴き出し、それから今度ははるかに高く——ダニーの顔めがけて噴射される。水を浴びてもダニーは少しも嫌がるふうではない。相変わらず呆然としたままだ。タコを目の前にしているすばらしい体験に、胸を弾ませると同時におののいてもいた。

ダニーは水を滴らせながら、指を伸ばしてカーリーの吸盤のひとつに触れようとする。「うちの冷凍庫には冷凍したタコが入ってるんだ」とダニーが私に言う。「でも、そいつは死んだタコなんだ」

カーリーが水槽を出て私たちのほうへ来ようとして、ゼラチン質の体をうねらせる。「ほら、こっちに来るよ！」クリスタが言う。ウィルソンと私はカーリーの腕を何本か水中に戻そうとする。カーリーは私たちの腕に吸盤で吸いつく。「ダニーよりも私のほうにはるかに触れたがってる」ウィルソンが私に言う。「緊張のせいだ。カーリーにはダニーが緊張してるのがわかるんだ。それがこんなにはっきりわかったのは初めてだよ」

「君がカニか魚だったら」とウィルソンがダニーに言う。「きっと彼女は口まで運ぶだろう。でも君は人間だから食べたりしないよ」。代わりに、ウィルソンはダニーにもう一匹、魚を手渡した。「魚を放すんだ。そうすれば彼女が取る」

ウィルソンの言ったとおりだ。

「わあ、すごいよ！」ダニーが言う。左手の指を小刻みに動かしながら、カーリーに向かって手を振る。

今では安心してカーリーに両手を差し出す。カーリーは優しく吸盤を五個、それから十個、しまいにはたぶん二十個くらい、ダニーの手のひらにくっつける。

「ゴム手袋みたいな感じ！」ダニーが言う。

「ダニーの緊張がほぐれてきたんで、カーリーも交流する気になってきたようだ」ウィルソンが言う。「彼女のほうが、私たちが彼女を意識しているよりはるかに、私たちを意識している」

「僕のことがほんとに好きみたいだ！」ダニーが驚いたように、私たちに言う。

「彼女、カーリーっていう名前よ」クリスタが言う。

「こんにちは、カーリー」ダニーが人間に挨拶するかのようにカーリーに言葉をかける。カーリーは吸盤を次々と動かして漬物樽の壁を登り、ばね仕掛けのおもちゃのように転がって前進している。

しかし、そろそろカーリーを疲れさせてしまうのではないかと、ウィルソンは感じている。彼は樽に蓋をする。

ダニーはあこがれのタコに会って感動している。「水族館で生きたタコと遊んだぞ！」と声を上げる。「うぉー、どきどきした！　お父さんとお母さんに早く話さなきゃ！　あのタコも僕を気に入ってた！」

それだけではなかった。ウィルソンが壺を取り出して、上にかぶせてある青い外科手術用手袋を外す。なかに入っている長さ三センチ足らずの、黒いキチン質の、丸みを帯びたピースがふたつ組み合わさったものは、ウィルソンの戦利品のひとつだ。

「これがなんだか、わかるかい」ウィルソンがダニーに言う。

「貝殻かな」

「いいや――」

ダニーは百科事典に載っていた写真を思い出す。「タコのくちばしみたい！」

「これはとても年取ったタコのくちばしだったんだ」とウィルソンが言う。ジョージのくちばしだった。「これを君にあげよう」

ダニーはびっくりしている。

「感想は？」クリスタが尋ねる。

「本物のタコのくちばしだったんだ！」

ウィルソンはもうひとつ、自分のコレクションからダニーへの贈り物を持ってきていた。写真家のジェフリー・ティルマンが撮影した、ジョージの写真をフレームに入れたものだ。「部屋に飾ります」ダニーがすっかりかしこまって言う。「釘を一本打つだけでいいんだ。ベッドのすぐそばに飾るよ」

ダニーとクリスタと私は午後も水族館で過ごす予定だが、ウィルソンは先に帰らなければならない。この日の朝早く電話があったのだ。近くのホスピスに空きができた、と。奥さんが入院するのであれば、きょうじゅうに、とのことだった。何が原因か医師たちにもいまだにわからないのだが、とにかく体の機能も体力もしだいに低下していて、食いとめることができそうにないのだ。ウィルソンは午後、奥さんと一緒に過ごす予定だ。共に世界中を旅した奥さんは、最後の旅に出ようとしている。ウィルソン自身も大きくて立派な家から引っ越すことを考えている。レンジのまわりがタイル張りの広々したキッチンと、訪問客や孫たちのためのたくさんの寝室と、デビーのホームオフィスがある家だ。もっと小さめなところに引っ越すため、大事にしてきたものを手放している――クリスタとマリオンと私にサンゴと貝殻と本をくれて、水族館に大量の標本を寄付した。そんな悲しい出来事が迫っているというのに、ウィルソンはこの日の午前中、私たちと一緒に、このふたりの幸せな若者たちの誕生日を祝うことを選んだのだ。

ウィルソンはきょうのこの日をいい一日にすることができている――いわば奇跡だ。そんな奇跡をつかさどるのに、別世界の力の使い手であるタコ以上にふさわしい者がいるだろうか――それも、創造的破壊の女神、優しさと残酷さ、悲哀と歓喜という対極を体現する神、カーリーにちなんで名づけられたタコ以上に。

＊

ボストンの明るい夏の昼下がり。ボストン・コモンでは帽子を被った自然保護官たちがホエールウォッチングと港湾クルーズについての質問に答え、楽しげな親子連れがメリーゴーランドに乗って歓声を上げ、ファニエル・ホールはソフトプレッツェルやアイスクリームを食べている大人でごった返している。水族館のなかでは、アナがスコットを手伝い、クリスタがブラックワームを撒き、ビルは絶滅危惧種の淡水性のカメでマサチューセッツ州から放流用に飼育を委託されたキタアカハラガメに餌を与えている。ウィルソンと私はカーリーと一緒で、カーリーは餌のイカを食べ終えていた。まだ逆さになったまま、水面近くにとどまっていた。私の一本の指の先を吸盤のひとつでつかんで、ときどき、ちょうど握った手に力を込めるときのように、ぎゅっと握り締めてくる。カーリーの腕の一本がウィルソンの手首に巻きつく。別の腕はウィルソンのもう一方の手と腕をつかむ。私は空いているほうの手を彼女の頭部に伸ばし、撫で始める。

カーリーとウィルソンと私は、傍目にはこの夏の日のようにけだるそうに映るはずだ。まるで時の流れが渦を巻き、私たちが時計と暦にとらわれず、ひょっとしたら種にさえとらわれないかのように。「今、誰かがここに来たら」私はウィルソンに話しかける。「妙なカルト教団のメンバーかと思われるかも」

「タコ教のカルト教団かい？」ウィルソンが静かな笑い声を立てる。

「静けさと恍惚に至る道、よ」私は答える。

「確かに」ウィルソンの声が子守歌のように優しい。「実に静かだ」

タコを撫でていると、つい夢想に走りがちだ。誰かとひとときの深い静けさを分かち合うのは、相手がタコのように人間とはかけ離れた存在であればなおさら、謙虚な気持ちにさせられる特権だ。甘美さの共有であり、優しい奇跡であり、普遍的意識――ソクラテス以前のギリシャの哲学者アナクサゴラスが紀元前四八〇年に最初に提唱した概念で、あらゆる生命を活気づけ体系化する知性の共有を意味する――へとつながるアップリンクだ。普遍的意識という概念は、ドイツの心理学者カール・ユングの「集合的無意識」から統一場理論、一九七三年にアポロ一四号の宇宙飛行士エドガー・ミッチェルが設立した純粋知性科学研究所にいたるまで、西洋と東洋の思想哲学のいたるところにあふれている。私が若かりしころのメソジスト派の一部の聖職者が知ったらショックを受けそうだが、実は私は某ウェブサイト（loveorabove.com）のいう「知的エネルギーの果てしない永遠の海」を、タコと共有するという考えに幸福を感じている。果てしない永遠の海についてタコ以上に知っている者がいるだろうか。生命そのものの源である海に囲まれながら、そのタコの腕に抱かれているほど心落ちつくことがあるだろうか。ウィルソンと一緒にカーリーの柔らかな頭部を撫でながら、私は使徒パウロの「ピリピ人への手紙」にある「人知ではとうてい測り知ることのできない神の平安……」（新約聖書「ピリピ人への手紙」四章七節、日本聖書協会・口語訳）の力について考える。

そのとき――ザバーン！――私たちは水をかけられた。

カーリーの直径三センチにも満たない漏斗が、ふたりの顔にも髪にもシャツにもズボンにも同時に、八度の海水を命中させることに成功したのだ。

「どうして……」私は混乱して口走る。「私たちに腹を立ててるの？」

「今のは攻撃じゃない」とウィルソンが言う。ふたりして前屈みになって樽のなかをのぞくと、カーリーは底に沈んでいて、そこから無邪気に私たちを見上げている。「いたずらだよ」ウィルソンが言う。「いいかい、タコは一匹一匹違うんだ」。私たちはすぐにまた水のなかに手を入れる。でもカーリーはすぐには吸盤をくっつけてこない。代わりに、子供が水鉄砲で狙いを定めるみたいに、漏斗を私たちに向ける。私はそれをかわせるほど敏捷ではないけれど、カーリーが次に何をするか、見守らずにはいられない。カーリーは体を起こしているので頭部が水面の真下にあり、漏斗の圧力で水が膨れ上がるのが見える。間違いなく、カーリーは水の流れを非常に正確に調節できるのだ。

カーリーは漏斗を驚くほど柔軟に動かすこともできる。私はてっきり、漏斗は柔軟性はあっても頭部の片側だけにしっかりくっついているものと思っていた。けれどもカーリーがはっきり示したように、そうではなかったのだ。左側にあったかと思うと、次の瞬間には、ぐるりと一八〇度回って右側に来る。まるで人が舌を口から突き出したかと思ったら、今度は耳から、続いて反対側の耳から突き出すのを見るようなもので、驚かされる。

それからカーリーは腕の吸盤をペチコートのフリルのように膨らませ、私たちに向かって腕を振る。彼女が人間なら、私たちをからかっている、わざとはにかんでいるようなふりをして、もう一度やってみろとけしかけているとしか思えない。

帰らなければならない時間になり、私はカーリーのもとをしぶしぶ離れ、下の階に降りてスコットにさよならを言うために淡水ギャラリーに向かう。その日、私はスコットに不便をかけているお詫びを言っていた。スコットは私が水族館を訪れるたびに必ずロビーまで誰か迎えをよこし、裏に連れていくよう手配してくれているのだ。ごくまれに私ひとりで裏に行ったら、スタッフから泥棒ではないかと疑われて呼びとめられたことがある（一番よく盗まれるのは——水槽上部に鍵を取り付ける前の話だが——ビルのキタアカハラガメのような小型のカメだった）。そこでスコットが私に代わって、水族館の幅広いボランティア・プログラムのコーディネーターのひとりであるウィル・マレンに掛け合ってくれている。六百六十二人の成人ボランティアが推定二百万ドル相当の時間を水族館のために割いて、ペンギンの糞の後始末からボランティアガイド、食事の世話や動物の移動、新しい展示企画の手伝いまで、さまざまな仕事をこなしている。さらに百人の若者が、インターンシップやティーンエイジャー対象のボランティア・プログラムで協力している。全員がボランティアであることを証明するバッジをつけているので、裏に入ることができる。

私はそのどれにも当てはまらないが、スコットに促されてウィルのオフィスに行くと、ウィルは私の新しいバッジ用の写真を撮る。私はカーリーに水をかけられたせいで髪の半分が頭に張りついたままだが、自分のためにウィルとスコットが用意してくれた肩書きが嬉しくてたまらない。私は水族館公認の「オクトパス・オブザーバー」になったのだ。

このバッジはお守りみたいなもの。これがあれば水族館のどこにでも、開館時間以外でも入ることができる。きっとそうしないわけにはいかなくなるはずだ。今では水族館を訪れる理由がもうひとつできたのだから。

オクタヴィアが卵を産んだのだ。

第四章
卵
始まり、終わり、変貌

オクタヴィアは巣穴のずっと奥へ、岩棚の下へ引っ込んでしまっているので、今では一般公開エリアからしか姿を見ることができない。夏のあいだ、ニューイングランド水族館の一日の来館者数は平均六千人に上るので、ボストンの通勤ラッシュを乗り越えて開館時間前に到着し、静かにオクタヴィアを見守るため、私は午前五時に起きて車を走らせる。

三階にある人気のカニ展示コーナーの駐車場に車をとめる（九時過ぎに着くと五階のクラゲ展示コーナーのほうに回されてしまう）。水族館に入るときに、インフォメーションデスクにいるスタッフに手を振り、傾斜の急な螺旋スロープを上る。コガタペンギンやケープペンギンやミナミイワトビペンギンでにぎやかなペンギンプールを過ぎ、イタヤラのいるブルーホールを過ぎ、骨のように硬い舌を持つ長くて銀色に輝くアロワナや、ロープのような奇妙なヒレをもつ原始的なハイギョたちがいる古代魚コーナーを過ぎ、マングローブの湿原を過ぎる。吊り下げられているタイセイヨウセミクジラの骨格の下を歩き、足をとめてデンキウナギに挨拶し、しばしマスを眺めてから、メーン湾コーナーに向かう。ここにはショールズ諸島の水槽があって、体長九〇センチあまりの平べったくて、こぶだらけで、海底に生息するアンコウがいる。「太平洋の潮だまり」のすぐ先、コールドマリンギャラリーと淡水ギャラリーに通じる「関係者以外立ち入り禁止」の階段と、ジャイアント・オーシャン・タンクの上部につながるエレベーターの手前まで来ると、私の足取りも胸の鼓動も速くなる――この先の水槽にわが友オクタヴィアがいるのだ。

オクタヴィアは眠っているのか、巣の天井に張りついている。皮膚の質感も色も岩とほとんど区別がつかず、だらりとした頭部と外套膜は逆さまにぶら下がっている。左目は開いているが、瞳孔は髪の毛のように細い。右目は一本の腕の一番太い部分に隠れていてよく見えず、吸盤はこちらに向いているが、途中から裏返しになって見えなくなる。五本の腕の先端は巣の天井と両側から巻きひげのように垂れ下がっている。オクタヴィアのえらは見えず、呼吸している気配もうかがえない。体が動いているのは単に水の流れのせいに見える。

私はオクタヴィアの水槽の前に立ち尽くし、彼女がまぶしくないようにヘッドランプに赤いカバーをして、様子を見守る。こんな早い時間に、オクタヴィアが展示されているコーナーのほの暗い電球が点灯される前に彼女のもとを訪れるのは、私にとっては瞑想のようなものだ。自分の感覚を研ぎ澄まし、暗闇に目を慣らさなくてはならない。これには辛抱強さが必要だ。訓練によって脳を切り替え、何も感知できない状態から、かすかな変化を捉え、突然、大きな変化が一瞬にして起きるかもしれないと認識しなければならない。

今、オクタヴィアは平穏を絵に描いたようで、どこか聖母に似ていると私は思う。前回見たときより大きくなったように見える。頭部と外套膜は家族で行くピクニックに持っていくスイカくらいの大きさだ。一部の腕のあいだの傘膜に何かをそっと抱いている。重そうだというのはわかるが、具体的な中身はわからない。オクタヴィアは、眠っている人間のように、ときおり腕を何本か伸ばす以外、じっとしたままだ。

九時五分、私が到着して七十八分後、オクタヴィアが動きだす。体全体が心臓のように鼓動を始める。えらいっぱいに海水を深く吸い込み、漏斗から噴き出す。体の上に一本の腕をほとんど無意識に移動させる様子は、妊娠中の女性が大きなお腹をさするみたいだ。別の二本の腕をこすり合わせて吸盤を掃除する。そのあいだに、オクタヴィアが守っている宝物の一部が明らかになる。大きさも色もコメ粒のような卵が四十個ばかり、つながって長さ五センチほどの房になっているのが目に飛び込んでくる。巣の天井からぶら下がり、オクタヴィアの腕の一本にまとわりついているさまは、女性の肩を撫でる後れ毛のようだ。これらの卵こそ、さきほど彼女の腕の傘膜のなかに眠っていた秘宝だった。

卵の数は私から見える以上に多い。長さ二〇センチに達している房もある。巣のずっと奥まで五つか六つの房になって積み重なっている。だが今ではオクタヴィアの体もほとんど卵に覆い尽くされている。

オクタヴィアが私たちと交流したがらなくなったのは、これが原因だ。ほかにもっと大事な仕事ができたのだ。卵の世話はメスのタコが生涯を終えるまで続く最後の仕事だ。

産卵が始まったのは六月、私がアフリカに行っている最中だったが、産卵しているところはまだ誰も見ていない。「朝真っ先に行くと、卵が増えているんだ」とビルは言う。ミズダコは普通は夜行性で、産卵のようにデリケートなプロセスはもちろん闇のとばりに守られて行うに越したことはない。オクタヴィアは人知れず巣の天井に這い上がり、小さな涙の形をした卵をひとつずつ漏斗から放出している。卵の細くなった先端には短い索がついている。口に一番近いところにある、とくに小さな吸盤のいくつかを使って、オクタヴィアはタマネギを編むときのように、慎重に三十個から二百個の卵をひとつなぎにしていく。体内の腺からの分泌物を使って、卵の房を巣の天井と左右の壁に固定し、ブドウの房のように吊り下げる。それから次の房、また次の房と吊り下げていく。野生の状態では、ミズダコのメスは約三週間かけて六万七千個から十万個の卵を産む。

オクタヴィアの卵が受精している可能性は非常に低い。タコのメスは活性化していない精子を貯精嚢に何か月も貯蔵し、時期が来たら活性化させて卵に受精させる。しかし、それには、オクタヴィアが捕獲される前にオスと交接していなければならない。オクタヴィアが捕獲されたのは一年以上前だから、当時はまだオスから精莢を受け取るには若すぎただろう。

それでもビルは見るからにオクタヴィアの産んだ卵が誇らしそうだ。産卵はメスのタコの命の終わりが近づいているしるしだが、ビルは悲しんではいない。卵の鎖が新たに現れるたびに、いっそう満足そうな様子を見せる。ビルにとって、産卵の一連のプロセスは完了の象徴なのだ。「アテナのときは早すぎる死に打ちのめされた」とビルは言う。メスのタコの最期にふさわしいのは卵を産むことだ。卵を守り、酸素を送ってやり、きれいにしてやることで、オクタヴィアは自分の母親が全うし、母親の母親が全うし、そのまた母親が全うし……という具合に、何千万年ものあいだ、繰り返されてきた儀式を全うできるだろう。

私の友人のリズはサン人との暮らしを回顧した著書『昔の生活　最古の人類の物語（*The Old Way: A Story of the First People*）』で、進化生物学者リチャード・ドーキンスが最初に考案したイメージを、愛情を込めて喚起している。「あなたのお母さんの隣に立って手をつなぐ。お母さんはお母さんのお母さんと手をつなぎ、お母さんのお母さんはそのまたお母さんと手をつなぐ……」。しまいに列は全長四八〇キロを超えて五百万年前にさかのぼり、祖先たちの握りしめた手はチンパンジーの手にそっくりになる。私はよく空想にふけった。オクタヴィアの腕の一本が伸びて、彼女のお母さんの腕の一本に触れ、お母さんの腕の一本がお母さんのお母さんの腕の一本に触れ、お母さんのお母さんの腕の一本がそのまたお母さんの……。吸盤の並ぶ、しなやかな腕が、時をさかのぼって伸びていく。タコのコーラスラインが何百キロメートルどころか何千キロメートルも伸びていく。ヒトの祖先が樹上生活をやめた新生代を過ぎ、恐竜が地上を支配した中生代を過ぎ、ペルム紀と哺乳類の祖先の台頭を過ぎ、石炭紀の石炭を形成する沼沢林を過ぎ、水中から両生類が出現したデボン紀を過ぎ、植物が最初に陸に根づいたシルル紀を過ぎ――はるばるオルドビス紀まで、翼や膝や肺が登場する前、魚が骨ばった顎を手に入れる前、血液が複数の部屋を持つ心臓からポンプで送り出されるようになる前まで。五億年以上前、今より潮流は速く、一日は短く、一年は長く、大気は二酸化炭素濃度が高すぎて哺乳類も鳥類も呼吸できなかっただろう。地球の大陸はすべて南半球に集まっていた。それでも、オクタヴィアの祖先の敏感で吸盤に覆われたしなやかな腕は、それがタコの腕だと認識できただろう。

野生のタコの場合、ほとんどのメスは一度だけ卵を産み、餌を探すことすらせずに、つきっきりで卵を守る。母ダコは死ぬまで餌を食べない。深海に生息する種はこの断食の記録を持っていて、水深約一六〇〇メートル近いモントレー海底大峡谷の谷底付近で卵を抱いているあいだ、餌をまったく口にしないで四年半生きた。

シアトルでのオクトパス・シンポジウムで、スキューバダイバーのガイ・ベッケンがオリーヴという野生のミズダコについてプレゼンテーションをした。オリーヴはシアトル水族館から一・六キロしか離れていない海域の、コーヴ2と呼ばれる人気ダイビングスポットに棲んでいた。ベッケンは火曜の夜にダイビングを楽しむ地元同好会のメンバーで、仲間とコーヴ2を訪れ、カグラザメやオオカミウオやキンムツのほか、タコにもたびたび遭遇している。二〇〇一年、ベッケンたちは海岸から三〇メートルほどの、桟橋を支える杭のあいだで、彼らがポパイと呼ぶ大きなオスダコにしょっちゅう出くわした。続いて二〇〇二年二月には別のタコが現れ、こちらはメスだった。体重は推定三〇キロ足らず。このメスをベッケンたちはオリーヴと名づけた。

オリーヴはダイバーたちに馴れて、伸ばした腕の吸盤に彼らが手渡すニシンを受け取るまでになった。ところが二月が終わりに近づくころ、オリーヴは巣穴から出なくなった。水中の杭が積み重なっている下、巣穴のふたつある入り口のひとつの真ん前に、二〇センチほどの石を半円形に並べて柵を作った。それでもなかの様子はのぞくことができ、ダイバーたちは二月末、オリーヴが卵を産んでいたことを確認した。

「会いにいくたびに反応が違った」とベッケンは語った。「こちらを受け入れるときもあった。そうかと思えば、明らかに誰にも邪魔されたくなさそうなときもあった」。産卵から一か月間は、オリーヴはダイバーたちが差し出すニシンを受け取っていた。だが「そのうち」ベッケンによれば「ニシンを投げ返すようになった」。

その夏、何百人ものダイバーが、卵の世話をするオリーヴを見にやってきた。みんなオリーヴが吸盤で卵を撫で、漏斗を使って水を吹きつける様子にクギ付けになった。卵を狙うヒマワリヒトデが卵のある巣穴に探りを入れようとするのを追い払うのを目の当たりにした。六月中旬には、卵のなかで赤ちゃんダコの黒い眼点が発達しているのがわかった。「ほら、そこ！　そこだよ！」ベッケンは孵化する前の赤ちゃんダコの発達途上の眼がプロジェクターのスクリーンに映し出されたのを指さしながら、当時の興奮がさめやらない様子で言った。

九月下旬の夜のダイビングで、ベッケンたちはオリーヴの初めての子供たち（パララーバ［擬幼生］と呼ばれる）が孵化するところを目撃した。オリーヴは漏斗を使って、生まれたての、それぞれがせいぜいコメ粒くらいの、小さいけれども完璧なタコである子供たちに水を吹きかけて、卵の外へ、そして巣穴の外へ送り出した。そこから子ダコたちは、絵本『シャーロットのおくりもの』のラストでクモの子たちが気流に乗って空高く舞い上がるように、海流に乗って遠ざかっていく。生き延びて海底に落ちつけるくらいに成長するまで、子供たちは海をさすらうプランクトンの一部となる。プランクトンは食物網の基礎となる無数の小さな動植物の混合で、世界の酸素のほとんどを生み出し、世界を生かしている。

タコの卵の発達は、少なくとも部分的には、温度に左右される。カリフォルニア沖では、ミズダコの卵は普通、四か月で孵化する。水温がより低いアラスカ沖では七、八か月かかる。ワシントン州北西部のピュージェット湾ならたいてい六か月で孵化するが、オリーヴの卵はそれより長くかかり、最後の赤ちゃんが孵ったのは十一月の初めだった。それからほんの数日後、ダイバーたちは巣のすぐそばで、オリーヴが死んでいるのを見つけた。オリーヴの体は幽霊みたいに乳白色で透き通っていて、二匹のヒトデの餌になっていた。

「悲しい光景だった」とベッケンは言った。「見たくないというダイバーもいた。でも彼女が生き、そして死を迎えたこの場所は、その後もずっと『オリーヴの巣穴』と呼ばれている。ここに行けばタコを一匹も見かけないなんてことはまずない。タコを見るたびに」ベッケンは言った。「僕たちはオリーヴが残したものに思いを馳せるんだ」

アメリカ大陸の反対側にある、私たちの水族館では、オクタヴィアはまだビルとウィルソンがトングにはさんで渡す魚を受け取っている。「この分なら、あと数か月は生きるよ」とビルは私に請け合う。

これから数か月のあいだ、私たちはオクタヴィアの最も私的で究極の務めを、野生のタコの場合よりもはるかに間近でつぶさに観察できるだろう。オクタヴィアがかいがいしく世話をしたところで受精していない卵が赤ちゃんに変化するわけではない。それでもオクタヴィアの水槽のまわりでは、別の変化が現れるはずで、それはときにはオクタヴィア自身のおかげだ——そのなかには悲しいものもあれば、不思議なものもあり、オクタヴィアの卵のように、新たな命のかすかな希望を象徴するものもあるだろう。

＊

「まだ力があるぞ」ウィルソンがオクタヴィアに餌のイカを渡しながら、トングを引っ張るオクタヴィアの腕の力を感じて、安心したように言う。「これならまだ当分は大丈夫だ」

一方、カーリーは日に日に大きく、力強く、大胆になっている。アナは早くも両手を排水だめのなかに入れて、漬物樽の穴から突き出しているカーリーの腕の先と触れ合っている。ウィルソンがねじ蓋を開けると、カーリーはすぐさま浮かんできて彼の顔を見る。私たちはみんな手を水に突っ込む。カーリーがふわりと逆さまになり、食欲旺盛にシシャモをあちらの腕でもこちらの腕でも受け取り、吸盤から吸盤へリレーして口に運ぶ。そのあいだも、残りの腕はせわしなく私たちの手と触れ合っている。カーリーの吸盤に包まれていると水風呂に入っているような感じがする。

そうしていられたのはほんの三分ほどで、カーリーが水爆弾を炸裂させる。全員が水しぶきを浴びるが、アナは顔に直撃を食らう。ずぶ濡れだ。凍りつくような海水が黒っぽい髪や鼻の頭からしたたり落ちる。まる一秒の間隔を置いて、アナが声を上げる。「あああっ！」

何が起きたのか、私たちはすぐにはわからなかった。最初はみんな、ずぶ濡れになったことに今ごろ反応しているのかなと思う。しかし、その後、カーリーの腕がハエトリソウのようにアナの左腕に巻きついているのに気づく。慌てて吸盤を引きはがすと、それぞれの吸盤がぽんと大きな音を立ててはがれる。アナはこちらが感心するほど冷静に水槽から後ずさり、左手をチェックする。親指の付け根についたふたつのくぼみは、カーリーの上下のくちばしの跡だ。

マリオンが手伝ってアナは傷口を流しで洗う。皮膚には傷があるが、まだ出血はしていない。でもそれはアナが低血圧だからかもしれない。

アナは痛がっていないし、怖がってもいない。それでも本人以外はみんな心配している。通路で騒ぎを聞きつけて駆け込んできたクリスタの手を借りて、ウィルソンと私はカーリーを樽に戻して蓋を閉めようとする。だが簡単にはいかない。カーリーは蓋が近づいてくるのを見た途端、大急ぎで出ようとして、ビールの泡みたいに浮き上がるのだ。私たちが三人がかりで両手で吸盤をはがすそばから、カーリーの腕が樽の縁と側面をつかむ。私は交流を早々と打ち切るのを申し訳なく思う。カーリーにとっては一日で最も楽しみなひとときに違いなく、おしまいにするのを嫌がっているのは明らかだ。

だが私たちはアナの手当をしなければならない。ほとんど間を置かずに、水族館の救護スタッフがふたり、アナのところにやってくる。アナがかまれたとき、このフロアにいたのだ。アナは今度はぴりぴりしている。彼女としては大ごとにしたくない。騒ぎになるのはごめんだと思っている。何より、カーリーとの交流を禁止されたくないのだ。

救護スタッフは心配顔だ。傷口は小さく、インコのかみ傷よりも軽そうだが、何しろかんだのがタコで、そういうケースは十年近く前にグィネヴィアがビルをかんだきりだ。「ふらふらした感じはありませんか」救護スタッフがアナに尋ねる。ミズダコは人間に対する毒性は最も少ないほうだが、それでも毒を注入された傷は治るまでに何週間もかかる場合がある。おまけに、ミツバチに刺された場合と同じで、人によってはアレルギー反応を引き起こすおそれもある。「焼けるような感じは？」救護スタッフが尋ねる。ないとアナは言う。じきに、カーリーはきつくかんで毒を注入しようとした可能性はあるが、実際には軽くかんだだけだったことがわかった。アナは大丈夫そうだ。

それでもウィルソンはひどくショックを受けている。「カーリーは攻撃的になってる！」と驚いた様子だ。「私は何百回もタコと交流してきた。私の孫娘もわずか三歳でタコと交流したんだ！」なかでもカーリーは、ウィルソンが知るかぎりでは、とりわけ愛らしく外向的なタコで、それまでのどのタコよりもはるかに頻繁に人間と交流してきた。

いったいどうしたのだろう。カーリーはアナの手を魚と間違えたのだろうか。その可能性は低そうだ。私たち人間の化学受容器のない不器用な指でも、人間の皮膚と魚のぬめぬめした鱗の区別はつく。では、カーリーは気まぐれでアナをかんだのだろうか。カーリーが私たちの誰をかんでもおかしくはなかった。みんな樽に手を突っ込んでいたのだから。でもカーリーはアナをかむ直前、漏斗でしかと狙いを定めて、アナの顔めがけて水を浴びせた。かむときもアナを、アナだけを狙った。カーリーはなぜ、アナのように優しくて賢くて愛情深く、動物の扱いにも慣れているティーンエイジャーをかむのか。

ひょっとしたらアナの震えのせいかもしれない。カーリーがダニーに水をかけたときも、ダニーは震えていた。でもそれ以上に考えられるのは、アナが投薬治療を受けていることが影響した可能性だ。アナは数種類の薬を服用していて、担当医が薬を頻繁に変える。おそらくカーリーはそれを味覚で感じ取り、薬が変わって混乱したのではないだろうか。この日はいつものアナとは違う味がしたのかもしれない。実際、アナから聞いた話では、担当医が処方を変えたばかりだという。

私たちはアナは何も悪くないと元気づけようと、早めの昼食をとりに向かう。さまざまな種の生き物にかまれた体験談を披露し合う。アナコンダのキャスリーンは、レントゲン撮影のために彼女を抱きかかえていたスコットをかんだ（爬虫類はみんな冷たい金属製のテーブルに触れるのが好きじゃない）。私は地元のエアロビクス教室の有名人だった。アロワナとかいうアマゾン原産の肉食の魚に手をかまれ、包帯を巻いて現れたからだ。裏で餌を与えているとき、アロワナが水槽の水のなかから跳ね上がってかんだのだ。アナはそれまでにものすごい数の動物にかまれていた——ピラニア（スコットの持続可能な漁業組織とブラジルに出かけた際、釣り針から外そうとしているときにかまれた）、水族館の小型のサメ、さらに意外なところではニワトリなどだ。新たにタコが加わって、アナはむしろ嬉しそうだ。

「かまれるってなんとなくスリルがある」とクリスタは言う。ほとんどの人には当てはまらないかもしれないが、こうして一緒に昼食のテーブルを囲んでいるみんなはクリスタと同じ意見だ。かまれるというのは私的な交流であり、たいてい、とくに相手が海の生き物なら、悪気はない。ホオジロザメが人間を「攻撃」する場合でさえ、探りを入れているのであって、とって食おうというのではないと、みんな思っている。カーリーとアナのケースもその可能性は大いにあるだろう。

淡水ギャラリーの裏に、若いボランティアのひとりが壁に黒いマジックで描いたデンキウナギの絵がある。デンキウナギの頭から稲妻が出ていて、こんな言葉が添えてある。《もう試してみたかい？》もちろん、私も非公開で飼育されているデンキウナギのトール（公開されているほうはミトンズという名前だ）が発する六〇〇ボルトの電流のスリルを自分の皮膚をとおして味わった。トールの頭の後ろの柔らかくてつるつるした部分に故意に触れたのだ（「右手にしとくことです」とスコットから冗談混じりにアドバイスされた。「左手は心臓に近いから」）。指をコンセントに突っ込んだような感じだった。デンキウナギの電気ショックの洗礼を受けることは、会員制高級クラブへの通過儀礼のようなものだ。

なかには魚オタクの空威張りにすぎないものもある。それでも、かまれるケースのほとんどは事故であり、みんな承知しているとおり、ほとんどの事故の原因は怠慢や不注意であって、それは自慢できるようなことではない。だがその一方で、かまれるというのは、ほとんどの人が自然界から遠ざかる一方の時代に、私たちだけが特別に体験できる接触――たとえうまくいかないにしても――の証しのようなものでもある。水族館の住人たちはとらわれの身だが、心は今も野生動物のままだ。魚やタコにかまれるのは、私たちが野生に触れるためなら、ここにいる動物たちに文字どおり身を捧げる（小さな、実際の体の一部であっても）ことを厭わない、それどころか捧げたくてたまらないという証しなのだ。

＊

オクタヴィアが卵を産んだ年の夏、私はいたるところで変化を目にした。タコは変化の達人だ。ある日、私はオクタヴィアがシーツみたいに真っ白になっているのに気づいた――それまでは彼女の体でまだらにしか見たことのない色だった。タコは年を取ってくるにつれ、色をつくる色素胞を制御する筋肉が張りを失うため、白っぽくなっていく。別の日には、右側の三本目の腕R3の先がなくなっていた。前からそうだったのに、私たちはみんなオクタヴィアの常に動いている腕に魅了されていて気づかなかったのだろうか。ダイバーでウィスコンシン大学の医学生であるジュリア・カルパによれば、ミズダコは失った腕の最大三分の一をたった六週間で再生できるという。トカゲの再生した尻尾は決まって元の尻尾より質が落ちるが、タコの再生した腕は新品同様で、神経、筋肉、色素胞、それに完璧なまっさらの吸盤までそろっている。オスの交接に特化した交接腕も再生可能だ（ただしほかの腕より時間がかかると言われている）。

カーリーにもびっくりさせられっぱなしだ。ある日、私たちは自分たちがカーリーに訓練されているのに気づいた。ウィルソンが樽のねじ蓋を開ける際、クリスタ、マリオン、アナがウィルソンと私に加わった。カーリーはもう上に来ていて、体を赤褐色にして、好奇心に満ちた生き生きとした目を私たちに向けていた。蓋が開いた瞬間、腕が二本、三本、五本、続いて体全体がうねるようにして樽から出てくる。吸盤は私たちや届く範囲にあるあらゆるものをしきりにつかもうとする。私たちはカーリーの吸盤を樽の外側からそっと離し、彼女が逃げようとするのではなく、私たちと遊ぶことに満足してくれればいいと思う。カーリーはねじれた腕でしばらく私たちの手を探るが、すぐに沈んでひらりと逆さまになり、自分の思いどおりにならないときに地べたに寝転がってかんしゃくを起こしている子供みたいだ。やがてカーリーはまず吸盤から浮き上がってきて、しばらく上部に浮かんでいる――それから、逆さになった傘を開くように体を広げる。漏斗が振れて私たちに狙いを定めるのに気づいたときには、カーリーはすでに放水していた。

私も含めた女性陣はズボンと靴が濡れたが、全身に水を浴びたのはウィルソンだけ――カーリーが一番好きな人、たいてい毎日真っ先に魚を手渡してくれる人だった。「標的は私だったらしい」ウィルソンが顔から水滴をしたたらせながら言った。「この分じゃ、とんだお転婆娘になりそうだな！」

今度はカーリーはどうして水をかけたのだろう。探検したいのに樽に押し戻されて、むっとしたのだろうか。それとも遊びでやったのだろうか。

理由はほかにあるという気がした。彼女はシシャモを手に入れようとして私たちに銃を、水鉄砲を突きつけているのではないだろうか。「魚が欲しいんじゃない？」と私は言った。「真っ先に魚が欲しいんじゃないかしら」

魚の載った皿はカーリーのいる樽からタコの腕が届く距離にあり、ウィルソンはシシャモをつかんだ。彼はそれをカーリーの腕に並ぶ吸盤のひとつに手渡した。続いてクリスタが二匹目を、別の腕の柔らかで白い吸盤に置いた。途端にカーリーは珍しいくらい静かになった。水面に逆さまになって、腕を広げ、普段は見えない光沢のある黒いくちばしを見せている。ウィルソンでさえ、生きているタコのくちばしを見るのはこれが初めてだった。カーリーが普段は腕の付け根の内側に隠れていて、まさか私たちに見せるとは思わなかった部分を見せた、ごく親しい者同士だけが信頼で結ばれたひとときだった。一匹目の魚が吸盤から吸盤へ、尻尾から先に運ばれていく。体長七、八センチのシシャモが十秒で消えた。二匹目はもう少しゆっくりしたペースだ。カーリーのくちばしがかみ合わさるたびに、シシャモのピンク色をした内臓が押し潰されて出てくるが、やがてシシャモはゆっくりと飲み込まれていく……銀色の目、続いて頭全体が見えなくなった。

そんなことがあってからは、カーリーに会うときはいつも真っ先に魚かイカを与えるようになった。その夏、放水はぴたりと止まった。

最近は私たちのほかにも大ぜいの人たちがカーリーに会いに来る――ひょっとしたら多すぎるんじゃないかと、ウィルソンは気にしている。カーリーには刺激が多すぎるのではないかと心配して、樽の蓋を閉める。

こういうとき、カーリーの餌やりが終わり、オクタヴィアの水槽の前は混雑していて彼女の姿が見えず、コールドマリンギャラリーでも淡水ギャラリーでも急ぎの用がないとき、アナとクリスタと私は、繁華街でウィンドーショッピングでもするように、水族館《りゅう》のほかの水槽を見て回る。といっても私たちにとっては、どの水槽もむしろ「十字架の道行の留」、祈りを捧げる場所に近い。ここで私たちは海のすばらしさと不思議さに繰り返し浄化され、洗礼を受けるのだ。

オクタヴィアの水槽からふたつめの水槽では、真珠やダイヤモンドをちりばめた長さ一八メートルに及ぶ極薄の紗のベールが水面近くに浮かび、その下に体長九〇センチあまりのアンコウがいる。色といい質感といい海底のヘドロみたいな動物で、大きな口に長くて鋭い歯が後ろ向きにそっくり返って生えている。ベールはアンコウの体から出ていた。ダイヤモンドに見えるのは気泡で、真珠に見えるのはアンコウの卵だ。こんなに繊細で清らかで、どんなウエディングドレスの長い裾よりも美しいものが、およそ似つかわしくない生き物から生まれるのだ。スーザン・ボイルの天使のような歌声を私は思い出す。野暮ったい四十七歳の無職の女性が、二〇〇九年に「ブリテンズ・ゴット・タレント」の舞台に初めて登場し、すばらしい歌声で世界をあっと言わせたのだ。

ビルはこのアンコウを九年前から知っていて、妊娠していることも知っていた。ビルはこの週末、ティーンエイジャーのグループを引率してキャンプ旅行に出かけた。長くて大変な週末だった。それなのに日曜の夜、妊娠中のアンコウの様子を見に来たという。「神経質になっていたんだ」ビルは私たちに言う。「とにかく彼女は大きいからね」。先代のアンコウは今のアンコウの二倍の大きさに成長し、カナダのケベックにあるより大きな水槽に運ばなければならなかった。卵用のベールを生み出した結果、アンコウは卵巣脱になり、外科手術が必要になった。翌年、人間の逆子のように、卵用のベールが体内に詰まり、獣医が二度目の手術を行って摘出した。その次の年、アンコウは三度目の卵用ベールを生み、獣医が卵巣を摘出した。タフな高齢のアンコウは三度の手術を無事に生き延びたが、この若いアンコウはそんなつらい目に遭わせたくないとビルは思っていた。

「彼女はとても居心地が悪そうだった」とビルは言った。「バスケットボールでも飲み込んだみたいに見えた。底で休むことさえできなかった」。前の晩にもう一度様子を見に来たとき、ビルはほっとした――夜空に浮かぶ天の川のように、黒っぽく見える水のなかに卵が浮かんでいたからだ。オクタヴィアの卵と同じで、これらの卵も孵化することはない。それでも、卵の思いがけない出所や息を呑むような美しさは損なわれはしない。

いたるところで、ありえない変化が私たちの目の前で展開する。リーフィーシードラゴンの水槽ではオスが出産し、赤ちゃんはオポッサムのようなお腹の袋から飛び出してくる。ジャイアント・オーシャン・タンクのサンゴのあいだでは、クギベラという種の魚が黒か褐色のメスとして生まれ、その後オスに変わる。最もありふれた海の生き物も驚異に満ちている。たとえばクラゲ。その多くはここで生まれる。卵子と精子から、最初はプランクトン、それからポリプという茶色の塊になって岩や埠頭にくっつく。最初は靴底にくっついている泥か何かのように見えるが、成長するにつれて天使よりも美しい姿になる。

「海では、ありえないことなんてないみたい」ある日、エイやカメたちがGOTで私たちの前を通り過ぎていくのを、クリスタとアナと一緒に眺めながら、私は言う。

「私たちも彼らと一緒にあっち側にいたいと思わない？」クリスタが言う。

「私たちも本物の海で彼らと一緒にいたいと思わない？」アナが言う。

「じゃあ、そうしましょうよ！」私は提案する。「この夏はどう？　みんなでスキューバダイビングのレッスンを受けましょうよ！」

私たちは行きつけの店のひとつ、ホセ・マッキンタイアズというメキシコ料理とアイルランド料理を組み合わせた店で昼食をとりながら、自分たちの計画をスコットとウィルソンに打ち明けた。すばらしいアイディアじゃないかとスコットは言った。スコットの仕事にはスキューバダイビングによる調査収集旅行も含まれている。その一例が西インド諸島での調査収集活動だった。標準的な安全手順では単独でのダイビングは禁じられているので、スコットは夜明け前に活動を始める生物を調査する研究者と組む約束をしていた。「でも、ほとんどみんなが夜遅くまで外出してどんちゃん騒ぎしていた」とスコットは振り返る。スコットのパートナーは優秀なダイバーで、モニタリングの必要はなかった。それでもスコットは約束どおり彼に付き添って、毎朝四時半にダイビングスポットへ向かった。ふたりは水深二・四メートルの水中洞窟のアーチの下で作業をした。スコットは疲れ果てながらも、エアタンクを背負い、レギュレーターのマウスピースをくわえ、自分の浮力調整装置（BCD）ジャケットを膨らませ、アーチの下のノウサンゴのあいだに陣取って――二時間眠った。それからバディに起こされて一緒にホテルに戻るのだった。「でも夜に」とスコットは続ける。「ベッドで目が覚めて、自分がどこにいるのかわからなくなって、レギュレーターを探して転げ回りましたよ」

ダイビング中に咳やくしゃみをしたくなったら、どうすればいいのかと、私は質問した。「大丈夫。レッスンでは水中での正しい嘔吐の仕方まで教えてくれます」という返事が返ってきた。パーティーをしていた来館者がお金を払って特別許可を得てＧＯＴでダイビングを楽しんだ際に、実際にあった話らしい。

「あらら」クリスタが言った。「いったい何を……？」

「ここのレストランのタコス」とスコットが答えた。

*

オクタヴィアの腕の一本は体の下にある。別の一本は大きな二十八個の吸盤（なかには直径二・五センチを越えるものもある）で、巣の岩の天井にくっついている。さらに別の一本は吸盤で壁にくっついている。オクタヴィアの腕と腕のあいだの皮膚は優美なひだのように垂れ下がっている。午前八時二十五分、オクタヴィアの腕は、私から一番遠い卵のひと房をせっせと撫で始める。ブラインドやカーテンに掃除機をかけている女性の姿が浮かぶようなかいがいしさだ。二分ほどそうしてから、オクタヴィアは向きを変えて漏斗で卵に水をかける。当然のことながら、卵は真っ白なままだ。オクタヴィアはどうして、しっかりとくっついている卵の鎖を断ち切らずにいられるのだろう。

柔らかな光がオクタヴィアのいる展示コーナーに差し込む。スタッフは来館者を迎える準備をしている。オクタヴィアがえらに水を吸い込むにつれ、オクタヴィアの体は大きくなり、外套膜がピンクレディスリッパというランの花のように広がる。私は彼女の呼吸の秒数を数える。十六秒。十七秒。十五秒。腕の一本が巻きひげの形から結び目の形に変化する。その結び目がまたほどけて、人間がいたずら書きしたような、ぞんざいな形の、輪が三つあるコルク栓抜きみたいになる。

オクタヴィアがひとつ大きく、三秒かけて息を吸い、彼女の全身が膨れ上がる。一本の腕だけが動いている。左の正面の腕がやはりオクタヴィアの展示コーナーの裏で卵をきれいにしている。

九時十分、その日初めて幼児の甲高い声が聞こえてくる。オクタヴィアと私だけで過ごすすばらしい時間はそろそろおしまいだ。それでも、オクタヴィアの水槽のそばで過ごすこれからの一時間も、別の理由でやはりかけがえのない時間だ。押し合いへし合いする子供と大人の陰になって、オクタヴィアの姿が私にはよく見えないことも多いけれど、押し寄せてくる感情や記憶に浸り、タコに関する来館者の誤解に耳を澄ますことができる。

「あそこにタコがいる！」若い女性が叫ぶ。

「きれいだね！」あごひげを生やした連れの男性が言う。

「気味が悪いけど、きれいね！」カップルの後ろにいる背の高い女性が言う。

「あれってタコ？」幼い男の子がオクタヴィアの水槽の底を指さして尋ねる。

「いいや、あれはイソギンチャクだよ」男の子の父親が言う。

「それってタコの敵？」男の子が心配そうに訊く。

私は展示コーナーのオクタヴィアを指さし、卵があることを男の子に教える。男の子は「わあ！」と言って、こう宣言する。「僕は科学者で、動物保護官で、海洋探検家なんだ！」そう言って海を救うために駆けだしていく男の子を、両親が追いかける。

九時二十分、私は三人の親子連れに囲まれる。「あー！　タコだって！」母親が水槽のそばのプレートを読んで言う。でもオクタヴィアがどこにいるのかわからず、私がオクタヴィアのいるところを指さし、卵があるのを教える。三人はとても興奮している。「赤ちゃんが生まれるの？」八歳くらいの男の子は好奇心旺盛に訊いてくる。いいえ、と私は答え、理由を説明する――お父さんがいないから、赤ちゃんは生まれないの。「卵だけ。メンドリはオンドリがいなくても卵を産むでしょう。それと同じよ」

これを聞いて男の子はがっかりしたようだ。「オスがいなくちゃ駄目！」と叫ぶ。父親も同じ意見だ。「オスのタコを空輸して協力させることはできないんですか」と提案する。確かにロマンチックなアイディアだけれど、タコは共食いするので、水族館の閉ざされた環境でブラインドデートを行えば、うまくいかなかったときに逃げ場がなく、野生の状態よりも捕らわれている状況ではるかにリスクが高いのだと、私は一家に説明した。

「卵にとにかく受精させるというわけにはいかないのかしら」と母親が訊く。

魚と違ってタコの卵は産卵前に受精していなければならない。その場合、卵が孵化した場合にどうすべきかという問題がある、と私は指摘する。「赤ちゃんダコが十万匹孵化したら、どうします？」

「よその水族館に売ればいい！」この父親は間違いなく起業家タイプだ。

家族全員がしきりに、ほとんど必死に、オクタヴィアの卵が孵化することを願っているようだった。自宅の冷蔵庫には孵らないニワトリの卵が一ケースあるはずだが、それについては、そこまで悲しい気持ちにはならないらしい。母親であるメンドリの姿は見当たらないからだ。一方、オクタヴィアのほうは彼らの目の前にいる。オクタヴィアの卵が孵ることを願う彼らの気持ちには優しさがある。幸せな家族なのだろう。オクタヴィアにも幸せになってほしいと思っても不思議はない。

　私たちから一番遠くにあるオクタヴィアの腕が卵をふわりと浮き上がらせる。オクタヴィアは吸盤にしわを寄せて掃除し、ひょいと逆さまになる。それから元に戻る。二本の「角」――実際は柔らかい乳頭――が両目の上に出てくる。

「げーっ！　きっと触ったら気持ち悪いよ！」十代の女の子が言う。彼女も含めて三人で来ていて、みんなタイトなジーンズにショートジャケット、ばっちりアイメイクをしている。私は気持ち悪いと言った子に向き合う。彼女は若々しい顔を嫌悪感にゆがめている。「でも見て」私は言う。「卵があるでしょ？」オクタヴィアの巣の天井から白い球体がぶら下がって森のようになっているのを指さす。「あれはみんな卵。何千個もあるのよ！　それを全部、彼女がかいがいしく世話をしているの」

「うっそー！」最初に口を開いた子が言う。「すっごーい！」友だちのひとりが言う。彼女たちの表情が和らぐ。不快そうにゆがんでいた口が今はかすかに開き、目は輝いている。「でしょ――ほら、腕を使って卵を浮かせてる。ああやって卵を清潔に保って酸素を送ってるの」

「おー！」女の子たちは子犬でも見ているように優しくささやく。一分前はオクタヴィアは怪物だった。今はお母さんだから魅力を感じるのだ。

「卵はいつ孵るの？」女の子たちが訊く。

　私は首を左右に振って、卵は孵らないのだと説明する。ひとりの目に涙が光るのが見える。

私はタコについて彼女たちが興味を持ち、感銘を受けそうな事実をいくつか話す。オクタヴィアの毒、くちばし、擬態について話をするが、女の子たちはしだいに無口になり、若々しい顔から表情が消えていく。飽きてきたらしい。

そのとき、オクタヴィアが一本の腕の先を外套腔のなかに入れる。「かゆいのかも」と私は言う。女の子たちの表情が再び緩む。「かもね」ひとりが言い、三人で楽しそうに笑う。

彼女たちが聞きたいのは、オクタヴィアが私たち人間と違うところではない。私たちと同じところを知りたがっている。かゆいときの気持ちは彼女たちもわかる。母親の気持ちも想像できる。この短い出会いが彼女たちを変えた。今ではタコに感情移入できる。

三人は携帯電話で写真を撮る。帰り際、私にお礼を言う。「あの小さいママの面倒をみてあげてね」と、少女たちのひとりが優しく私に言った。

＊

八月に入った。ニューイングランドの海が冷たくなりすぎたり荒れすぎたりしないうちに、そろそろダイビングの件を本気で考えなければ。アナは失神の発作が治まるまで、ダイビングに挑戦するのは危険すぎるだろう。となるとクリスタと私だけだ。スコットのお勧めのダイビングショップ、ボストン郊外のサマービルにあるユナイテッド・ダイバーズに行き、受講登録をして、午後六時十五分に水族館に戻ると、優秀な青年ボランティアを表彰する毎年恒例のパーティー「ティーン・アプリシエーション・ナイト」の真っ最中だった。おしゃべりに花を咲かせているティーンエイジャーと親たちのあいだを縫うようにしてオクタヴィアの水槽に向かう。オクタヴィアの体は膨れ上がっており、皮膚は普段と違って襞や皺はなく、とげやいぼのようなものもなく、空気が入った風船のようにつるんとしている。

これはどう見てもおかしい、これではまるで巨大な腫瘍か、病気で腫れ上がった内臓じゃないの、と私は思った。オクタヴィアのえらも漏斗も目も見えないので、よけいに気がかりだ。オクタヴィアは犬や猫が苦しいときによくやるように、顔を壁側に向けている。ぶら下がっている一本の腕の一部分を除いて、吸盤もすべて内側を向いていて、卵か巣穴の壁にくっついている。体色は私のヘッドランプに照らされて淡いピンク色に見え、ところどころ栗色のすじがついていて、高齢の女性の脚に毛細血管がクモの巣状に浮き出ているのに似ている。腕のあいだの傘膜は灰色に見える。

私は心配のあまりパニックになる。こんなオクタヴィアを見るのは初めてだ。もうすぐ死んでしまうのだろうか。誰かと話をしようにも、誰にもどうしようもない。メスダコは産卵して数か月以内に死ぬ。それは誰にもとめようがない。

それでも私は友だちが死ぬのを見たくはない。

突然、ウィルソンが私の横に立っている。私の祈りに応えるかのように。ウィルソンの孫娘のソフィーが今夜表彰される青年ボランティアのひとりなのだという。ウィルソンは私がここにいるとは思っていなかった。オクタヴィアの様子を見にきたのだった。

「ひどく妙だな」ウィルソンはそう言って心配そうにオクタヴィアを見ている。「ああいう皮膚の状態は見たことがない。だが、いいかい、君はいずれ最期を見届けることになるんだ。これがそうだとしたら、どうする?」

私の悩みでウィルソンに負担をかけたくはない。何しろウィルソンは奥さんのことで同じ問題に直面しているのだ。奥さんの病状は痛ましく、かつ不可解な状態が続いている。

ウィルソンと私は立ったまま、黙ってオクタヴィアを見守る。オクタヴィアは何か考えているのだろうか。考えているとしたら、何を考えているのか、私に理解できるだろうか。それぞれ別個の、神聖で不可思議で私的な心のなかで、何が起きているのか。自分以外の誰かの内的な体験を知ることなどできるのだろうか。

学習、注意、記憶、認識——これらはどれも測定可能で、比較的理解しやすく、研究もしやすい。しかし意識は、オーストラリアの哲学者デヴィッド・チャーマーズによれば、「難題」だ。それぞれの内なる自己のごくプライベートなものだから。ほかの哲学者は自己なんて根拠のない考えではないかと示唆する。「科学に内なる自己なんて必要ないのだが」と心理学者のスーザン・ブラックモアは書いている。「ほとんどの人は私たちが内なる自己も持っていると思い込んでいる」「自己というのは、つかの間の印象であって、何かを体験するたびに生じては再び消えていく……。内なる自己などない」とブラックモアは主張する。「複数の並行したプロセスがあって、それが害のない内なる妄想——有益なフィクションを生むだけだ」。彼女に言わせれば、意識そのものがフィクションだ。

ブッダは永続する自己の存在を認めようとしなかった。一生を終えるとき、塩が海に溶けるように、自己は永遠に溶けていくのかもしれない。それをつらいと思う人もいるだろう。でも孤独な自己を手放して永遠の海の一部になるのも、神秘主義者が約束するように解放、悟りになり得る。

＊

午後七時五分、オクタヴィアの腕の一本が動きだし、展示窓に一番近い卵をゆっくり撫でている。まだ膨れていて、顔を壁のほうに向けているので、息をしている様子は私たちからは見えない。腕の一本は吸盤一個だけで巣穴の天井にくっついていて、一本の釘に吊り下げられている蚊帳のようだ。

七時二十五分、オクタヴィアの体に乳頭が現れる。でも、まばらで高さもない。皮膚は相変わらず、ウィルソンも私も見たことがないくらい、つるんとしている。

その後、七時四十分に、オクタヴィアの片目が見え、スリット状の瞳孔が見える。ウィルソンと私は息をのむ。いぼ状の突起がオクタヴィアの体と頭部から高く突き出す。オクタヴィアは一本の腕をえらのなかに入れる。ほかの腕も勢いよく動き始める。オクタヴィアが私たちのほうに向き直る。その際に卵が露わになる――何千とある！

どうやらオクタヴィアは昏睡状態を脱したようだ。急に腕をぐるぐる回転させ、白い吸盤がくるくる回る様子はカンカンを踊る女性たちのフリルたっぷりのペチコートを思わせる。漏斗から力強く水を噴射し、台風並みの大くしゃみをする。出てくるのはありとあらゆる白い繊維質。いったいなんだろう。排泄物だろうか。えらに詰まっていたヘドロか何かだろうか。今度はオクタヴィアは卵をきれいにするため、吸盤でしきりに撫でている。

危機は過ぎ去り、ウィルソンは孫娘のところに戻っていく。八時十五分、オクタヴィアは傘膜を広げて毛布のように卵にかぶせ、逆さにぶら下がっていて、健康そのものの母ダコに見える。もう見える卵は数個だけになり、黒い糸でつながれた小粒真珠の首飾りのようだ。八時二十分、オクタヴィアは眠りについたようだ。私もじきに眠りにつく。今夜はこの先のホテルに泊まるつもりだ。明日の朝、スタッフが水族館に入れる時間になり次第、オクタヴィアに会いたいから。

翌朝七時に再びオクタヴィアのところに行くと、オクタヴィアはとげだらけになっている。きのうとは様子がまるで違う。自分で自分をリフォームしてしまった。黒っぽい斑点をつけて、まばゆいばかりに美しく、絵に描いたように健康なタコ、かいがいしく子育てをする母親そのものだ。人間の母親が公園でベンチに腰を下ろしてベビーカーをそっと揺らすように、窓に一番近い卵の房を一本の腕で優しく揺らす。それ以外の、私からは見えない腕で、私からは見えない卵に、いったいどんなことをしているのだろう。まだ展示コーナーの照明はついていない。もしもヘッドランプがなかったら、オクタヴィアの姿はまったく見えないだろう。

「朝ここに来るたびに緊張しちゃう」私の横で声がする。見たことのないインターンだ。「来てみて水槽の底で死んでたらどうしよう、って」。彼女はビルに代わって週に一度、朝一番にオクタヴィアの水槽を掃除していて、卵が縮んでいるのに気づいたという。オクタヴィアの展示コーナーの底に敷かれた砂利の上に落ちている卵もある。オクタヴィアがこれに気づいているのか、彼女がそれを気にしているのか、私たちにはわからない。

　ここで働いている人間はみんな、オクタヴィアの卵をめぐる嬉しくも悲しい知らせを知っている。スタッフもボランティアも一様に、特別な愛情の込もったまなざしをオクタヴィアに向けるようになった。

「彼女、私たちのことをわかってると思う？」オクタヴィアの水槽のガラスを毎朝拭いている清掃係の女性が言う。「私たちがここにいるのをわかってるのかしら」

「ええ、わかってると思う」と私は答える。「でも、どのくらい気にしてるかはわからない。今は卵があるから。あなたはどう思う？」

「私たちに気づいてると思うわ。とても頭がいいもの」と清掃係の女性は言う。「こっちが毎日あいるなと思うと、向こうもああ来たなと思ってる気がする。なぜかはうまく説明できないけど」

　オクタヴィアの隠れていないほうの目は、以前の銀色から銅色に変わっていて、私たちに向けられている。実際に私たちを見ているのか、それとも、物思いにふける人間のように虚空を見つめているのかはわからない。健康そうでしっかりしているように見えるが、一種の仮死状態のようだ。呼吸の間隔は二十秒、二十四秒、十五秒、十八秒。新米ママが赤ちゃんに夢中になるように、オクタヴィアも卵のことで頭がいっぱいなのだろうか。私のまわりでも、社交好きだった友人が、子供が生まれたら変わったケースが少なくない。二時間のコンサートでもじっとしているのは苦手だった人が、おっぱいを吸って、眠って、泣いて、という赤ちゃんに毎日つきっきりで世話を焼くようになる。人間の場合は出産に伴うホルモンの変化（オキシトシン、通称「抱擁ホルモン」の大量分泌など）が、こうした変化にひと役買っている。オクタヴィアの場合も、同様のホルモンが引き金になって、かいがいしいお母さんに変わったのかもしれない。実際、タコにはオキシトシンそっくりのホルモンがあり、研究者がセファロトシンと名づけたほどだ。

「タコで探していたホルモンは全部見つけた」とシアトルで会ったときにジェニファーは言っていた。オクトパス・シンポジウムで発表された論文に、シアトル水族館の研究チームが、タコのメスについては女性ホルモンのエストロゲンとプロゲステロン、オスについては男性ホルモンのテストステロン、さらにメスとオスの両方でストレスホルモンのコルチコステロンを発見した経緯が詳しく紹介されている。メスダコは産卵できる年齢になってオスに出会うとエストロゲンの濃度が急上昇する。オスのテストステロンの濃度も上昇する。

ホルモンと神経伝達物質（ヒトの欲望や不安や愛情や喜びや悲しみに関連する化学物質）は「種を超えて一定に保たれている」とジェニファーは言った。つまり、人間やサルであれ、鳥やカメであれ、タコや二枚貝であれ、最も深く感じる感情に伴う生理学的な変化は変わらないらしい。脳のないホタテガイでさえ、捕食者が近づくと、あなたや私が強盗に出くわしたときと同じように、小さな心臓の鼓動が早くなる。

「うえっ！　タコだ――気持ち悪い！」六歳くらいの男の子が私の後ろで声を上げる。すると私の横で別の声がする。「私にはきょうは特別きれいに見える」。アナだ。

「前はよく、ものすごく朝早くここに来て、彼女の水槽の前にいられるだけいいた」。男の子がいなくなったあとでアナは言った。「親友が自殺したあとの話」

「まあ、アナ」私はささやき声で言った。「なんてこと」

「彼女はすごくうまくいってた。友だちもたくさんいて。彼女か私のどちらかが自殺を図るとしたら、それは私で彼女じゃないって、みんな言ったはず」とアナは話し続ける。

アナはしょっちゅう体調不良に悩まされている。首すじをイモムシが這っているような不快感に続いて、激しい偏頭痛が起きる。夜眠れない。なかなか集中できないことが多く、自分はばかだと感じている。自閉症スペクトラム障害の人たちにありがちな問題ばかりだ。そのうえ思春期のホルモンの乱れも重なれば、耐えられない気持ちになってもおかしくない。

一緒にオクタヴィアを見守りながら、アナは私に打ち明けた。親友が自殺する前、自分も自殺を図ったのだ、と。

私は驚いてアナのほうを向き、オクタヴィアのほうを指さした。「これを置いていくっていうの？」

「そのころはまだここに関わってなかったから」アナは言う。「あのころ知ってたらよかったのに。海はまだ五％しか探査されてないんだって……」

アナの声がしだいに消えていくが、彼女が考えているのが私にはわかる。この事実の大切さを親友に伝えられてさえいれば、何もかもが違っていたかもしれない。この広く豊かな青い世界からいなくなりたいなんて、誰が思うだろう。海はすべての悲しみを洗い流し、すべての傷を癒し、すべての魂をよみがえらせることができるのだ。

アナの場合はそのとおりといっていい。その日の深夜二時半にアナから届いたeメールには、さらに詳しいいきさつが書かれていた。

「親友はシャイラという名前だった。私、日曜の夜にシャイラと会ったの」。でも翌朝、アナは胸騒ぎがした。前の晩、シャイラはアナにはボーイフレンドのところに泊まると言っていた。アナの両親には家に帰ると話していた。自分の両親にはアナのところに泊まると告げていた。だがシャイラはそのどこにも泊まらなかった。月曜の朝になっても家に帰らなかった。

月曜日アナのところにはときおり電話がかかってきて、新しい情報が入ってきた。アマゾン原産のナマズのモンティに餌をやっているとき、携帯電話が鳴った。シャイラのお姉さんからで、やはりボーイフレンドの家には行っていなかったという。「ちょうどそのときアロワナにかまれたの。でもナマズはおとなしく撫でさせてくれた。私は泣いてた」

とても仕事は手につかなかったので、アナのお母さんが車で水族館に迎えにきた。車のなかでシャイラのお姉さんから電話で、遺書を見つけたと知らされた。シャイラの遺体はアナの家から歩いて十分の小さな池で発見された。シャイラはその池に身を投げたのだ。

アナはスコットとデイヴに電話をかけ、次の日はボランティアを休むと告げたが、ふたりからは同じ言葉が返ってきた。ボランティアに来ることで気が楽になるならおいで、と。だからアナは行った。その次の日も。その週の水曜日、コールドマリンギャラリーでボランティアをしているとき、デイヴからオクタヴィアと遊んでみるかと言われた。「そのころには」アナは私へのメールに書いている。「オクタヴィアともう数え切れないくらい触れ合っていたから、彼女とは知り合いみたいな気がしてた。オクタヴィアはたぶん何か変だと感じたんだと思う。普段よりずっと優しくて、触手で私の肩に触れたの。どうして彼女がわかってたと思うのか、うまく説明できないけど……。動物と何度も交流すると、普段どんな行動をするか、状況が変わるとどう行動するか、わかるようになるでしょ」

「気づいたんだけど、私、彼女のそばにいるときのほうが感情を表に出してる」とアナは書いていた。「悲しいときは震えがひどくなる。両腕に力が入らなくなって、体温が下がる。彼女が出てくると、もう息を詰めてなくていいんだって気がして。泣いていても泣くのをやめる。だってタコが私に触れてるんだもの」

五月のその週、アナはシャイラのお葬式の日以外、一日も休まず水族館でボランティアをし、その月の最優秀ボランティアに選ばれた。

水族館で過ごす時間以外は、その学年度はつらいものになった。苦痛を紛らそうとしてドラッグを使うこともあった。でも水族館では絶対に使わなかった。ボランティアに来る前の晩にドラッグを使おうとさえ思わなかった。「水族館にいられさえすればよかったから」だという。「人生最悪の夏。でも水族館での日々は人生最良の日々。私、学んだんだ」アナは同じ年頃の若者たちをはるかに上回る賢明さをのぞかせる。「幸せと悲しみは両立しないわけじゃないって」

これはまさに私たちがオクタヴィアを見守りながら感じる気持ちを言い表している。私たちの異質な、無脊椎の友が、生涯最後に、孵るはずもない卵を辛抱強く優しく世話している姿に、私たちは心を痛めると同時にまぶしさも感じている。

『秘密の花園』で著者のフランシス・ホジソン・バーネットは、卵の美しさと荘厳さについて次のように書いている。「卵がひとつでも持ち去られたり傷つけられたりすれば、世界はぐるぐる回りながら宇宙を突っ切って一巻の終わりだ。それを心の底からわかっていない人間が花園にひとりでもいたら、輝くばかりの春の空気に包まれていても、幸せなんてひとかけらもありえない」。卵は間違いなく初めて愛する相手であり、自分が産んだ卵を守ることは間違いなく愛情の最初の衝動だったのだ。愛情はそれほど古くから存在し、それほど純粋で、それほど持続するものだ。何十億もの種、何百万年もの歳月を生き延びてきた。賢人たちが愛は不滅だというのも不思議ではない。

アナはこの真実をよく心得ている。オクタヴィアが孵ることのない卵の世話をしているように、アナは若くして逝った友人の墓参りをする。墓地に持って行く特別な、美しい石を探すという。アナは知っている。最後まで残るのは愛であり、死をもってしても愛を消すことはできないことを。

オクタヴィアの卵は孵ることはないけれど、オクタヴィアがかいがいしく、優しく世話をしていることに、私たちは感謝の気持ちでいっぱいになる。オクタヴィアが死ぬとき、それは愛情に満ちた行為の最中だろうから。成熟したメスのタコだけが、短くも不思議な一生の終わりに、愛することができる。

＊

八月末、オクタヴィアは相変わらず活発で力強い。ビルの話では、前日、オクタヴィアと同じ水槽にいるイソギンチャクとヒトデに餌をやっていたら、オクタヴィアが腕を伸ばしてきて、イソギンチャクやヒトデの触手からシシャモを猛然とひったくって食べてしまったという。「あの分なら、まだまだ生きられそうだ」とビルは言う。「それもあってカーリーに何か別のことを用意したいんだ」

カーリーは、ウィルソンの言葉を借りれば「暴れている」。最初は水をかけた。次にアナをかんだ。それから魚をくれないと水をかけると言わんばかりの態度をとるようになった。このところ奇妙な行動が目立つ。樽の蓋を開けると水面に浮かんでくるが、そこでじっとしてはいない。また底に沈んでいき、そこから私たちを見つめている。気にならないかとビルに訊いてみた。「今のところはまだ」とビルは言う。

ウィルソンと私が訪れるときもまったく同じだ。カーリーは外套を膨らませ、腕のあいだの傘膜を風をはらんだ帆のようにして、水面に浮かんでくる。しかし以前のように下側を私たちに見せてシシャモをねだったりはしない。ウィルソンがカーリーの腕の一本――左から二番目のL２と呼ばれる腕――をひっくり返し、吸盤が上を向くようにする。餌の魚を渡すと、カーリーはそれを受け取るように見える。でも、以前のように私たちの見ている前で食べるのではなく、底に沈んでいく。もらった魚も落とす。そしておかしなことに、私たちのことを見てはいたいけれど触れ合いたくはないようだ。ウィルソンが樽の蓋を閉める。

その日の午後、ウィルソンとクリスタと私がカーリーのところに行くと、カーリーは樽の上部にいて、蓋が開いたときには私たちを待っていた。三〇秒ばかり私たちの手に吸盤で吸いつく。吸盤が私の親指の絆創膏に触れると、これは初めてだと気づいたようで、一瞬ためらってから、おずおずと触れてくる。絆創膏の接着剤はカーリーにはどんな味がするだろう、と私は思う。

カーリーはすぐに私たちを解放する。彼女が樽の底に沈んでいくのを見ながら、私の心も沈んでいく。カーリーは病気なのだろうか。人間なんて飽きるほどたくさん会ってしまったのだろうか。狭くて何もない樽のなかで絶望しているのだろうか。もう私たちのことなんてどうでもいいのだろうか。

ところが、私がビルと話そうとして樽から遠ざかった瞬間、カーリーはすぐさま浮き上がってきて真っ赤になる。私を探しているのだろうか。ウィルソンが私を呼び戻す。私がカーリーの頭を撫でると、彼女は何分間も私と一緒に過ごしてから、再び樽の底に沈む。そこから謎めいたまなざしで、私たちをじっと見上げている。

ウィルソンは心配していた。その日、私が帰ったあとでウィルソンはビルと話し合った。

「カーリーの場合、人間と接触する回数がほかのタコを大幅に上回っている。私の言いたいことがわかるか、ビル？」

「もちろん」

「先週は私たちが着くころにはもう人だかりができていた。見に来る人間が多すぎると思う」

ビルも同じ意見だった。彼も前々からウィルソンと同じことを考えていた。ジェニファーのものも含めて、研究によれば、野生のタコは七〇パーセントから九〇パーセントの時間を狭い巣穴に引きこもって過ごしたがるらしい。それでもまだカーリーには退屈する時間がある。それに人間たちが彼女との触れ合いを求めれば、カーリーのほうはそんな気分でなくても逃げ場がない。大きな水槽にいるオクタヴィアのように巣穴に隠れるわけにはいかない。あの樽のなかではカーリーは、ウィルソンに言わせれば「見せ物」状態だ。

数週間前、私はビルに許可をもらって、カーリーに清潔なテラコッタの壺をプレゼントした。隠れたいときはそこに隠れればいいと思ったからだ。ミドルベリー大学のタコ研究室のタコたちはこの手の壺をとても重宝がっていて、実験で迷路をうまく抜けられたご褒美として使われているほどだ。しかしカーリーは、私たちの知るかぎりでは壺を使ったためしがない。いつも私たちが樽の蓋を開けたときには水面近くにいる。そのためビルが壺を撤去した。場所を取るだけに思えたから――しかも樽のなかは手狭になり始めていたからだ。カーリーはもうオクタヴィアの三分の二の大きさに成長していた。

ビルの選択肢は限られていた。カーリーをオクタヴィアのいる大きな水槽に入れるわけにはいかない。そんなことをしたら、どちらか一方がもう一方を殺すのはほぼ確実だ。「カーリーを新しいところで飼育したい」とビルはウィルソンに言った。

だが現実には口で言うほど簡単ではない。「万事慎重に計画しないと」ウィルソンがそのときのことを後日私に話しながら言った。「こっちの魚を移したい場合でも、まず別の魚を移さなきゃならない。その前にまた別の魚を移す必要があって、その魚を移すには移動先にいる動物をよそに移さないといけないんだ」という。「何が、いつ起きるかは、必ずしも管理できるとは限らない」。

毎日、水族館では動物たちが生まれ、死に、遠征して収集した動物や魚類野生生物局からの動物が到着したり、全米とカナダのほかの水族館とのあいだでやりとりされたりしている。

こうした往き来は常に細心の注意を必要とし、不意打ちも珍しくない。ある朝、私はビルがマサチューセッツ州オーリンズのノーセットビーチ沖で捕獲された重さ一〇キロ近いロブスターを贈られたことを知った――キャプテン・エルマーズ・フィッシュマーケットでダナ・ファーバー癌研究所のためのチャリティー福引きが行われ、当選者が匿名で寄付したのだという。ロブスターのはさみはずっしり重く、ビルが持ち上げて水から出すことができないくらいだった。別の日にはバスマットほどもあるアマゾンのタイガーレイというエイが十八匹、淡水ギャラリーに到着した。下半身麻痺の男性が大型水槽で飼っていたのだが、マンション一階の自宅を修繕することになり、大きくなりすぎたエイを飼えなくなったという（飼い主の男性はエイを引き取ってもらえて感謝していたが、水族館のバンが走り去るときは涙を流したそうだ）。

それからある水曜日、私がオクタヴィアを見守ってから上の階に行くと、スコットのチームがエンジェルフィッシュを捕まえていた。

エンジェルフィッシュは全部で二十六匹。ほかにプレコ十六匹、リリス一匹、ゲオファーガス十七匹、シルバーアロワナ二匹など、さまざまな種の魚がたくさんいた。エンジェルフィッシュと同じ水槽の仲間たちは一年がかりの計画の末に、アマゾンから水族館にやってきて以来ずっと非公開で飼育されていたのだが、アマゾン・コーナーという表舞台に移されることになった。裏の円形の大型水槽はあらかた水が抜かれ、クリスタと同じくボランティアのコリン・マーシャルが、そろってウエットスーツを着用し、すねくらいまで水に浸かって、網で魚をはさみ撃ちにしていた。コリンとクリスタは網に入った魚を一匹ずつ、やはりウエットスーツを着て自分の網を持っているスコットに渡した。スコットは魚を新しい水槽に移すたびに種の名前を叫び、たいてい一回で数匹が網に入るので、数も叫んでいた。それをアナが記録していて、ウィルソンとブレンダンと私はみんなの邪魔をしないように見守っていた。

魚の引っ越しには一時間かかった。引っ越しが終わるとすぐ、新居での魚たちの様子を見に、みんなで一般公開エリアに降りていった。あんなにぴりぴりしているスコットを見るのは初めてだった。前の晩は心配で一睡もできなかったそうだ。「魚たちが共食いするかもしれない。ストレスで死んでしまうかもしれない」とスコットは言った。でも水槽の前まで来ると、スコットは黙り込んだ。「魚たちが出すサインをチェックしてるんだ」ウィルソンが私にささやいた。エンジェルフィッシュの縞模様が普段より薄めなのは、疲れているしるしだ。だが幸い、一時間後にはいつもの濃い色に戻った。新しい水槽で餌も食べた。スコットはほっとした様子でため息をついた。

別の水曜日には、私が来る直前に、ビルが石をすべて並べ替えて太平洋岸北西部コーナーのムラサキウニ、ジャイアントエイコーンバーナクル（巨大フジツボ）、エゾバイ、ジャイアントグリーンアネモネ、ケヤリムシ、ハナギンチャクを、オクタヴィアの水槽の隣に移していた。新しい配置は見映えがし、ビルも満足そうだった――それでも飼育している動物たちを動揺させたくないと考えていた。「みんな僕より前からここにいるんだ」とビルは言った。ムラサキウニの寿命は三十年くらい。ケヤリムシは百年。イソギンチャクは捕食者に襲われたり病気になったりしなければ、理屈の上ではほとんど永遠に生きられる――イソギンチャクには老化の兆しが見られないと研究者たちは指摘する。

そうはいっても、こうした長生きする可能性のある動物たちは厄介な場合もある。繊細なイソギンチャクはとくにそうだ。適切な条件の下では、美しい花のように花開き、花びらのような触手で栄養を取り込む。だが気に入らないことがあると誰も気づかない小さな塊と化してしまう。これらの動物には脳がなく、神経系もお粗末だ。にもかかわらず、その行動は実に多くを物語る。神経科学者のアントニオ・ダマシオは意識と感情についての著書『無意識の脳　自己意識の脳』で短いながらイソギンチャクに言及している。イソギンチャクに意識があるとは言わないが、そのシンプルな、脳のない行動に、私たちは「喜びと悲しみ、接近と回避、脆弱性と安全性の真髄」を見ることができる、とダマシオは書いている。

「イソギンチャクは僕が選んだ場所が気に入らないかもしれない」とビルは心配している。四匹いるハナギンチャクのうち一匹は、きのうは触手を引っ込めたままだったのが、きょうはすっかり開いている。一方、ストロベリーアネモネはまだご機嫌斜めのようで開いていない。ビルによれば「どの生き物でも機嫌を損ねたらしばらく元に戻らない」のだそうだ。

でもこの先には、水族館が始まって以来の大混乱が待ち受けている。水族館の目玉、ジャイアント・オーシャン・タンクが全面改築されるのだ。移動することになる生き物は全部で百種、数にして四百五十五匹――水族館にいる動物の半数を超える。ただでさえ窮屈なスペースが不足するのは目に見えている。今後九か月間は何ひとつ いつもどおりということはないだろう。カーリー用の大きくて新しい、タコに強い水槽を置くスペースを探すのは、信じられないほど面倒になりそうだ。

＊

「当水族館の建設以来、最大のプロジェクトだ」八月最後の水曜日、昼食持参でプレゼンテーションに集まったスタッフとボランティアに、プログラムおよび展示担当副社長のビル・スピッツァーが告げる。スピッツァーは演出効果を狙って安全帽とオレンジ色の安全チョッキを着用している。「いや、当館建設をもしのぐ大プロジェクトだ――何しろ工事中も開館するんだからな」

引っ越しをする動物の多く――マートルをはじめとするカメ、サメ、エイ、ウツボ、それにサンゴ礁に棲む大小の魚など――は水深の浅いペンギンプールに移される。容積四一六リットル、ペンギンに合わせて十六度に保たれている水は、熱帯の魚に合わせて二十五度に温められる予定だ。スペース確保のため、ケープペンギンとイワトビペンギン合計八十頭はすでに先週、クインシーにある水族館の動物ケアセンターに移された。コガタペンギンは一階にあるニューバランス財団海洋哺乳類センターの一画に移される予定だ。天井の照明を新しいものに変えるため、クジラの骨格は下に降ろす。ジャイアント・オーシャン・タンクの螺旋スロープのガラスパネル六十七枚は、四十年あまりにわたって塩水と水圧に耐えた末、取り外されてガラスより透明度の高いアクリルパネルに交換される。この先九か月から一年のあいだに、本物から型を取ってつくられたサンゴ彫刻の三分の二が水槽内から取り払われ、よりカラフルで掃除しやすいものが新たに配置される予定だ。千六百万ドルを投じたプロジェクトが完了したあかつきには、GOTは隅々までですっかり生まれ変わる。これまでより垣根が低くなり、見やすくなる。新しいサンゴ彫刻のあいだに魚たちが身を隠せる場所が増え、今の二倍近い数の動物が収容される予定だ。

「すばらしいチャンスだ」と副社長はスタッフに言った。「確かにストレスは多いがね」。スタッフの一部は早くも変化を嘆いている。「喪失感」を口にするスタッフもいる。今後九か月の間、入り口でスタッフや来館者を出迎えるペンギンはいなくなる。この先一年間の大半、水族館の目玉が姿を消す。スタッフのお気に入りの動物がよそに移されるケースも出てくる。安全帽をかぶった建設労働者と何トンもの装備が入る場所を空けるため、人間も動物も窮屈な思いを強いられる。かつて美しかったものが醜くなる。静けさが騒々しさに変わる。変わらないものは何ひとつない。

来週の火曜日、当水族館の変貌が始まる、と副社長が言う。

そのときは気づかなかったけれど、まもなく私自身の変貌も始まろうとしていた。

▲水槽のなかでシルクスカーフのように体を広げるカルマ。赤い色は興奮しているしるしだ。 © TIANNE STROMBECK

▼カルマはいつも穏やかに私たちに接したけれど、1600個の吸盤にはとてつもない力がある。ある研究者の試算では、ミズダコよりはるかに小型のマダコでも、吸盤の吸着力は0.25トンにも達するという。 © TIANNE STROMBECK

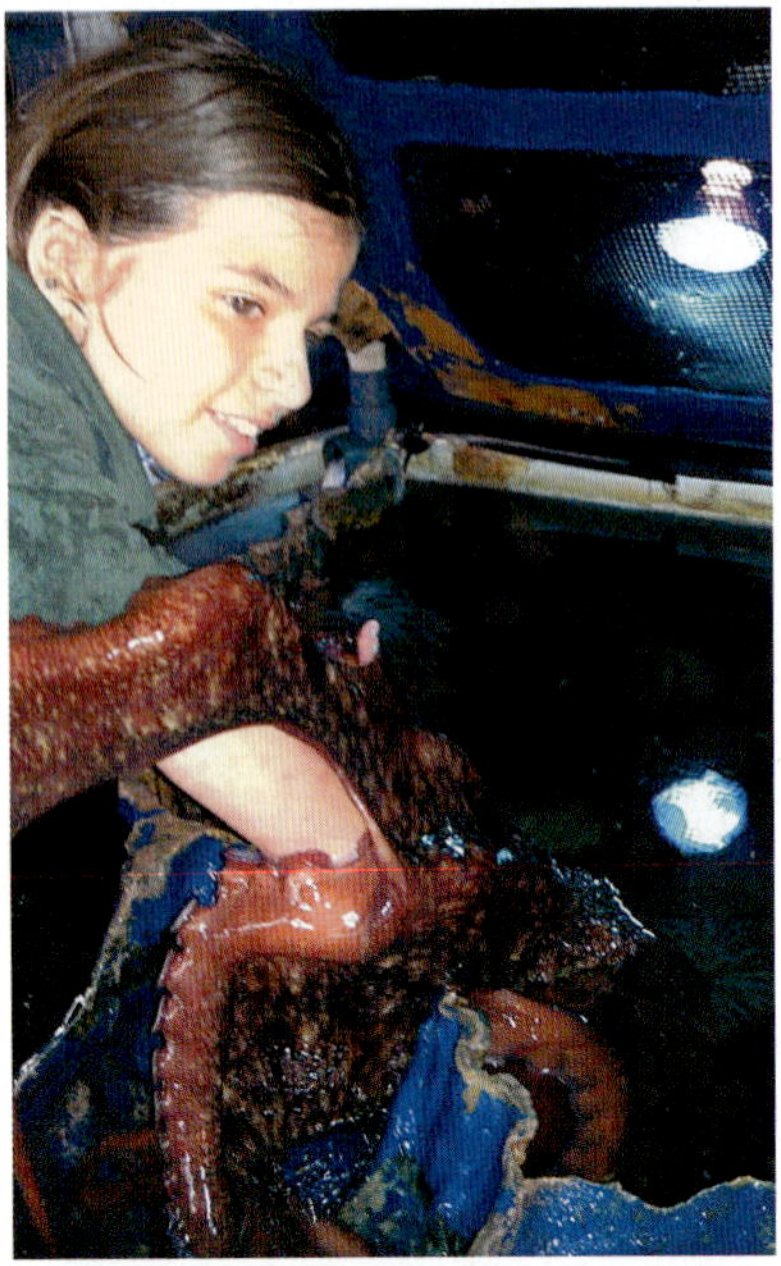

◀水槽から腕を伸ばしてアナを抱きしめるオクタヴィア。 MAGILL-DOHAN FAMILY 提供

▼ウィルソンの指にキスするカルマ。吸盤ひとつひとつが優れた味覚を持つほか、指先のように器用にものをつまんで結び目をつくることもできる。 © TIANNE STROMBECK

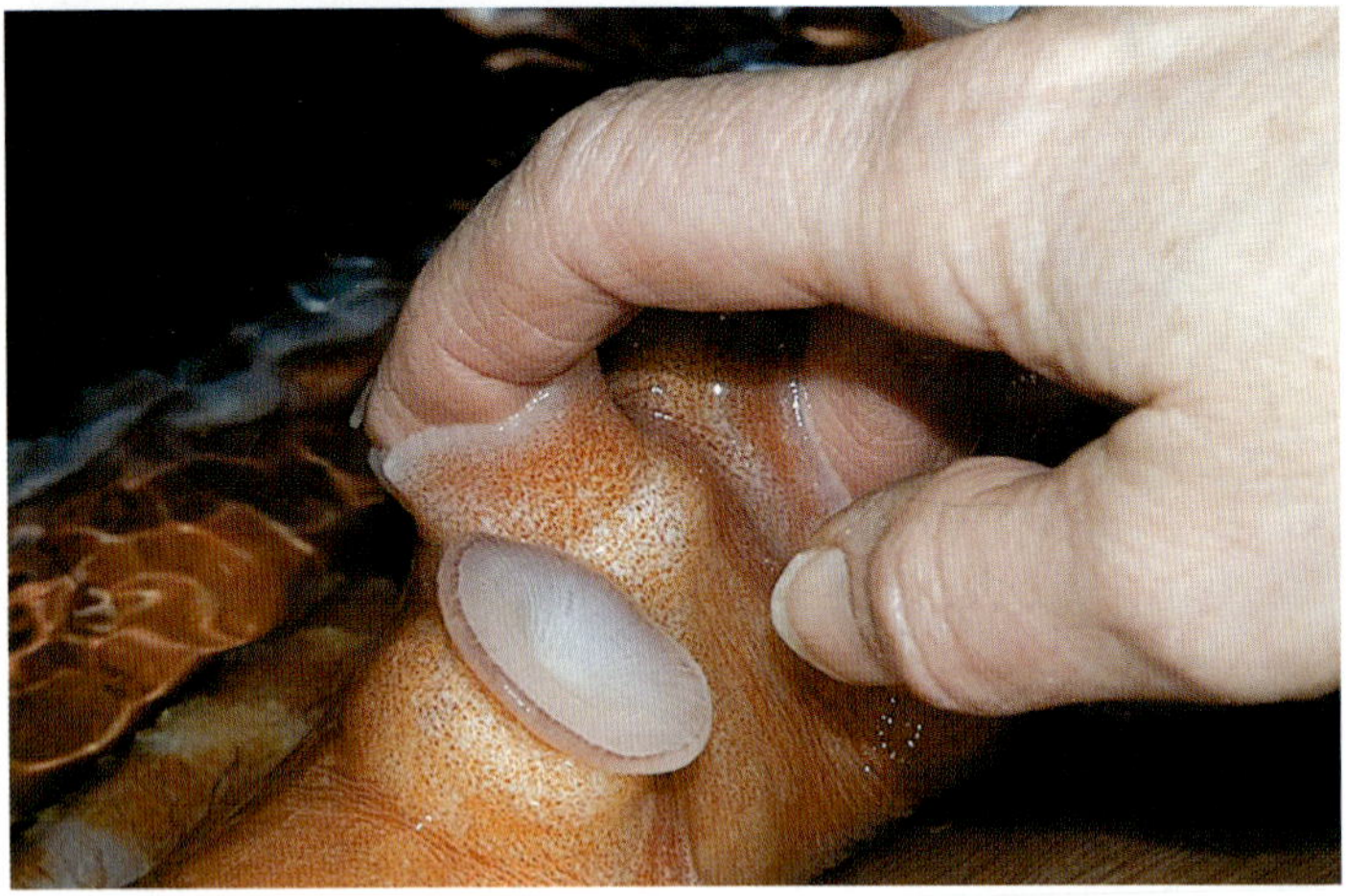

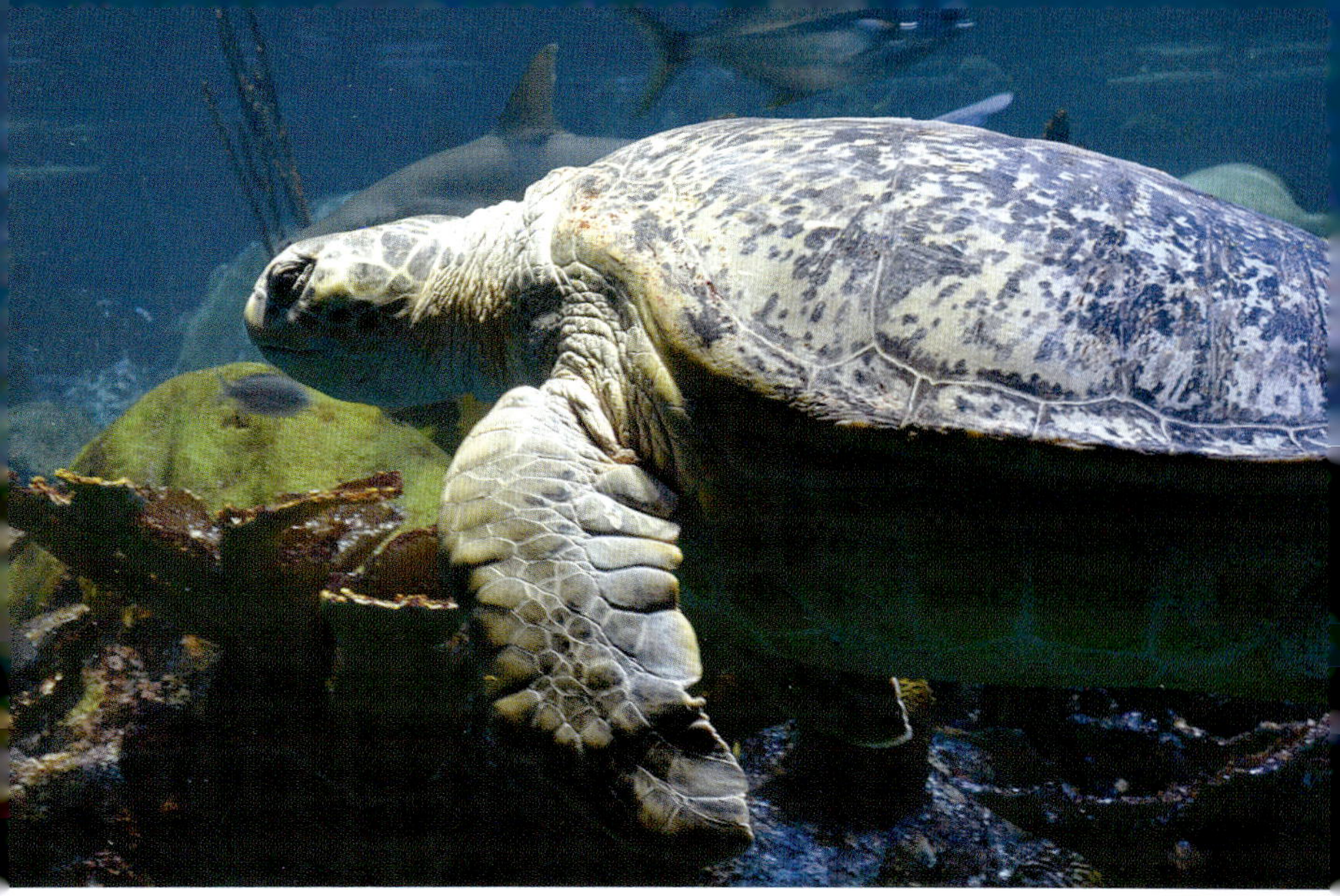

▲アオウミガメのマートルはジャイアント・オーシャン・タンクの不動の女王だ。サメでさえ(後ろに見えるウチワシュモクザメも含めて)彼女にはひれ伏す。 © JOHANNA BLASI

▼大改修を終えたジャイアント・オーシャン・タンクを泳ぐスモールマウスグラントの群れ。 © JOHANNA BLASI

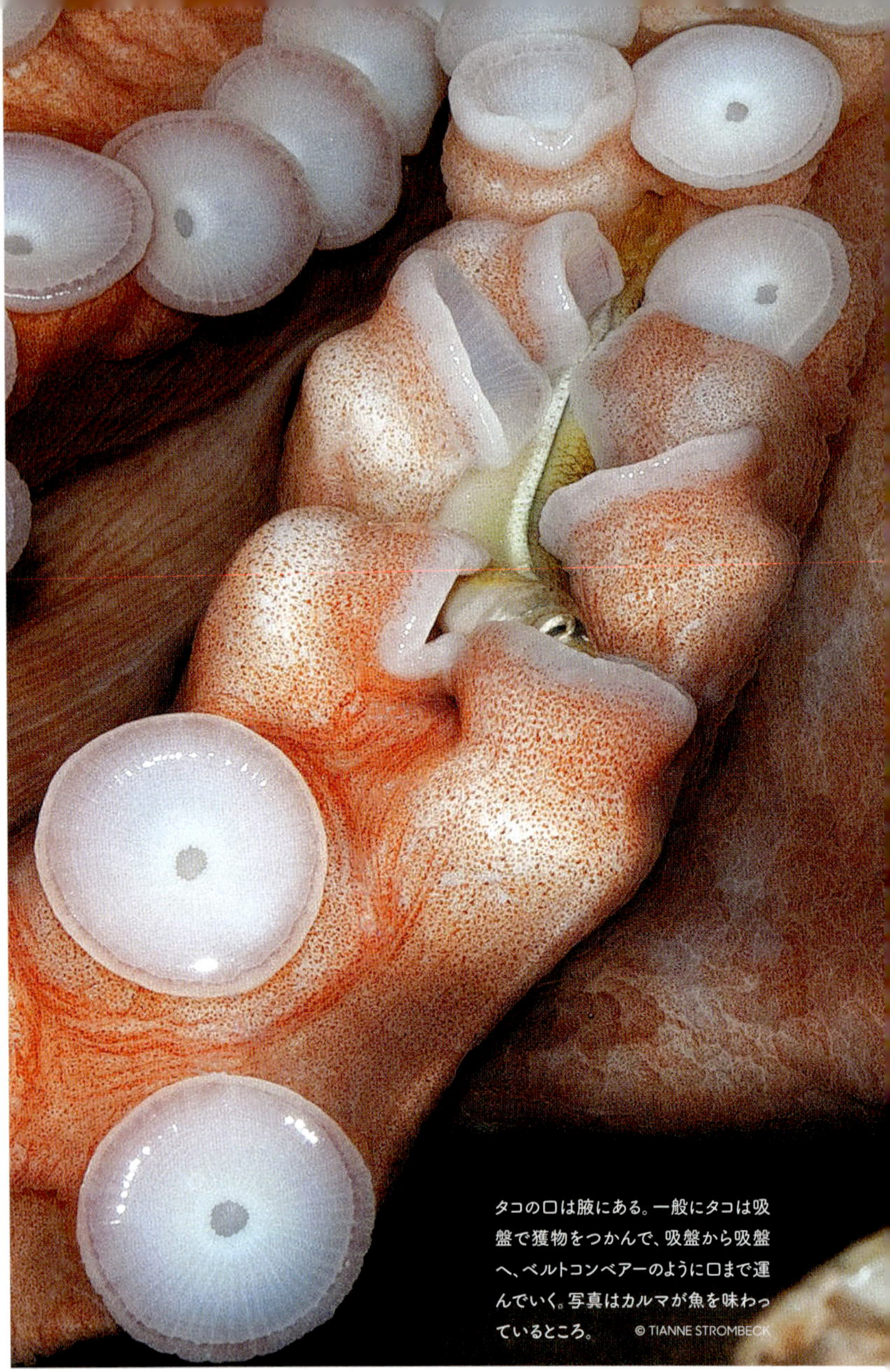

タコの口は腕にある。一般にタコは吸盤で獲物をつかんで、吸盤から吸盤へ、ベルトコンベアーのように口まで運んでいく。写真はカルマが魚を味わっているところ。　© TIANNE STROMBECK

▲広々とした水槽でくつろぐカルマ。白いのは落ちついている証拠だ。彼女の右手にいるのは、タコと間違われやすいが、ヒマワリヒトデのオスだ。 © TIANNE STROMBECK

▼空飛ぶじゅうたんのように水中を泳ぐアメリカアカエイ。サメの親戚で平べったい体をしたエイ数種が、この写真に写っているグレーエンジェルフィッシュ、イエローテールスナッパー、ブダイなど100を超えるほかの種と一緒に、ジャイアント・オーシャン・タンクで飼育されている。 © JOHANNA BLASI

▲樽のなかからいたずらっぽく私たちを見上げるカーリー。ヒンドゥー教の創造的破壊の女神の名は彼女に打ってつけだ。 © TIANNE STROMBECK

▼カルマと心を通わせるウィルソンと著者。 © TIANNE STROMBECK

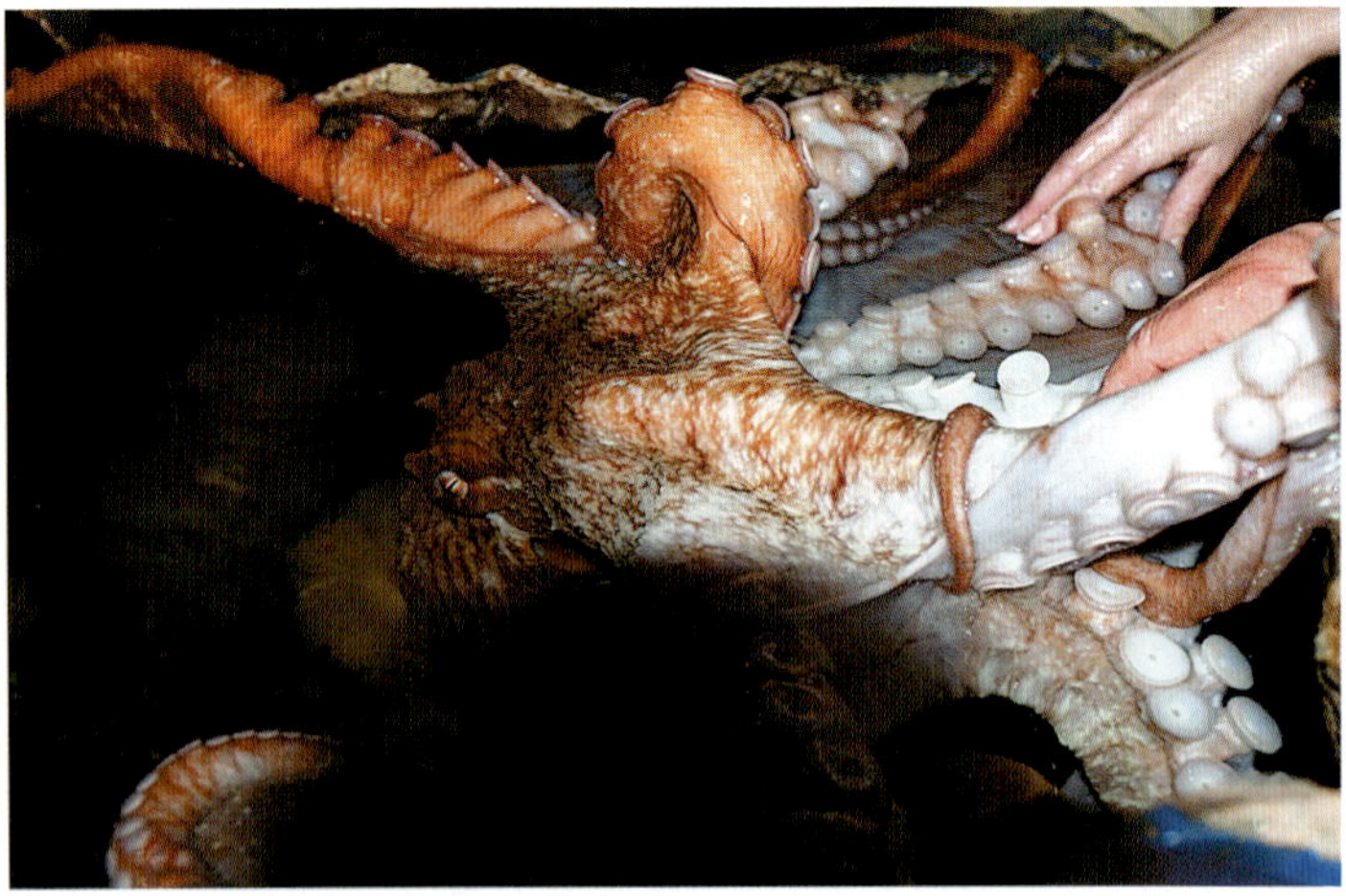

▲タコは周囲の生き物に興味津々だ。モーレアでキースが見つけたタコは、好奇心もあらわに、じっとハタを見つめていた。 © KEITH ELLENBOGEN

▼モーレアでキースが写真を撮る様子がよく見える場所に移動したタコ（左）。右下にもう一匹いる。 © KEITH ELLENBOGEN

▲モーレアで野生のタコと泳ぐ著者。前方のメスは腕を何本か捕食者に食いちぎられていたが、それでもすばらしく好奇心旺盛で大胆だった。

© DAVID SCHEEL

▼卵を抱くオクタヴィア。写真左上に明るい色の卵の塊がブドウの房のようにぶら下がり、彼女の腕のあいだからこぼれ出ている。まぶたを閉じているように見えるのは、実際は水平になっている瞳孔だ。© TIANNE STROMBECK

第五章

変貌

海のなかで息をする

私は溺れている。

厳密に言えば溺れてはいない。でも気管に水が入り、水深四メートルあたりで、さらに水が入り込んでくるようだ。そんな状態に陥った場合に私が普段よく使う手で、五十年以上うまくいっているのは、水面に顔を出して息をするというもの。ところがスキューバダイビングのインストラクターは、とんでもないと言わんばかりだ。

「駄目駄目、絶対に駄目だ！　そんなに急に浮き上がっちゃいけない！」フランス語訛りのある若い男性インストラクターが、命をつなぐ空気を求めて急浮上した私を叱りつける。

「ごめんなさい」私はごぼごぼ音を立てながら謝る。「レギュレーターに水が入って。どうしてかしら」

その日、別のインストラクターから教わったことによれば、私の問題は文字どおり「口が緩めば船が沈む」というやつだ。レギュレーターを下唇でしっかり押さえなくてはいけないのだが、それが私はうまくできていない。どうも水中で笑顔になっていることが多いようなのだ。このM

ＩＴのスイミングプールで、私はほとんど有頂天になり、両生類に生まれ変わる喜びに浸っている。遠くない将来、自分がサンゴや魚やサメやエイやウツボ、何よりタコに混じって泳いでいる姿を思い描いている。それでつい、正気を失った人間のように口元が緩んでしまうのだ。

それでも、笑顔を一瞬にして払いのけるには溺れかけるのが一番だ。例のフランス人インストラクターは「赤ちゃんだってできる！」と私を叱る。でも私にとっては、スキューバダイビングという発想自体が、それまでの自分の知識とは大きくかけ離れている。

私はスコットの勧めに従い、ボストン郊外でスキューバダイビングの集中コースを受講している――残念ながらクリスタは間際になってキャンセルせざるを得なくなった。彼女が一緒でないのはさびしいけれど、受講することについては不安はなかった。昔から水には慣れていた。特別フォームがきれいだとか持久力があるというわけではないけれど、怖いもの知らずなところがあった。タイランド湾からアマゾン川の濁った水まで、水泳の第一原則に従っていればきっと大丈夫だと、私は思っていた。その第一原則とは、水中で息をしようとするな、というものだ。

今まではそうだった。

スキューバダイビングの場合は何もかもが、陸上での生活とはもちろん、これまでの水泳の経験ともまったく違っている。スキューバの装備は手ごわくて重い。一式――重さ二〇キロ近いエアタンク、ベストのようなＢＣＤとポケットに入れる鉛のウエート（重り）が数キロ、眠そうなウナギのようにいたるところで管にぶら下がっているホースと計器とマウスピース――を組み立てるには、七段階の複雑な手順を踏まなければならない。どれかひとつでもしくじったら、大変なことになる。そうわかっていても私には——高校時代、一校だけでなく転校先でもロッカーの鍵の番号の組み合わせを覚えられずじまいだった人間には——装備の組み立ては依然として理解しがたいミステリーだった。

レンタルした装備を着けた体は自分の体ではないみたいだ。巨大なフィンはピエロの靴みたいに大きく、マスクのせいで周囲が見えず、レギュレーターをくわえた状態で息をするものだからシューシューという音がしてダースベーダーになった気分だ。BCDにはエアポケットがあり、それを膨らませたりしぼませたりして、まったく初めてのやりかたで浮いたり沈んだりする。私は誰かが唾を吐いたマスク（マスクの曇りどめのため）と、誰かがおしっこをしたウエットスーツ（みんなやっているとか——といってもプールではなく海での話だが）と、誰かがくわえたまま嘔吐したかもしれないレギュレーターをレンタルして使っている。そのうえ泳ぎかたまで普通じゃない。カンガルーみたいに両腕を曲げ、フィンで蹴る力だけで進まなければならないのだ。

水のなかでは何ひとつまともに見えない。物は実際より近く、二五パーセント大きく見える。何ひとつまともに聞こえない。空気中に比べて音の伝わる速さが四倍になり、方向感覚もおかしくなる。何ひとつまともに感じない。本当に泳いでいるわけではないので体が温まらず、水中では空気中に比べて二十五倍の速さで熱が奪われる。プールの水温は約二十七度で、ウエットスーツを着ているにもかかわらず、みんな最初のセッションが終わるころには寒さで唇が青くなっている。

それでも私は不可能に挑戦し、とても楽しいひとときを過ごしている。

ただし、レギュレーターに水が入ってきたときは、さすがにパニックになった。時間がたてばもっと楽になるはずだと思っていた。でも、それは間違いだった。

＊

スキューバ講習の初日を終えて、誰もが疲れ切っていた。我らが主任インストラクター、二十歳前後で健康なジャニーン・ウッドベリーでさえ、実はもうへとへとだという。耳も痛いそうだ。私もだった。痛くてたまらず、前の晩に睡眠薬を飲んだくらいだ（あとで知ったのだが、ダイビングの前夜に睡眠薬を飲むのは危険で、心臓や肺にダメージを与えかねないという）。それでも若いインストラクターが自分も耳が痛いと言うのを聞いて（いつもよりぼんやりとしか聞こえなかったけれど）、少し気が軽くなった。たぶん耳は痛くなるものなのだろう、と思った。しかし、それは私の勘違いだった。

耳の痛みは相変わらずだったが、自分でも意外なことに装備一式を準備することができた。レギュレーターの排水やＢＣＤに空気を入れたり抜いたりする方法をすぐに思い出せた。私は強気になり、すぐにでも新しいスキルを学べそうな気がした。そのひとつはバディのバックアップ用レギュレーターで呼吸する方法で、それは嬉しいことにオクトパスと呼ばれている。でも私の耳は痛くて今にも爆発しそうだった。

ジャニーンは以前、実際に生徒のひとりの鼓膜が破れるのを目にしたことがあるという。「水中で彼の耳から泡が出たの。ぞっとした」。おまけに信じられないくらいの痛みを伴った。残念ながら、スキューバダイビングで耳に治らないダメージを受けることは、みんなが期待するほど珍しいことではない。スコットはもう潜らない。マサチューセッツ州の海に出向いて水深三〇メートルくらいでライブロックを集めているときに、いつもと手順はそう変わらないのに耳にダメージを負ったのが原因だ（ライブロックというのは、死んだサンゴの骨格に藻類や海綿がコロニーを形成しているもので、水族館に持ち帰って水槽内の水質維持に利用する）。浮上するときの減圧の影響で「リバーススクイズ」が起き、内耳の蝸牛をひどく損傷したため、医師からダイビング禁止を言い渡された。

私はインストラクターに向かって水中での「耳抜きに問題あり」のジェスチャーをした。彼女は私に鼻をつまんでいきむ仕草をしてみせた――ヴァルサルヴァ法と呼ばれる、耳のなかの空気圧を周囲と同じにする方法だ。思いきりかんだら、頭のなかですごい音がした。「大丈夫？」インストラクターが身振りで訊いてきた。けれど痛みはかえってひどくなった。私は「何か変」だと身振りで答えて自分の耳を指し、もう一度鼻をかんだ。

それから何メートルか上昇して、もう一度ヴァルサルヴァ法をやってみた。さらにフレンゼル法も試してみた。これも耳管を開く方法で、ヘビが自分の頭よりも大きいものを飲み込もうとしているときみたいに、顎を回転させる。しかし、やはり効果はなかった。

「大丈夫？」ジャニーンが身振りで訊いてきた。

駄目、と私は手で合図した。もう一度ヴァルサルヴァ法を試した。少し降下してみた――たぶんこれがいわゆる「リバーススクイズ」というやつで、水深を下げればよくなるかもしれないと思ったのだ。でも駄目だった——むしろ、かえってひどくなった。私は再び、鼻をつまんでいきみ続けながら、ゆっくりと上昇した。

「大丈夫?」

いや、大丈夫じゃなかった。何をやっても、耳のなかの空気圧のせいで激痛が走った。

私は水から上がり、腰を下ろして目を閉じ、苦痛に体を折り曲げていた。苦痛の原因は痛みだけではなかった。このままでは負けだという予感のせいでもあった。私はどうしてもオクタヴィアやカーリーの世界に入れるようになりたかった。厄介な骨格と空気に飢えた肺が邪魔をして、タコの気持ちについて知ることができずにいた。最低でも水中で息をする方法くらいは身につける必要があった。私は海で野生のタコに出会いたかった。シャワーを浴びながら、私は頭のなかで、ブルターニュの漁師の祈りの冒頭の一節を反芻した。ジョン・F・ケネディがホワイトハウスのデスクに飾っていた言葉だ。「神よ、あなたの海はあまりに大きく、私の舟はあまりに小さい……」。私は猛烈に、その舟から飛び降りて創造主の大海原に入りたい思いに駆られた。一度に一時間だけでも、海の生き物として呼吸し、泳ぎたいと思った。それにはどうしてもスキューバダイビングをマスターしなければ。

そのとき、私はめまいと吐き気に襲われた。スコットは蝸牛を損傷したとき、痛みと同時にめまいにも襲われたと言っていた。水面に浮上してから吐いたという。

それでも私はもう一度挑戦すると心に決めていた。インストラクターから、パイロットがよく使う鼻炎スプレーのアフリンを使ってみたらと言われた。私はよろけながらドラッグストアに行き、アフリンと昼食用にマクロビオティックの弁当を買った。昼食は結局吐いてしまった。

ジャニーンはあきらめたほうがいいとアドバイスしてくれた。私も聴力を失いたくはなかった。私には耳の聞こえない友人が三人いて、三人とも賢くて明るいが、それでも耳の聞こえる人たちに混じって苦労している。だから私はジャニーンの勧めに従うことにした。講習の前半の途中で、予定を切り上げて帰宅することにした。

敗北感に打ちひしがれ、這うようにして車に乗り込んだものの、めまいがひどくて運転するのは無理だった。

私は後部座席の毛布の上に横になった。その毛布には、一緒に森を散策した帰りに、愛犬のボーダーコリーが、よく前足やお腹に泥をくっつけたまま座っている。愛犬のにおいをかいだら、すぐに気分が落ちついた。三十分足らずで、めまいはある程度治まり、両耳はまだひどく痛んだものの、自宅まで二時間の道のりを車を運転して帰れるくらいには回復した。

＊

次の水曜日に水族館に戻ると、何もかもが変わっていた。ジャイアント・オーシャン・タンクの最上階は一般公開中止になっていて、大水槽沿いの通路は作業を隠す白い幕に覆われていた。容量三〇〇リットルほどのプラスチック製の盥があちこちに置かれ、魚をいつでも収容できる態勢になっていた。一番上のフロアにはサンゴ礁のより大きな部分を入れて搬出するための大型の木箱が散乱していた。

オクタヴィアは巣のいつもよりずっと奥の、妙な場所にいて、連なった卵が少なくとも十五列は見え、なかには長さ二〇センチを超えるものもあった。オクタヴィアは腕でぶら下がっていて、ハンモックに横になっているように見え、いつになく静かだった。

それどころか、何もかもが不自然に静まりかえっているように思われた。水族館にはほとんど人けがなかった。来館者はまばらだった。スコットは会議のためアリゾナ州ツーソンに出かけていた。ビルはフロリダで休暇中。アナは学校が始まっていた。ペンギンたちはいなくなり、ペンギンプールにはマートルと仲間のカメたちがいるだけだった。

マートルが移されたのはこの前日だった。ダイバーがひとり、レタスを餌にしてマートルをウミガメ用のサイズのプラスチック製の箱におびき寄せた。箱は取っ手部分に浮きがついていて、水が流れる穴が開けられていた。マートルが餌を食べている隙に、別のダイバーが重さ二五〇キロのマートルを甲羅でつかんでくるりと向きを変え、そっと押して箱に入らせた。マートルはそのまま箱ごと水の外に持ち上げられ、エレベーターへと運ばれ、ペンギンプールに下ろされた。箱に水が流れ込んだ途端、マートルのひれ足は勢いよく回りだし、付き添っていた四人のダイバーのひとりが箱を傾けると、年老いた温厚なカメは動じる様子もなく、泰然と新居へ泳ぎだした。

マートルの移行のほうが私よりもよほどうまくいったわけだ。私は週末のスキューバダイビングの講習から、生まれ変わった生き物として意気揚々と凱旋したかった。でもクリスタとウィルソンから訊かれて仕方なく、落ちこぼれたことを打ち明けた。

自分でも前にスキューバに挑戦したことがあるというウィルソンは、私に同情的だった。「簡単なスポーツじゃない」ウィルソンの娘も息子も優秀なダイバーで、何十回とダイビングを経験している――そのうち一回は仲間のひとりが減圧症で命を落としている。

カーリーのところへ行ったとき、私はウィルソンに自分の失敗について詳しく話した。カーリーは蓋が開いたときにはもう上にいて、体は濃い赤褐色、黄金色の目で私たちを見つめていた。前の週と違って元気いっぱいで、腕を伸ばし、吸盤で私たちをつかんでいた。「よしよし、いい子だ！」ウィルソンがカーリーをなだめながら、急いでイカ一匹とシシャモ二匹を与えた。与えられた餌はカーリーの吸盤によって数秒で口に運ばれ、あっという間に消えた。それからカーリーは私たちをつかんだり引っ張ったりして遊ぶことに注意を向けた。吸盤のひとつひとつが同時に私たちを抱きしめキスした。私は慰められる気がした。

いつも陽気なクリスタは、私がスキューバダイビングで挫折したと聞いても楽観的だった。「大丈夫、あなたならきっとできる！」と請け合った。実際、私は早くも次の計画に取りかかっていた。我が家から車で水族館に向かう道の半ばあたり、ニューハンプシャー州メリマックに、「アクアティック・スペシャルティーズ」というダイビングショップがあって、そこで次の週から始まるプライベートレッスンを受講する手続きを済ませた――ニューイングランドの海が冷たくなりすぎたり荒れすぎたりしないうちに、初心者向けのオープンウォーターダイバーのライセンス取得コースを修了したいからだ。担当のインストラクターは水族館のボランティアをしている人で、幸先がいいと思った。

水族館で火曜日に働いている全員が、実は私の新しいインストラクターのことを知っていた。みんな彼女をビッグDと呼んでいた。ドリス・モリセット、五十九歳、赤い髪といたずら好きなユーモアの持ち主で、身長は一五五センチしかないが、心はでっかい。それに人並み外れて辛抱強くて有能なインストラクターだ。というのも、本人があっけらかんと認めるとおり、生徒がやりそうなミスは、彼女自身が経験済みだから。

ドリスは子供のころ、テレビ放映されたフランスの海洋学者ジャック・クストーの番組や「潜水王マイク・ネルソン」に夢中になった。だが泳ぎがうまくて海が大好きでも、自分では五十歳になるまでスキューバダイビングをやろうとは思わなかった——テレビに出ているダイバーは男ばかりだったから。

五十歳になってようやく、ドリスは休暇先のカリブ海で初心者向けのスキューバダイビングのミニ講習を受講した。三十分ほど教室で講習を受けたあと、ドリスのグループはボートで海に出て、ウエットスーツに着替え、海に飛び込んだ。「私以外はね」とドリスは言った。「私は水に入りもしないうちからパニックになった。とにかく無理だった」。ドリスは再挑戦すべく、レッスンを受け、強くなるために個人インストラクターふたりと栄養士の助けを借り——翌年、見事にライセンスを手にした。

ドリスは二〇一〇年にはインストラクターになった。以来、何十人もの生徒を指導し、彼らから感謝されている。夏にはニューイングランドで毎週ダイビングのリーダーを務め、世界中でダイビングを楽しんでいる。私が会ったころには、オープンウォーターでのダイビング経験は三百七十五回に達しており、二〇〇九年に水族館でボランティアを始めていたので、ＧＯＴでも百八十回ダイビングしていた。

アクアティック・スペシャルティーズの小さめで浅めのプールで行われたドリスとの二回のレッスンは簡単で楽しかったが、秋が近づくにつれて、講習を修了する必須条件である四時間のオープンウォーターダイビングを自分が最後までやり抜くことができるのか、しだいに不安になっていった。ビッグＤが計画していた大西洋でのダイビングはそれまでに二回、波が荒いために中止を余儀なくされていた。それでもドリスは私のために一計を案じてくれた。オープンウォーターダイバーのライセンスをニューハンプシャー州のダブリン湖という湧水湖で取得するというものだ。ダブリン湖までは私の家から車でほんの数分だった。

ただ、あいにく、そのころにはもう十月になっていて、湖の水温は十二度だった。

古代スパルタ人は冷たい水はあらゆることに効果があると考えていた。髪もそのひとつだ。実際、十二度前後の水温は生理学的変化を引き起こす――ひとつは低温ショック応答と呼ばれるもので、「冷水に浸かったあとに皮膚が急激に冷える結果、すぐに始まる一連の反応」だ。この反射性の反応のあいだ、「血圧、心拍数が上昇、心臓の作業負荷も増し、命を脅かす心室細動と心臓発作を起こしやすくなる。同時に」オンラインの文書によれば、「息切れがし始め、続いて呼吸が速く、かつ深くなる。こうした反射が起きれば、たちまち誤って水を吸い込んで溺れかねない。この急激で制御不能に思える過呼吸が原因で、息ができないと感じてパニック状態に陥る。めまい、混乱、方向感覚の喪失、意識レベルの低下も起きる」。

当時の私はこういうことを知らなくて、本当によかったと思う。

ニューイングランドの冷たい水で凍えずに済むよう、スキューバダイバーはネオプレン（クロロプレンゴム）素材のウェアを着込む。私は厚さ七ミリのつなぎのウエットスーツをレンタルし、その上にさらにもう一枚、厚さ七ミリの、上は長袖で下は短パンの「ショーティー」と呼ばれるタイプのウエットスーツを着る。つなぎの脚の部分を引っ張るのは難しくてやりにくく、ぶつくさ言いながら相当ぐいぐい引っ張らなければいけないが、絶対にやっておいたほうがいいとドリスから言われた。苦労して着るほど体に密着して暖かいからだという。でも店のレンタルの品ぞろえは限られていて、女性の利用客は男性に比べてまれなので、私は男性用のSサイズをあてがわれた。特筆すべきは股間にたっぷり余裕がある点で、おかげで私はパンツがひざのほうへずり落ちかけている女みたいな歩きかたになった。

さらにブーツ、手袋、フードも買う必要があった。フードを被るのは外科手術用のゴム手袋を被ろうとするようなものだ。両耳はファラーフェル［訳註：ソラマメやヒヨコマメをすり潰して揚げたもの］をはさんだピタパンのように半分に折れ曲がり、私は絶対に窒息すると思った。首の部分はひどくきつく、頭が破裂しそうだった。被り終えると、これで顔の皮膚が伸びて、たるみやしわのない見映えのする顔になるかなと期待した。だが現実には、頰が鼻の方向に押し潰され、エレベーターの閉まりかけたドアに頭をはさまれたみたいになった。

ネオプレン素材のウェアを余分に着込めば、その分浮力も増すので、ウエートを追加する必要があった。その結果、タンクとプールでのダイビングで装着していた一五キロ近いウエートに加えて、ウエストのベルトにさらに鉛のウエートを追加しなくてはならなかった。結局、ウエートは全部で三〇キロほど……私の体重の五七パーセントに達した。

追加したウエート、寒さ、追加の装備、それに濁った水の視界の悪さのせいで、ニューイングランドのオープンウォーターダイビングは高度なスキルを必要とする。ドリスからもその前のインストラクターのジャニーンからも、同じことを言われた。「ニューイングランドでダイビングできるなら、世界中どこへ行ってもダイビングできるといっていい」

ビッグDと私は装備一式をそれぞれの車に積み込み、メリマックから一時間かけてダブリン湖に向かった。私は再び、例の上下の男性用ウエットスーツを着ようと悪戦苦闘した。いつも混雑していて友人や隣人もよく利用するルート一〇一沿いで、ネオプレン製のウエットスーツと格闘しながら、どうかこんなときに知り合いが車で通りかかって私に気づきませんように、と祈った。

ようやく着替え終えると、よし、これだけ着心地が悪ければ水の冷たさなんて気にならないはずだと思った。よろめきながら湖に入り、岩から岩へ、それからぬかるんだ湖底を歩いているうちは水に濡れず暖かかった。でも、じきに水が染み込んできた。ダイバーには二種類しかないとジャニーンが言っていたのを思い出した。ダイビング中におしっこをしたくなったらウエットスーツを着たままするタイプと、したことをごまかすタイプだという。おしっこをすれば水温三十七度くらいになって、ちょうどいい感じだろう、とうらやましくなった。来る前にもっと水分をとっておくんだったと後悔した。

初日のその日は霧が出て雨模様だったが、ビッグDは元気だった。「水中から見上げる雨粒は感動もの」だと彼女は言った。私は潜ったが、底に沈んだかと思うと急上昇するという繰り返しだった。寒さで両足がつった。濁った水のなかでは、インストラクターが三メートル以上離れたら姿が見えなくなってしまう。

奇跡的に、私はスキューバのすべてのスキルを、ドリスが満足するようにこなすことができた。二十分後に浮上し、ドリスから次のダイブは「とにかく楽しめばいい」と告げられた。ニューハンプシャー漁業狩猟局が放流した大きなバスを探してもいい。タイセイヨウサケもいる。だがあいにくの霧で、どちらの姿も見当たらなかった。それでもビッグDの言ったとおりだった。下から見上げる雨粒は本当にすてきだった。

二日後の最終ダイブでは、私はほとんど落っこちるようにして水のなかに戻った。今回は魚を探そうともしなかった。とにかくこのダイブを終わらせたかった。

ところが、そのとき、体長一五センチくらいのバスが私のフェースマスクのすぐそばまで泳いできた。

それは、私がそれまでに経験した、野生動物とのどんな出合いとも違っていた。普通はまず遠くに動物の姿が見える。運が良ければ、動物のほうから少しずつ近づいてくるか、こちらから近づいていくことができるかもしれない。動物がいきなり目と鼻の先に現れてじっとこちらを見つめている、なんてことはない。バスのほうもびっくりしたことだろう。魚の顔は人間ほど動かないから、魚には表情がない、と言う人もいるけれど、そんなことはない。あのバスは怪訝そうにしていた。「なんだ、おまえ、ここになんの用だ」と言わんばかりだった。

私とバスは何秒間も見つめ合った。そのうち、どちらかがまばたきした。まぶたがあるのは私だけだったから、きっと私だろう。バスはあっという間に姿を消した。

それでも、あのバスは満足だったに違いない。あの日――私がライセンスを手にした日――いつもは魚を釣る側の人間が、水中の世界の魅力にまんまと釣られたのだから。

＊

水族館に戻ったときには、最後の魚もGOTからよそへ移されていた。十月二日午前十時、水族館の技師たちによって容量七五万リットルの水槽の栓が抜かれ、一分間におよそ二・五センチのペースで水位が下がっていった。ようやくダイバーたちがはしごを使って低い水位まで降り、すばしっこいターポン、パーミット、アジを網で捕まえた。私がダブリン湖でダイビングしているあいだ、ビルは週末の午後三時から九時までの勤務シフトで体長一メートル二〇センチあまり、体重一八キロちょっとのターポン八匹を移動させていた。「ターポンはでかい。厄介だ」とビルは言った。「それで最後に回したんだ」

移動は常にドラマと危険を伴う。九月、体長一メートル近いハナグロザメのオスとメス一匹ずつをGOTから移動させるため、ダイバー四人、獣医の資格を持つスタッフ三人、バケツリレー隊十三人、学芸員ひとり、それにボランティア数人が、チームを組んで作業を進めた。

ダイバーたちは数週間かけてサメを網に慣らした。水中で網を持ち、サメが網を怖がらなくなるようにしたのだ。チームはその前日にはウチワシュモクザメの移動を無事に終えていた。しかし学芸員のダン・ラフリンによれば、ハナグロザメのほうが敏感なのでおびえるおそれがあった。おびえたサメを捕まえるのは不可能に近いため、ダンはみんなにこのA案がうまくいかなかった場合に備えて、B案、C案、D案についても簡潔に指示していた（B案とC案は普段サメが泳ぐエリアを網か仕切りで遮断して一か所に集める方法、D案は水槽の水がほぼすべてなくなるまで待つ方法だった）。サメをおびえさせる以上によくないのがけがをさせる可能性で、サメがサンゴ彫刻のとがった部分にぶつかれば簡単に傷ついてしまう。「確実に捕獲できると思うまで手を出すな」と、ダンは大きなすくい網を手にしたダイバーふたりにクギを刺した。

計画はシンプルだった。網を持ったふたり――ひとりはマートルの友人のシェリー・フロイド、もうひとりはクインシーの飼育動物の健康管理責任者モニカ・シュマック――が、深い水槽の両側にあるサンゴ彫刻の上に、それぞれ向かい合って立つ。三人目のダイバーは水槽の水のなかで待機していて、棒の先につけたニシンでサメをおびき寄せる。サメがごちそうに気づいたら、サメがもう慣れている網のほうへ棒を振る――そうすればサメはまっしぐらに網のなかへ、というのがみんなの願いだった。

最初、サメはニシンに興味がなさそうだった。棒のまわりを一度目は通り過ぎ、二度目も通り過ぎた。三度目も同じだった。だが、チームはサメが確実にお腹を空かせている状態にしていた。四度目、メスがまっすぐシェリーの網に入った。シェリーはスムーズな動きで一気にサメをすくい上げて水の外で待機している別のスタッフに渡し、そのスタッフが水槽に運ぶ――水槽はバケツリレー隊とポンプ一台によって海水が張られた状態で、エレベーター内に用意してあった。

二匹目のほうがなかなか捕まらないだろうと、誰もが考えていた。ところが、メスが捕まってから二巡目で、オスがモニカの網に入った。オスのほうが体が大きく網から跳び出す力が十分あったので、みんな心臓が止まる思いで見守っていると、オスが逃げ出さないように、最初の網に誰かが別の網をすばやくかぶせた。ダイバーたちがシャワーを浴びるころには二匹のサメはすでにクインシーに向かうトラックに積み込まれていた。

一方、ターポンの移動はそう簡単にはいかなかった。動きを鈍らせるため、水に麻酔薬を溶かさざるをえなかった。一匹は麻酔から回復せず、死んだ。

ビルにはつらい事態だった。私はその前に水族館を訪れた際に、ビルが担当している魚でターポンよりも高齢のオスのアカウオに獣医助手がチューブを使って餌を与えているあいだ、ビルがアカウオを優しく抱いている姿を目にしていた。「こいつ、ずっと食べていないんだ」ビルはひどく心配そうだった。アカウオの問題はありがちなものだった。目に気泡が入り、痛くて食欲がなくなっていたのだ。気泡についてはステロイド入りの目薬を投与されていたが、回復するまで体力を維持することが重要だった。ビルは見るからにぴりぴりしていたが、やがて目薬が効いてアカウオは元気になり、もう一匹のアカウオや褐色のウナギみたいなロックガナル（ニシキギンポの仲間）がいる非公開の水槽に戻ることができた。どちらも近くのメーン州ではおなじみの種だ。

飼育動物が病気になった場合のケアは、どの飼育施設でも同じとは限らない。ある友人が八〇年代前半に小さな動物園で働いていたころ、そこで飼育されているカンガルーが病気になった。友人はオーストラリアの動物園に電話をかけて尋ねた。「そちらの動物園ではカンガルーが病気になったらどうしますか」。するとこんな答えが返ってきた。「撃って別のカンガルーを捕まえに行く」

一方、ニューイングランド水族館では、どの動物も、ありふれた種でも珍しい種でも、思いやりのある専門的なケアを受ける。飼育されている動物を誰もが愛していて、苦しませたり死なせたりしたくないのだ。ビルが世話をしているウミタナゴの一匹は、会陰切開術を受けて療養中だった。ウミタナゴは産卵ではなく出産する魚だが、赤ちゃんがつかえて総排出腔［訳註：消化管の末端と排尿口と生殖口がひとつになっている部分］が裂け、腸がむき出しになった。水族館の獣医で少年のように快活なチャーリー・イニスが、けがをした絶滅危惧種の野生のウミガメを救うときと変わらない集中力と緊急性をもって手術を執刀した。水族館は毎年こうしたウミガメを救出し、リハビリを行い、海に返している。

体長一〇センチのウミタナゴは手術から回復するのに一か月かかった。この日ビルは彼女を回復期用の水槽からそっとすくい上げ、麻酔用の青いバケツに入れて、ガウンと手袋を着用した獣医助手ふたりが抜糸できる状態にする。ひとりが黄色のスポンジタオルでウミタナゴを押さえている隙に、もうひとりが糸を切る。ウミタナゴはじきに非公開の水槽に放されるはずだ。その水槽にはウミエラという、サンゴに棲み、古風な羽ペンのような羽毛状の付属肢を持つ、美しい腔腸動物もいる。ビルが水槽を見せてくれる。隣の水槽には一時ダンゴウオがいて、そのあとがゲンゲ、今はシライトイソギンチャクでいっぱいだ。シライトイソギンチャクは太平洋岸北西部コーナーから移されたばかりだった。ビルはこの水槽にカーリーを移したいと考えている。

でも、いったいいつ移すのか。小さかったカーリーも今ではすっかり大きくなった。私たちが会いにいくと、活発で愛情豊かで、私たちの手にも腕にも吸盤のキスマークを残すけれど、私たちはみんな心配している。今の窮屈で退屈な樽のなかでは、遊ぶものも隠れる場所も見るものもなくて、気が滅入ってしまうのではないか。GOTの改修でただでさえスペースが不足するなか、ビルはもうすぐ水族館の毎年恒例の採集遠征でメーン湾に出かけ、さらに動物を持ち帰る予定なので、水槽争奪戦はいっそう複雑になってくるはずだ。

樽のなかにいるカーリーを見ると、海にいるタコに会いたいという気持ちは募る一方だ。そんなことがいつ、どうやって実現するのか、見当もつかない。二週間後にはニジェールでの仕事が待っている。砂漠に生息するカモシカの仲間のアダックスの調査を記録する仕事だ。砂の海ほど、水に焦がれてやまない私の心とかけ離れたものはない。

ところが、水族館から帰宅した私を待っていたのは衝撃的な知らせだった。隣国マリで活動するアルカイダのテロリストがニジェールにも勢力を拡大し、外国人を拉致しているという。調査旅行は中止になった。私はサハラに遠征する代わりに、カリブ海でタコを探してダイビングすることになった。

＊

メリマックのダイビングショップは毎年秋に、世界有数のスキューバダイビングの名所、コスメルへのダイビング旅行を主催している。コスメルはメキシコのユカタン半島の沖合約二〇キロに浮かぶ島で、その名を冠したコスメルリーフ国立海洋公園は、カリブ海有数のきれいな海域で、世界で二番目に大きいバリアリーフ〔訳註：海岸に並行して続くサンゴ礁で海岸とのあいだにラグーン（礁湖）を持つ〕のうち、大部分手つかずの一万一七〇〇ヘクタールが保護区になっている。サンゴおよそ二十六種、魚五百種あまり、それにタコに会えるチャンスがこの公園の売りだ。

「普通、タコにはなかなかお目にかからない」とショップのオーナー、バーブ・シルヴェスターは言う。私が話をしたほかのダイバーも同じ意見だった。たとえば、私の行きつけの食料雑貨店の店主は、二十五年間、世界中でダイビングをしてきたが、そのうちタコに遭遇したのは一度だけで、彼が近づくと墨を吐いたという。「でもコスメルでは」とバーブは言う。「たいてい夜のダイビングでたくさんのタコに会えるわよ！」めったに見つからない種の場合、「たくさん」といっても二、三匹だが、それでもどんなに興奮する体験だろう。

＊

十一月最初の土曜日、私はニューハンプシャー州のマンチェスター・ボストン地域空港でツアーのメンバーと顔を合わせた。今年はコスメルに行くのは八人――幸先のいい数だと思う――私とビッグD、バーブと夫のロブのほか、ダイバー三人とダイビングをしない配偶者ひとりだ。みんな浮かれて興奮していたが、メキシコの入国手続きで待たされた末に、やっとチェックアウトダイビング――私にとっては海での初ダイブ――の準備のためにスキューバクラブ・コスメルにたどり着くころには、私はくたびれ果てて頭が回らなくなっていた。そのうえ、あたりはもう暗くなりかけていた。

薄暗がりのなかで、装備は理解不能なくらい複雑でなじみのないものに見えた。私はBCDをエアタンクに斜めにくくりつけている。ビッグD（彼女自身ひどく疲れていて、ウエットスーツを裏返しに着たくらいだ）に手伝ってもらってやり直す。ホースのねじを逆に回してOリングを駄目にする（スペースシャトル「チャレンジャー」号の爆発事故もOリングの損傷が原因ではなかっただろうか）。空気が漏れてしまうので、エアタンクを抱えてダイブショップに戻り、別のエアタンクに替えてもらい、ホースを取り付ける。マスク、ライムグリーンのフィン、新品の黒とピンクのウエットスーツを身につけて、ようやくよろよろした足取りで桟橋に向かい、そこからは意を決して大股で歩いてカリブ海に飛び込む。

途端に、怖いくらい大量の海水が鼻に流れ込んでくる。

私はむせながら浮き上がる。海水は鼻血みたいな味がする。私はレギュレーターを外し、「本物」の空気を吸おうとする。ビッグDは親指を下に向け、降下しろと合図する。でも沈もうとしても沈めない！

ほかのダイバーたちが急いでやってきて手を貸してくれる。ひとりはダイブショップから追加のウエートを持ってくる。それをロブが私のBCDのポケットに詰める。海水では淡水よりもはるかに体が浮きやすいので、自分に合ったウエートの量を本番前に把握しておくため、今回のようなチェックアウトダイビングが必要なのだ。ウエートを足してもまだ沈めない。ロブがまた〇・九キロ、さらにまた一・八キロ分を追加する。

あたりはもう真っ暗だ。何も見えない。鼻には相変わらず水が流れ込んでくる。自分のミスにぞっとして、何をどうしたらいいのか、頭が真っ白だ。完全にお手上げだ。

「あなた、初ダイブなんだもの！」ビッグDが励ましてくれる。誰かが明かりを調達してくる。ロブが追加したウエートは合計五・五キロ近くになった。私はドリスに続いて海に入り、泳いで海中のアーチ道をくぐる。水中を飛ぶように泳いで、しばし高揚した気分を味わう。それでもようやくはしごを上って海から上がれると思うと嬉しい。唯一の問題は――それができないこと。フィンが脱げないのだ。

ビッグDが手伝ってくれる。私は自分のダイブコンピューターで、実際の海に潜っていた時間をチェックする。一時間か。四十五分か。スクリーンの表示は水深三メートルで二分間――これではダイビングとしてログ付けすることさえできない。残りの時間は、水面にぷかぷか浮いて、息も絶え絶えになっていたわけだ。

あーあ、と私は思った。明日はどうしたらいいんだろう。

＊

翌朝、私はおめかしする女子学生のように、鏡の前で三十分過ごす。マスクをいじり、ストラップを締め、それをポニーテールにした髪のまわりにどう置いたら鼻の穴いっぱいに海水を吸い込まなくて済むか、あれこれやってみる。出発予定は午前八時半、リーフスター号という全長約一七メートルのバイキング船、十五年前にアメリカであつらえられた特注品で、時速二〇ノット（時速約三七キロ）出せる。その日はまず、潮の流れに乗って移動するドリフトダイビングの予定だった。いったん船を離れたら、船が迎えに来るまで待つしかない。どの桟橋からも遠く離れることになるからだ。

「これからダイビングするところはエル・パソ・デル・セドラル」と、目的地に到着する直前、カリスマ的でがっちり厚い胸板をした我らがダイブマスター、フランシスコ・マルッフォが説明する。エル・パソ・デル・セドラルは細長い背骨のようなサンゴ礁で、浅い砂地と深い砂地を分けている海嶺に沿って塊状のサンゴがある。「サンゴの線に沿って流れが遅くなっているから、そこでウツボが見られるかもしれない。フレンチグラントの大群もいるかも。黄色とブルーの魚で歯ぎしりするんだ。レッドスナッパーもたくさんいるかも……それから」とフランシスコはまっすぐ私を見る。「タコにも会えるかも」。タコを見つけるのは楽しいと、私はすでにフランシスコから聞いていた。「脅かすと目をむくんだ——人間みたいに」とフランシスコは言った。四種類いる可能性があるが、それぞれが形や大きさや色を変えられるので、見分けるのは難しいかもしれない。

船長がエンジンをとめる。私はBCDを装着し、マジックテープのカマーバンドを締め、胸のストラップを調節し、マスクの曇りをとり、フィンを着ける。

「オーケー、行きましょう！」ビッグDが言う。私はマスクを顔に押し当てながら、彼女に続いて舷側をまたぎ、海へ飛び込む。

マスクに水は入っていない。息もちゃんとできる。気をつけながら足元に目をやると、そこには色といい形といいサイケデリックなポスターから抜け出たような幻想的な世界が広がっている。ただし、これらの色や形は生きている――魚やカニやサンゴやヤギ［訳註：ヤギ目のサンゴの総称］や海綿やエビなのだ。サンゴは巨人が口をとがらせたり、骸骨が指さしているような形をしている。ウミウチワはこのうえなく繊細なレースよりも優雅に翻っている。砂はニューハンプシャーの雪のように白く、水は目にしみるようなターコイズブルーで、私たちの周囲のいたるところを、まるで私たちなどそこにいないかのように、野生の動物たちが泳いでいく。自分が透明人間になってよその惑星にタイムスリップした気分だ。違うのは、ここが私が半世紀以上暮らし、南極大陸を除くすべての大陸に足を踏み入れた惑星だということ。にもかかわらず、この惑星のほとんどは私とはかけ離れた神秘のままだった――今の今までは。

いたるところに魚がいる。視界はほぼ無限に広がっている。私の不安は消え去った。

それとほとんど同時にフランシスコが指さすほうを見ると、岩棚の下に体長一五〇センチあまりのウツボが隠れている。さながら美しいモスグリーンのベルベットのリボンといったところだ。口を開けると、とがった歯が見える。以前ニューイングランド水族館にいたウツボは並外れて大きく口を開けて、なかをダイバーに念入りにかいてもらうのが大好きだった、とスコットから聞いたことがある。そのせいか、友だちの友だちに会っている気分になる。

フランシスコにはマヤ人の血が流れているが、魚の血も流れているんじゃないだろうか。水のなかを自分の生まれ育ったところを案内するみたいに自由自在に泳いでいる。だから、私は片方の目でビッグDを追いながら、フランシスコのあとについていく。私たちはさらに遠くまで泳ぐ。

途中でふと自分のダイブコンピューターを見たら水深一五メートル、耳はどちらも問題ない。フランシスコが振り返って私たちを手招きする。彼は巨大なノウサンゴの横にある穴を指さしている。

目がひとつ見え、続いて漏斗が見える。私が指を八本立てて見せると、フランシスコはうなずく。茶色のまだら模様に、白い吸盤。タコは一本の腕を岩からはがし、前に進み出て、目を飛び出させてこちらを見ている。頭部の大きさはこぶしくらいしかない。突然赤くなったかと思うと、白くなり、さらにターコイズブルーに輝く。穴に引っ込んで目だけのぞかせている。それからもう少し出てきて、再び頭部が見え、続いて外套膜がのぞく。漏斗がこちらに向けられ、それからくるりと横向きになる。えらは呼吸のたびに白く光る。

できることならいつまでもここでこうして、タコが呼吸するのをひたすら見ていたいくらいだ。でも、ほかのみんなもタコを見る権利があるから、私は場所を譲り、フランシスコに送る新しい合図を編み出す。指先を少しだけ重ねて、手のひらを胸のほうに向け、激しく脈打っている心臓に近づけたり遠ざけたりする。だがフランシスコは私のうっとりした表情を見て、もうお見通しだった。一年半あまりのあいだに、アテナに出会い、オクタヴィアを知り、今度はカーリーを知ってからというもの、水槽のなかへ、私たちが自分たちの世界に彼女たちを連れてきて住まわせた場所へ手を差し伸べるたびに、私は彼女たちの世界に入りたくてたまらなかった。それがようやく、海に温かく迎えられ、水中で呼吸し、タコの棲む流動的な世界に囲まれ、私の息は銀色の泡になって讃美歌のように立ち上る。ここに私はいます、と。

それからは驚異の連続だ。岩の下にはスプレンディッド・トードフィッシュが隠れている。かつてはコスメルの固有種とされていたナマズの一種で、パンケーキのように平べったくて、青と白の細いよろけ縞が横に走り、蛍光イエローのひれと頬ひげのような触鬚《しょくしゅ》を持つ。サンゴの棚の下では体長一二〇センチくらいのコモリザメが、祈るように静かに眠っている。黄色と黒の縞模様のトランペットフィッシュ（ヘラヤガラ）は、長い管状の吻を下に向けて浮かび、枝分かれしたサンゴのどれかに紛れ込もうとしている。それを見てビッグDが即興の手信号を思いつく。こぶしを口に当て、もう一方の手の親指を握り、指を立てて小刻みに動かして、トランペットを吹いているまねをするのだ。まばゆいピンクと黄色の魚の群れが、私たちのマスクから数センチのところを滑るように過ぎ、それから空を飛ぶ鳥のように一斉に旋回する。

こんな夢見心地は生まれて初めてだ。高揚感が高じて恍惚となり、奇妙な感覚に襲われる。自分の呼吸が頭蓋骨にこだまし、遠く離れた音が胸のなかでずしんと響き、ものは実際以上に近く大きく見える。夢のなかのように、目の前でありえないことが展開し、それでも私は疑いもせずに受け入れる。水中では、意識の状態が変わり、認識の焦点、範囲、明確さが劇的に変化する。カーリーとオクタヴィアはいつもこんなふうに感じているのだろうか。

私にとって海は、ティモシー・リアリーにとっての幻覚剤ＬＳＤのようなもの。リアリーは、現実にとってのＬＳＤは生物学にとっての顕微鏡と同じで、以前はアクセスできなかった現実認識が可能になる、と主張した。シャーマンや探求者はキノコを食べ、霊薬を飲み、ヒキガエルをなめ、煙を吸い、嗅ぎタバコを吸引して、通常は経験できない領域に意識を飛ばす（こんなことをするのはヒトだけではない。ゾウやサルなどの種も、わざと発酵した果実を食べて酔っぱらう。最近の発見によれば、イルカはある種の毒フグを分け合って、人間がマリファナタバコでも回すように口先から口先へそっと回したあと、見たところトランス状態のようになるという）。

平凡な日常の意識を変えたいという思いは、誰にでも生じるわけではないが、人類の文化に繰り返し現れるテーマだ。自己を超えて精神を拡張すれば、私たちは孤独を和らげ、ユングが普遍的意識と呼んだもの――代々受け継がれてきた、すべての精神の原型――とつながることができる。プラトンのいう宇宙霊魂（アニムス・ムンディ）、すべての生命が共有する非常に広範囲な世界霊魂とひとつになる。文化によっては瞑想、薬物、あるいは肉体を痛めつけるといった方法で精神状態を変化させ、動物の精神と交流する可能性を模索することが奨励される。普段の生活では動物の知恵は人間から隠されているように思える場合もあるからだ。でも私の場合は、スキューバダイビングによって精神状態が変化しているあいだ、意識がもうろうとしているわけではない。すっかり夢見心地ではあっても頭は冴えたままで、自分の意志で、海そのものが見ている夢ではないかと思えるものの一部になっている。

夢が現実ではないなんて、誰が言うのだろう。インドの神話には、ナーラダという苦行者がヴィシュヌ神に気に入られ、散策に誘われる話が出てくる。のどが乾いたヴィシュヌはナーラダに水を汲んでくるよう頼んだ。ナーラダがとある家に入ると、たいそう美しい女がいて、ナーラダは何をしにきたのか忘れてしまう。ナーラダは女と結婚し、土地を耕し、家畜を育て、三人の子供をもうけた。やがて激しいモンスーンがやってきた。洪水が村の家々や家畜や人々を流し去るおそれがあった。ナーラダは片方の手で妻の手を取り、もう一方の手で子供たちを抱きかかえた。しかし水の勢いはあまりに強く、一家は流されてしまった。ナーラダは波にのまれた。岸に打ち揚げられ、目を開けると……そこにはヴィシュヌがいて、まだ水を待っていた――ヴィシュヌはしばしば、底なしの海の上で眠る姿で描かれ、見ている夢が泡となって宇宙を創造している。

リーフスター号に戻った私は、マスクを外して嬉し涙を流す。

*

私は日々、見たことのない壮大な眺めに酔いしれる。オポッサムのしっぽのように物をつかめる尾を持つ、体長八センチ近いクロウミウマ。背びれをウエディングドレスの長い裾のようになびかせている、六つの種のエンジェルフィッシュ。黄色い唇の魚や紫の尾をした魚。オウムみたいに色鮮やかな魚や、円盤に似た形の魚。鎖かたびらのような凝った模様の魚や、ヒョウの斑点にところどころトラの縞模様が混じっている魚。想像をかき立てる名前を持つ魚――「上級曹長《サージェントメージャー》」。「青い色素《ブルークロミス》」。「道化師《ハーレクイン》バス」。「妖精《フェアリー》バスレット」。「滑りやすい棹《スリパリーディック》」。

ある晩、私たちは岸からダイブする。私は一瞬で暗闇で自分のグループとはぐれ、間違って別のグループに加わる。混乱して方向がわからなくなり、泳いで桟橋に戻って、ダイビングをあきらめざるを得ないと意気消沈する。ところがロブとビッグDが戻ってくる。「タコを見つけよう！」ロブが言う。私の手を取り、自分のライトで魚を照らす。危険を感じると風船のように体を膨らませるハリセンボン。頭に舵のような角があるコンゴウフグ。砂地に寝そべる平べったくて幽霊のようなアメリカアカエイ……。そのとき、ロブが私の手を強く握って懐中電灯で海底にいる別の何かを指し示す。最初はてっきり、丸々としたオレンジスターフィッシュのことだと思った。でもそのすぐ隣に、死んだサンゴの割れ目から、茶色がかった赤の何かが私たちのほうへにじり寄ってくる。そのタコは腕を広げ、白い吸盤を見せ、両目を高く突き出している。懐中電灯の光にいらだって真っ赤になり、排水管に吸い込まれていく水のように巣穴に引っ込んで、姿を消す。

＊

十一月七日、火曜日。「きょうは」フランシスコがダイブのブリーフィングで指示をする。「コロンビアの一部でダイブします。コロンビア・ブリックスです」。私は自分のガイドブックで、島の南端の断崖のへりにある、このサンゴ礁について読んでいた。「巨大なサンゴの柱が白い砂地にそびえ、海に向かって、下の連続する段丘のほうへ傾斜している……」。巨大なハマシコロサンゴ、ウミウチワ、巨大な海綿、大きなイソギンチャクで有名だ。

「スタート地点にはたくさんのレンガと、錨がひとつある」フランシスコが続ける。「海底で集合したら、泳いで岩棚を横切り、断崖にたどり着く。そこにはところどころ張り出した尖礁があって、それから壁に出る。カメに会えるかもしれない。先週は大きなイルカが二十五頭、後ろから近づいてきて、この場所の真ん中に向かってきた。サメやアカエイを見かけるだろうし、一か所にロブスターが十四いるときもある」

「二五メートルまで潜ります。流れが速くなったらサンゴ礁のそばを離れないこと。浮上したら漂流を続けて」

まずビッグDが大股で船から飛び降り、私もあとに続いた。ところが何かおかしい。水深三メートルで耳が痛くなる。少し上昇し、違和感をなくそうと鼻を押さえていきむ。効果はない。ほかのメンバーが海底にいるのが見える。降下しようとするけれど、痛みがひどすぎる。ドリスに「耳抜きがうまくできない」とサインを送り、ロブにも同じサインを送る。

ロブが身振りでこつを教えてくれる。頭を片側に傾け、続いて反対側に傾ける。鼻を押さえずにいきむ。さらに少し上昇して、もう一度やってみる。でもやっぱり駄目だ。無理もないかもしれない、と思う。きのうは三回ダイビングして、そのうち一回は私にとっては一番深い、水深二五メートルまで潜った。それからけさは、いつもの充血除去効果のある鼻スプレーをするのを忘れてしまった。

ロブと一緒に水面に浮上する。「この痛みってどのくらいひどくなる可能性があるの？　ひどくなっても続けていいの？」とロブに訊く。「続けるのはやめておいたほうがいい」とロブが言う。私は考える。明日はボートからの夜間ダイブ——タコを見るにはこの一週間で最高のチャンスだ。そのチャンスを逃すわけにはいかない。

私はクルーの助けを借りてボートによじ登り、頭と言うことを聞いてくれない耳を両手で覆い込むようにして、しょぼくれてベンチに腰を下ろす。一時間半後の次のダイブまでに耳の違和感がなくなるよう祈りながら、充血緩和剤スーダフェッドを一錠飲み込む。

時間は、ゆっくり進んでくれたらいいのに、という私の思いとは裏腹に、あっと言う間に過ぎていく。ひょっとしたら、海では時間の流れそのものが、水の重さと粘性によって遅くなるのかもしれない。カーリーやオクタヴィアの水槽に手を入れるだけでも、私には時間の流れる速度が変わったように感じられる。ひょっとしたら、と私は思う。創造主もこんなふうに、重みがあって、優雅で、流れる水のような時の流れのなかで、考えるのかもしれない。シナプスが発火するように瞬時にではなく、血液が流れるようにゆったりと。水の外では、人間は落ちつきのない子供のように、あるいはマルチタスクをこなしているけれど集中できない、スマートフォンをいじるティーンエイジャーのように、動き、考える。けれども海に入れば、よりゆっくりと、より強い意志を持って、それでいて、よりしなやかに、動かざるを得ない。海に入ることで、人は大気のなかでは経験したことのない優雅さと力に浸る。水に潜るというのは、地球の広大な夢見る無意識に入り込む感じがする。水の深さ、流れ、圧力に身をゆだねるとき、人は謙虚になると同時に自由になる。

三十分後、仲間たちが現れるが、私の耳は相変わらずだ。マイクがいる。彼も私たちのグループのダイバーで、やはり耳にトラブルを抱えていたが、私と違って最後までダイビングをやり抜いた。そのマイクも今は鼻血が出ていて、次のダイブまで座って安静にしていなければならず、私同様、意気消沈している。

マイクと私が参加できないダイブについて、フランシスコがブリーフィングを始める。今度のダイビングスポットはチャンカナブ国立公園、ロブスターとトードフィッシュの名所だ。「後半が僕にとってはベスト」だとフランシスコは言う。「ウミガメに会えるかもしれない。もし会えたら、それはアオウミガメだ」

「マートルと同じね！」ビッグDが私に言う。きょうはいつもなら水族館のボランティアの日なのだという。「マートルは私がいなくて寂しがってるかしら」

「水深は最大一五メートル」とフランシスコが言う。「気をつけて。砂はパウダー状で、すぐ巻き上がる」

それから、マイクと私が見守るなか、仲間は私たちをボートに残してターコイズブルーの水に飛び込んでいく。

このときだけは、私は変貌の一部始終を見守ることができる。今までは自分自身の準備をするのに必死で、ほかのことまで気が回らなかった。海に入るときは、大きなフィンを引きずるようにして、船上を大股で歩く、いわゆる「ジャイアントストライド・エントリー」だ。何やら厳かで洗練された方法のような響きだが、実際にやってみれば、ジャック・クストーでさえ、モンティ・パイソンのお笑い番組に出てくる「ばかあるき省」から出てきたばかりのように見えるだろう。経験豊かで品格のある仲間のダイバーたちが、情けないくらいかっこ悪くて頼りなく、やる気満々なのに無防備に見えるなんて、ショックだ。そのダイバーがたちまち生まれ変わる。別の現実に飲み込まれ、足を引きずって歩く怪物から重力から解き放たれた優雅な存在へと変貌する。死んで魂が天国に昇るときも、こんなふうなのだろうか。

＊

水曜日の明け方、いつもならカーリーやオクタヴィアに会いに行く日だ。今週はボートからの夜間ダイブの日、今回のツアーで野生のタコに会える最大のチャンスだ。私の耳についてはかなり議論が交わされた。マイクとロブは大丈夫だろうという意見だが、ビッグDとバーブは、朝一番のダイビングはやめるべきだという気持ちが強い。水深二〇メートルを超える最も深いところに潜るからだ。そのあとに午後のダイブが一回。さらにその後、夜間ダイブの前に、夕方のダイブが一回ある。

だから私もみんなと一緒にボートには乗るが、最初のダイブはパスする。フランシスコの話では、このあたりにはグリーンのウツボやカメやサメが生息しているはずだが、残念ながら会えない。きょうは風が強く、潮の流れも急だ。大きな波の下に入ろうと、みんな急いで飛び込む。ところがビッグDの装備に問題があるようだ。BCDのインフレーターホースがきちんと装着されていない。乗組員ふたりが手を貸して、ピットクルー並みに手際よく直すが、ほかのみんなはすでに降下していて、ビッグDは遅れてしまった。彼女が飛び込んだあと、みんなに合流できたかどうか心配で、私は海を見つめる。でも波が荒くて何も見えない。泡ひとつ見えず、私の大好きなインストラクターの姿は影も形もなく、姿の見えなくなった仲間に合流したという証拠も見当たらない。別のグループを海に送り出すため、ボートは離れていく。ビッグDは自分が何をしているのかわかっているはずだとは思うが、それでも気がかりだ。

船長も気にしている。もう一方のグループを送り出すと、さっきの場所に戻る。でも海はボートとダイバーだらけだ。私たちのグループはどこにいるのか。突然、ダイバーの位置を知らせる細長いオレンジ色のマーカーブイ――「セーフティ・ソーセージ」――が水面に現れる。ビッグDも一緒だ！　けがでもしたのだろうか。

ビッグDは無事だが、グループを見失ってしまったらしい。「ずっと探して探して探し続けたんだけど」彼女は冷静な口調で言う。「見つけられるかどうかわからない！って思って」。ビッグDはいつものように陽気に、水から出てデッキに上がる。「このソーセージ、四年前から持ってるけど、使ったのは初めて！」

乗組員が波間の泡に、ほかのメンバーが出す泡に目を凝らす。ついにグループがどこにいるかがわかり――肝っ玉の据わった我がインストラクターは、臆することなく再び海に飛び込む。

だが、ほかのダイバーは、きょうはそこまで冷静ではいられない。強い風と速い流れのせいで、多くのダイバーがドリスと同じ問題に悩まされた。二回目のダイブでは、これも私はパスしたのだが、海面はソーセージだらけになってドイツの肉屋も顔負けだった。私たちは迷子になって漂流しているダイバーのひとりを救助した――年輩の紳士で、そんなことになってすっかり動揺していた。「いつもは水面に出るとボートが待っているのに！」と、まくしたてた。ところが、この日は自分のグループの船の名前もダイブマスターの名前も思い出せなかった。彼を私たちのボートに受け入れられたのは、「むかつき野郎《ピューキーガイ》」とあだ名をつけたかわいそうな男性がいなくなって、スペースに余裕があったからだ。その男性は気分が悪くなった際に、本来は手すり越しに海に吐くべきところをデッキに吐いて、ほかのメンバーにも吐き気を伝染させてしまった。あとになって、私たちは彼が別のボートに乗っているのを見つけた。ボートを間違えたらしい。最終的には迷子の紳士の船を見つけ出し、ピューキーガイを引き取ったのだが、ピューキーガイはウエート用のベルトを間違って乗ったボートに置き忘れるという芸当をやらかした。

昼間でさえ、こんなに迷子のダイバーが出るなんて、先が思いやられる。夜間ダイブではいったい何が起きることやら。

＊

午後三時、私たちはトワイライトダイブのため、桟橋に集合する。ダイビングスポットまで一時間かかるからだ。「今度のスポットはデリラ」だとフランシスコが言う。「水深一八メートルまで。早い時間だし、そんなに暗くはならないだろう。でも何かライトは持って行くこと。窪地をチェックして。ちょうど、南下するウミガメや、ねぐらを探すコモリザメ、それからブダイも見かける時間帯だから。流れが速くなったら、サンゴ礁のそばにじっとしていること、いいね？」

耳がもちますようにと、私は祈る。

ビッグDに見守られて、私はとてもゆっくりしたペースで、耳抜きを繰り返しながら、降下する。海底に着いて、ビッグDに「オーケー」のサインを送る――気づくと、ほかのみんなも私が大丈夫かどうか見守っている。四十分はあっという間に過ぎ去り、ダイブコンピューターを見ると水深は二七メートルを超えているが、痛みではなく喜びしか感じない。大きな青いマトンスナッパーがずっと私たちのあとをついてくる。水の色が濃さを増し、私は自信を増す。大丈夫、きっとできる。あとはタコが協力してくれさえすればいい。

＊

あたりは暗くなり始め、温度も下がってくる。上甲板で待つこと一時間、血液中にたまる窒素をガス抜きしながら、ビッグDと私は抱き合って一枚のタオルにくるまり、震えながら、くすくす笑っていた。でも今は緊張している。あれこれ考える。自分の耳のこと。周囲の闇のこと。もう夜で、しかもここは海なのだ。

フランシスコがダイビング前のブリーフィングをする。「そろそろ着く」と彼は言う。「天国に。ここはパラディソと呼ばれている。コスメルでも一番の夜間ダイブスポットだ。たぶんタコやサメに会えると思う。でも毎晩ここに来るたびに違う。タコがたくさんいる夜もある。満月の夜にはタコは外に出てくる。捕食動物だから、月明かりを頼りに狩りをするんだ。でもロブスターは巣穴でじっとしている。巨大なカニが見られるかもしれない。大型のイカも。ウナギもいる。ヘビそっくりなシャープテールイールだ。サンゴ礁の側面にいる」

「まず海上でボート後部に集合し、一緒に海に入る。ライトをつけて。手信号を使うときは手元を照らすように。浮上するときは、水面に出たらヘッドライトをつけて、ボートから見つけられるようにすること」

「僕はオレンジっぽい茶色のライトとグリーンのライトを持ってる。それが見えたら僕だ。よし

――行こう！」

ライトは各自ふたつ。懐中電灯と背中のライトスティックだ。私はロブに続いて海に入る。今回と同じく岸からの夜間ダイブだったチェックアウトダイブのときの問題点を踏まえ、ロブはダイブ中ずっと私の右手を握っていることにした。私たちは一緒にゆっくり降下する。水深九〇センチを過ぎたあたりで私は耳抜きを開始する。締めつけられる感じがする。鼻をかみにかんで、もう少し降下する。水深三メートルでロブに「耳にトラブル」と合図する。私たちは一緒に三〇センチから六〇センチ上昇する。私はフレンゼル法をやってみる。ヴァルサルヴァ法もやってみる。頭を片側に傾け、それから反対側に傾ける。これでいくらかましになった。左手をライトで照らし、「オーケー」と合図を送る。降下する。三〇センチ、六〇センチ、九〇センチ。両耳が悲鳴を上げる。それでもまだ痛みに耐えられるうちは、続けるつもりだ。

ついにロブと私は海底でみんなと合流する。私たちは暗闇のなか、サンゴ礁に沿って進む。ロブが手を握っていてくれて本当にありがたい。浮力を調整し、懐中電灯を使って水深計をチェックし、耳抜きをし、ときにはマスクの曇りも取りながら、懐中電灯の小さな円形の光で動物を探す、というのを全部同時にやるのは、とても大変だとわかってきたから。まるで小型カプセルに乗って宇宙空間を旅している気分だ。あたりには闇が重く垂れ込めている。私の感覚は収斂し、増強されて、ひたすらこの小さな光の円に集中している。そこに現れるのは巨大なカニ、高くそびえる紫色のサンゴの小塔、鮮やかなブルーのエンジェルフィッシュ！　フエダイがサンゴの下に群がっている。スパイニーロブスターが触覚を揺らす。前方で遠くの稲妻のような閃光が見える。仲間たちのカメラのフラッシュ、彼らのＢＣＤから光の飛行機雲がたなびいている。それから――タコだ！　私はロブの手を強く握るが、ロブもタコが巣穴からにじり出てくる様子をすでに見ている。褐色の体に白い縞模様、それが淡くなって、腕が巣穴から浮かび出てくる。三本の腕が前に進み出て、それから頭の向きが変わり、タコはふたつの目でまっすぐ私たちの顔をのぞき込んで、体色を緑に、続いて褐色に変え、姿を消す。

ヨコミゾスリバチサンゴに棲む動物たちが触手を伸ばしている。紫やオレンジ色の海綿がうねるのが見える。二匹目のタコだ！　タコの両目が飛び出し、元に戻る。目のまわりの部分は黄色、瞳孔は細長いスリット状だ。一瞬で皮膚に小さい斑点を浮かび上がらせ、星空のような模様になって、それから液体が流れ込むように巣穴に戻っていく。

前方では、私の懐中電灯の明かりに照らし出されて、フランシスコがフグと遊んでいる。フグはどういうわけか、お腹をフランシスコにそっと撫でられても抵抗しない。でも、ロブが自分のライトをくるくる回して私の注意を惹こうとしている。私たちの真下に三匹目のタコがいる。私は頭をひょいと下げ、足を上にして、タコを観察する。このタコは前の二匹に比べて大きく、それほど警戒する様子もない。漏斗を私とは逆方向に向けて、私のほうに這ってくる。縞模様が浮かび、続いて水玉模様が浮かぶ。何だか私のことを試しているような気がする。私がどう反応するかを調べるために、実験をしている科学者みたいだ。ここにいたいけれど、潮の流れが私を運び去ろうとし、闇のなかでほかのみんなとはぐれるわけにはいかないロブも、私を連れ去ろうとする。映画『ドクトル・ジバゴ』の終盤で、長いこと行方のわからなかったラーラをモスクワの街で見つけたジバゴの気分なのに――私は海に捕らえられていて、潮の流れが私を先へと進ませる。

私の目の前で、私の明かりの円のなかに、驚異が浮かび上がる。シャープテールイール、尾は平たいへらのような形で、先端がとがっている。ストライプドグランド、歯ぎしりのような音を出す。鮮やかなブルーのエンジェルフィッシュ。巨大なカニ。しかし私の両耳の中耳内の圧力は上昇している。なかなか集中できない。しょっちゅう耳抜きをしても効果はなく、頭のなかで奇妙な水中の効果音が生まれ、自分のレギュレーターが立てるダースベーダーのようなシューッという音と一緒に、何かがきしむ音とぶくぶくいう音がする。ロブの手が私の手を握っていなければ、私は完全に方向がわからなくなっていただろう。

そのとき四匹目のタコが、今度はサンゴ礁の壁にいる！　このタコはとても小さくてシャイで、両目と吸盤がサンゴのなかにある巣穴からのぞいているのが見えるだけだ。ロブが親指を立てて浮上する時間だと合図するころには、私の両耳は悲鳴を上げている。私はロブと一緒に、死にかけた魂がしぶしぶ肉体から離れるかのように、ゆっくりと上昇し、泡が私たちの上に流れ星のように銀色の軌跡を描いているのを眺める。

第六章　出口　自由、欲望、脱出

水族館に戻ってみると、高齢のオクタヴィアはまだ元気にやっている。とても活発で、吸盤を回転させ、口をガラスのほうに向ける。それからひょいとひっくり返り、体が頭部の下にぶら下がった状態になる。彼女はアイバーをつくり、続いて斑点を浮かび上がらせ、それから三本の腕で額を撫でる。えらの開口部を水差しのように大きく開け、腕を一本、その入り口に挿入してから、腕の先端を漏斗から突き出し、タクシーをとめようとしている人のように振っている。その腕を引き抜いて、別の腕を突き出す。色が薄くなり、息をするたびに体を大きく膨らませて漏斗をとおして力強く息を吐く。瞳孔は太い線になって、真剣そのものという表情だ。続いて漏斗を人間などの舌よりも自在に回して向きを変え、漏斗は私には見えなくなる。オクタヴィアは体色を変え続ける。アイバーは消え、今度は星形の模様が現れる。一本の腕で巣穴の奥へ卵をふわりと移動させる際、浮かび上がるまだら模様は豪華なペルシャ絨毯のように豊かで多様だ。オクタヴィアが向きを変え、卵の列が六〇センチあまり先まで続いているのが見える――何千どころか何万個もある。見に来ている子供ふたりとそのお母さんに向かって卵のほうを指さすと、三人とも驚いて息をのむ。

　上の階に続く階段の半ばあたりでウィルソンが水槽の蓋を開け、長いトングを使ってオクタヴィアにイカをまず一匹、続いてもう一匹差し出す。私は下で、クギ付けになっている子供たちと一緒に見守る。オクタヴィアが夢中になってイカを食べているとき、ヒマワリヒトデが一本の腕の先の管足をウィルソンのほうへ伸ばす。「魚をちょうだいって言ってるのよ」と、私は子供たちに説明する。「ヒトデは脳みそがないんだけど、頭は悪くないの。ほら見て！」ヒトデは胃のある側を、水槽のガラスの、ちょうど子供たちの目の高さにくっつけていて、ウィルソンが要求に応じてシシャモを与えると、それを細い茎のような管足の一本から次の一本へリレーし始める。驚きのあまり口をあんぐり開けて見守る子供たちの目の前で、ヒトデは腕の先端から口までたっぷり二〇センチ以上の距離を、ゆっくりと餌を運んでいく――そして今度は口から胃を外に押し出す。「胃から直接酸を垂らして餌を溶かすことができるの！」と、私は子供たちに話す。人間の口のなかで咳どめドロップが溶けるみたいに、魚が溶けてなくなるのを見て、子供たちは歓声を上げる。

　一方、カーリーは今ではオクタヴィアとほとんど変わらないくらいまで大きくなり、飼育場所の問題が切実になっている。クリスタとウィルソンの話では、先週はふたりが餌をやろうとしたら、カーリーの腕が樽からものすごい勢いで飛び出してきたものだから、大急ぎで吸盤をはがして逃げ出さないようにするのが精いっぱいだったという。「とにかく外に出ようと必死になってるみたい」だと、クリスタが私に言う。でもきょうのカーリーはまったく興奮した様子はなく、人なつっこくて穏やかな印象で、彼女の冷たくて湿り気を帯びた吸盤の抱擁が温かな歓迎のしるしに感じられる。

ひょっとしたら、先週の騒ぎは新しいお隣さんたちが原因だったのかもしれない。同じ排水だめの水を使っているウミタナゴが病気になって吸虫駆除薬のプラジカンテルを投与されているのだが、この薬がタコにどんな影響を与えるかは不明なので、ビルはカーリーの樽をほんの数メートル先の、別のところから水を引いている巨大な水槽に移した。今はその水槽のなかに樽が浮いている状態で、その水槽ではビルがメーン湾に遠征して集めてきた動物たちが飼育されている。イソギンチャク。極彩色のピクルスみたいなナマコの一種、オレンジフッテッドシーキューカンバー。クシエラボヤという、根ショウガみたいな形のホヤ。それにダンゴウオ、軍艦みたいな灰色で、丸ぽちゃで魅力的、口はアルファベットのOの形のままで、いつでもびっくりしているように見える。ダンゴウオは波にさらわれないように適応した体の構造を持つ。お腹に吸盤がひとつあって、窓ガラスにくっつく飾りみたいに、どこにでもくっつけるのだ。頭もいい。二〇〇九年の動画には、ブロンディーという名前のダンゴウオが、水族館の海生哺乳類トレーナーと訓練に励む様子が記録されている。訓練の甲斐あって、ブロンディーは泳いでループを通り抜け、指示されれば口から泡を出し、じっとして獣医に体をかいてもらい、水面近くで小さな円を描いて回れるようになった。我が家のボーダーコリーのサリーも以前、私と一緒にしつけ学校を受講したのだが、頭のいい血統で有名な種類の犬なのに、この最後の指示「回れ」を、私はサリーに覚えさせることができなかった。

新入りのダンゴウオのうち一匹が、どうもカーリーに興味を持っているようだ。きのうのビルの話では、カーリーに餌をやっていたら、そのダンゴウオが寄ってきて、カーリーの腕の先を念入りに調べていたという。

「だから、たぶんカーリーにとっては今までより、いろいろと面白いんじゃないかな」とクリスタは言う。「そう願うよ」ウィルソンが言う。「あの子は少しは楽しまなきゃ」

カーリーは周囲にいる生き物たちのことを、相手に触らなくても、味覚によって知ることができる。カーリーの化学受容器は二五メートル以上離れたところから化学情報を探知できる。タコの吸盤が海水に溶けている化学物質を識別する精度は、人間の舌が水に溶けている味を識別する精度の一〇〇倍との研究結果もある。もしかしたらカーリーは、同じ水槽にいる生き物たちの種や性別や健康状態を把握しているのかもしれない。

タコは普通はほかのタコとあまり交流しないが、ほかの種との関係については、獲物を狩ったり、捕食者から隠れたりすること以外は、ほとんど知られていない。家庭での頭足類の飼育に詳しい専門家は、家庭で飼育する場合、タコをほかの動物と同じ水槽で飼わないようアドバイスする。さもないとタコが相手を殺して食べてしまうおそれがあるからだ。しかし、同じ水槽にいる生き物との関係は必ずしも敵対的なものばかりとは限らない。バンクーバー水族館の学芸員のダニー・ケントは、ブリティッシュコロンビア州沿岸水域の展示コーナーでは、「何年も根魚の群れと同じ水槽で飼育されていても食べたりしない個体もいれば、すぐに一匹残らずたいらげてしまう個体もいる」ことに、気づいたという。この水族館の容量二四万六〇〇〇リットルのジョージア海峡コーナーで飼育されていたオスのタコは、水面近くの人工の岩山の壁を這い上がって、水柱に腕を一本垂らすのが好きだった。このオスが腕を釣り竿代わりにして、その腕にニシンがぶつかるのを待ち、ぶつかったら捕まえて食べているのを、ケントが見つけた。

同じ水槽にいるタコとほかの生き物との関係は複雑な場合もある。二〇〇〇年、シアトル水族館は容量一五〇万リットルあまりの水槽でミズダコを体長一二〇センチから一五〇センチくらいのツノザメと一緒に飼育するという、リスクの高い決断を下した。ミズダコは脅威を感じたら隠れるだろうと考えてのことだった。しかし、水族館側は間違っていた。水族館側が驚愕したことに（そして二〇〇七年に事件の再現動画がインターネットに投稿されて拡散し、それを見た二百九十万人が驚いたことに）、ミズダコは隠れるどころか、計画的にサメを殺し始めたのだ。サメは食べられて姿を消すのではなく、水槽のなかで死体となって発見された。これは捕食ではなく、身の危険を感じてとっさに対処したわけでもなかった。元の報道および動画の説明によれば、サメ殺しは一連の先制攻撃で構成され、タコはサメに脅すチャンスすら与えず、未来の捕食者を抹殺していた。

これとはまた別の、異種間の関係を物語っていたかもしれない光景を、私はコスメルで目にしていた。その手の関係についての報告を私は目にした記憶がなかった。私にとってツアー最後のダイブで訪れたのはごく普通のサンゴ礁で、大きなサンゴや長い岩礁や張り出した岩が比較的少なかった。ダイビング開始から三十分くらい経過したころ、水深九メートルくらいで、私たちは岩の張り出した部分の下の白い砂地にウデブトタコがいるのに気づいた。私がタコから二メートル弱のところまで近づいてみると、驚いたことに、赤いのやら緑色のやら、甲殻が五センチから七センチくらいの生きたカニが十数匹、タコの真ん前の、ほんの数センチ先に集まっているのが見えた。カニにとっては大ピンチのはずなのに、それにしてはカニたちはとても落ちついているように見えた。なかにはゆっくり這っているのもいたが、カニが離れすぎそうになると、タコは腕を一本伸ばして（私の印象では、どちらかといえば優しく）カニを近くに引き寄せるのだった。

この状況は何もかも奇妙だった。タコは大好物の生きたカニがよりどりみどりのビュッフェ状態だというのに、皮膚の色は興奮しているときみたいに真っ赤になってはいなかった。白くて、ターコイズブルーの光沢があった。放浪癖のあるカニを連れ戻す際も、吸盤を使っている様子はなく、腕を使って掃き寄せるようにしていた。カニたちも、妙な話だが、慌てる様子はなかった。普通ならタコの巣穴の外で見かける貝殻やカニの残骸も見当たらなかった。でもひょっとしたら、あれは巣穴ではなかったのかもしれない。いずれにしても、あれだけたくさんカニがいたのだから、ひょっとしたら仲間の死骸の上に立っていたのに、私が気づかなかっただけなのかも。タコは私をちらっと見たが、すぐに、カニたちの世話を焼くことに再び注意を向けた。私たちが近づいても引っ込まず、私が九〇センチくらいの距離まで近寄っても気にする気配はなかった。

私はその場所にもっといたかったが、潮の流れが強く、しかもこの回はドリフトダイブだった。水族館に戻ってから、友人たちに尋ねる。あのカニたちはあんなところで何をしていたのだろうか。どうして逃げなかったのか。あのタコはカニ牧場を運営していたんだろうか。というのは冗談半分。別の考えも投げかけてみる。あのタコが墨でカニたちを麻痺させていた可能性はあるだろうか。

アメリカの海洋動物学者G・G・マギニティーとネッティー・マギニティーは時折、カリフォルニアアツースポットタコのいる水槽にウツボを入れた。ウツボはタコを探し、近寄りすぎると、タコが墨を吐いた。ウツボは狩りを続けるのだが、タコを襲うことはなかった。実際にタコに触れても、タコを襲ったり食べたりすることにはまったく興味を示さなかった。何度やっても同じだった。

タコの墨にはメラニン色素のほかにも、生物学的に重要な物質が複数含まれている。そのひとつがチロシナーゼ、敵の目に入るとひりひりし、えらを詰まらせる。しかし、ほかの効果もある。一九六二年にイギリスの薬理学誌「ブリティッシュ・ジャーナル・オブ・ファーマコロジー」に発表された論文によれば、哺乳類を対象とした実験で、チロシナーゼはオキシトシン（「抱擁ホルモン」）とバソプレシン（血流に作用する抗利尿ホルモン）の働きを阻害するという。魚、鳥、爬虫類、それにタコをはじめとする無脊椎動物はそれぞれ、これらに相当する独自のホルモンを持っている。そして哺乳類の場合と同様に、魚に対する実験でも、オキシトシンは社会的相互作用に影響することがわかっている。このホルモンの通常のレベルが変化すれば、カニなど普段は単独行動をする生き物が、大ぜいのなかでもいつになく冷静でいられるのだろうか――その大ぜいのなかに最大の天敵がいる場合でもそうなのだろうか。

タコの墨には「報酬系ホルモン」として知られる神経伝達物質ドーパミンも含まれている。私は先日、ドーパミンに言及した投稿を、お気に入りのタコブログのひとつ「セファラブ」で見つけた。セファラブは頭足類の生態と心理を研究するブログで、二〇一〇年五月、当時バッファロー大学の心理学専攻の学生だったマイク・リシエツキが開設した。リシエツキは研究者のメアリー・ルセロ、W・F・ギリー、H・ファリントンによるイカスミの研究を引き合いに出して、次のように憶測した。「イカスミは捕食者をだまして、イカを捕まえて食べている『つもり』にさせるのかもしれない……。捕食者は口にイカスミが入ると、通常は肉を食べていることを知らせるアミノ酸を感知し、すでに獲物を捕まえて食べているかのように振る舞い、追跡をやめる可能性がある」。たぶん、あのカニたちが慌てもせずにぶらぶらしていたのは、墨の力で幸福感と満足感に浸っていたからではないだろうか。

「深読みしすぎじゃないかな」とウィルソンが言う。

「あら!?　タコがカニ牧場を運営して、墨の力でカニたちをつなぎとめてるって考えるのが、どうかしてるっていうの？」私は言い返す。「それなら、こんな話があるのよ」

私は哲学者のピーター・ゴドフリー＝スミスと交わした会話について話をする。ゴドフリー＝スミスは夏にはシドニーハーバー周辺で、オーストラリアコウイカやタコに囲まれてダイビングを楽しむ。こうした出会いはゴドフリー＝スミスに言わせれば、「知的なエイリアンに遭遇するようなもの」だという。

彼が出会った頭足類も人間と同じように知的で周囲の状況を把握している。「しかし、腕にあんなにたくさんニューロンがある！」とゴドフリー＝スミスは言った。「われわれとは心理学的構成の様式ががらりと違うかもしれない。ひょっとしたら、タコにおいて集中型の自己を伴わない知性が見つかるかもしれない。タコの設計図があるとしたら」ピーターは問いかけた。「いったいそこには自己意識は、経験の蓄積というものはあるんだろうか。ないのだとしたら、われわれの設計図とはあまりにかけ離れていて、考えられない何かを想像しなければならない」

集中型の意識がないとしたら、タコはピーターが示唆するように、「協同的・協力的だが、分散型の意識」を持っているのだろうか。複数の自己という意識があるのだろうか。腕の一本一本が文字どおり独自の精神を持っているのだろうか。

タコには内気な腕と大胆な腕があるという可能性さえある。ウィーン大学の研究者ルース・バーンの報告によれば、彼女が飼育するタコたちは、新しい物や迷路を探るのに、いつも決まってお気に入りの腕を使った――どの腕も同じように器用なのに、だ。バーンが調べた八匹のタコはみんな、腕を全部使って獲物に飛びかかり、腕と腕のあいだの傘膜も、腕も、なんであれ見つけた餌に巻きつけるのだった。ただし、どのタコも、物を扱う場合は一本か二本、もしくは三本のお気に入りの腕を組み合わせて使った。八本の腕すべてを組み合わせれば、バーンの計算によれば実際には四百四十八の組み合わせが可能だが、研究チームが数えたところ、タコは物を扱う一本か二本か三本の腕の異なる組み合わせ四十九種類だけを使っていた。

これを単に利き手の例と考えることはできる。水槽飼育のタコの場合、少なくとも利き目があることは知られており、それが利き目に最も近い前側の腕に伝わるのかもしれないと、バーンは考えている。

しかし、大胆な腕と内気な腕があるのならばその二本は大きく違っている可能性もある。腕は専門の作業に使える――たとえば、あなたが左手で釘を持ち、右手で金槌を振るうように――が、腕の一本一本には、ほとんど別の生き物のように、それぞれ個性があるかもしれないのだ。タコはなじみのない水槽に入れられ、中央に餌がある場合、腕の何本かは餌のほうに近づく可能性がある――一方、残りのうち何本かは安全さを求めて、隅にちぢこまっているように見える。そのことを研究者たちはたびたび観察してきた。

タコの腕はどれも非常に自律性がある。ある研究者は実験で、タコの一本の腕と脳をつなぐ神経を切断し、それからその腕の皮膚を刺激した。腕はまったく正常に動いた――餌のほうに伸びて、餌をつかみさえした。この実験が明示したのは、研究者の同僚がナショナル・ジオグラフィック・ニュースに語ったように、「脳につながることのない腕で、大量の情報処理が行われている」ということだ。サイエンスライターのキャサリン・ハーモン・カレッジが主張するとおり、タコは「情報分析の大半を［外の世界から］体の個々の部位にアウトソーシングする」ことができるのかもしれない。さらに「腕は中枢の脳を介さずに連絡を取り合うことができる」ようだ。

「タコの腕は本当に別の生き物みたいなんだ」とスコットも同意する。タコは必要に応じて新しい腕を生やせるだけではない。ときには、捕食者がいない場合でも自分の腕を切り離すことを選ぶという証拠がある（それはタランチュラも同じだ――一本の足が傷つくと、それを折り取って食べる）。

「一本の腕が別の腕を、態度が気に入らないからって、もぎ取ったりするのかな」ウィルソンがそう言って微笑む。

例えは悪いが、結合双生児のきょうだいげんかみたいなものだろうか。

ウィルソンが言うには、「私たち人間はあきれるくらい、動物の生態について知らない。知れば知るほど不思議に思えてくる。こんな話ができるようになったのも、この二十年くらいのことだ。私たちはようやく動物を理解し始めたところなんだ」。

＊

「仕事、決まりました！」

翌週、クリスタが水族館のトレードマークである魚のロゴがついた真新しい紺のポロシャツ姿で私を迎える。ジャイアント・オーシャン・タンクの改築工事に伴う騒音と混乱の埋め合わせとして、水族館は新たにガイドの指導・育成、館内案内、学校などの団体を対象とする各種プログラムといった教育普及活動全般に携わるスタッフを十人採用し、来館者に展示内容をより深く解説し、より個人的な体験を提供することにした。「GOTの工事が終わるまでの期間限定なの」とクリスタは言う。「それにフルタイムでもない。でも夢がかなったみたいなもの！」クリスタは制服のほかにSサイズのウエットスーツも支給され、スタッフとしての初仕事（前日スタートしたばかり）は、ぽっちゃり気味のマートルに運動させるためペンギンプールで散歩させながら、来館者と話をするというものだった。

というか、少なくともクリスタ本人はそういう仕事をするつもりだった。ウエットスーツに着替えると、ほかのダイバーのひとり——小柄で赤毛の女性——が振り向いて言った。「ダイビングのライセンスは持ってる？」

「あ……いいえ」クリスタはびくびくしながら答えた。クリスタはマートルとの散歩をずっと楽しみにしていた。それなのに結局、やらせてもらえないのだろうかと不安だった。

「ライセンスがないんだったら」赤毛のダイバーは厳しい口調で言った。「この仕事は無理ね」それからちょっと間を置いて、満面の笑みを浮かべた。「だって楽しくて仕事とは思えなくなるから！」

この茶目っ気たっぷりのダイバーは、あとでわかったのだがビッグDで、少量のレタスを餌にしてマートルを従え、ペンギンプールのなかを自在に移動する方法をクリスタに教えた。マートルの好きにプールじゅうを泳がせておくわけにはいかず、誰かが見ていないと駄目なのだと、クリスタが説明する。マートルの大きな体が岩のあいだにはさまってしまうおそれがあるからだ。クリスタの話では、「彼女はフィルターの近くの、パイプと壁のあいだが好き」で、散歩のときは重さ二五〇キロの巨体がそこにはさまってしまわないよう、スタッフが目を光らせる必要があるという。

マートルの運動の時間は二時間。四匹のウミガメは運動の時間にはそれぞれ付き添いがひとりいて、ニーズもそれぞれ違う。二匹いるアカウミガメの一匹は目が見えない。そのメスのカメは一九八七年の秋にケープコッド沖で救出されたとき、ひどい低体温症で、てっきり死んでいるものと誰もが思った。作業員が片づけかけたとき、カメの体がぴくんと動いたのに誰かが気づき、カメはこの水族館に救急搬送されてリハビリを受けることになった。「それでリトレッド（再生）って名前になったの」とクリスタが言う。このメスは凍傷で視力を失ったため、「彼女が泳いできたら、道を空けなきゃいけないんだ。全速力で泳いでたら、吹っ飛ばされちゃうから。あまり優雅なカメじゃないよね」。一方、アリという名前のケンプヒメウミガメのメスは、前屈みになったダイバーに水中で持ち上げてもらうのが好きだ。頭をうんと高く上げて催促するという。ダイバーたちは全員、アリが何を望んでいるかがわかっていて、彼女の命に従おうと我先にやってくる。「みんな彼女の小さな指にとまるの！」クリスタが言う。「っていうか、前びれのかぎつめの一本の先にね」

＊

新しい仕事を始めてからも――相変わらず夜は週四日か五日、バーでも働いていたが――クリスタは毎週水曜日には必ず私たちと一緒にカーリーに会いに来る。ウミタナゴが元気になったので、ビルはカーリーの樽を排水ための元の場所に戻した。

カーリーは今ではたぶん生後十八か月くらいで、見たところオクタヴィアと変わらないくらいに大きくなっている――それはオクタヴィアが見るからに小さくなったせいでもある。皮肉な話だ。年老いて小さくなっていくオクタヴィアは、容量二一二〇リットルの水槽内で、巣穴の片隅で一途に卵を守っている。一方、日増しに成長している元気いっぱいのカーリーは、容量一九〇リットルの樽に閉じ込められ、もっと広い世界を探検したくてたまらない様子だ。

カーリーとオクタヴィアを入れ替えることができればいいのにと、ウィルソンは考えている。そうはいっても、オクタヴィアを卵ごと移動させるのは無理な話で、かといって、かいがいしく卵の世話をしているオクタヴィアを、彼女の大事な卵から引き離すなんて論外に思えた。

「そんなことをしたらオクタヴィアはショックで参ってしまう」とクリスタは言う。ウィルソンも同じ意見だ。「それに今は、卵は来館者向けのいい展示にもなっている」

ある日、オクタヴィアは私たちがそれまで見たことのないショーを繰り広げた。最初にそれを見たのはクリスタで、月曜の午後の休憩中のことだった。いつもは水槽の反対側にいるヒマワリヒトデが、水面近くを水槽後部沿いにゆっくりと、オクタヴィアのいるほうへ移動し始めた。ヒトデが三分の二まで来たところで、オクタヴィアが卵から離れて飛び出した。ヒトデめがけて、頭から、腕をボクサーみたいに曲げては伸ばしながら。クリスタによれば、「卵から離れていたのはほんの二、三秒だった」。それでもヒトデには十分効いた。ヒトデがゆっくりと退散するあいだに、オクタヴィアは卵のそばに戻っていた。

その後、オクタヴィアはまたしても同じ行動をとった。自分の腕でハンモックのようにぶら下がった状態で、ウィルソンがトングで差し出すトウゴロウイワシを受け取って食べた直後のことだ。オクタヴィアは二匹目を落とした。それをウィルソンが例のヒマワリヒトデにやろうとした。ヒトデは水槽の半ばあたりで、口を来館者のいるほうに向けていた。一匹目のイワシを受け取って管足から口へ移動させ始め、ウィルソンが二匹目を差し出すと、それも受け取った。二匹の魚がエスカレーターに乗っているかのようにゆっくりと、管足によって胃に運ばれるあいだ、ヒトデはガラスを横切るようにオクタヴィアのほうへ進み続けた。ヒトデが近づくにつれて、オクタヴィアは活発さを増し、腕をさかんに振り、吸盤を突き出し、瞳孔を広げた。オクタヴィアはまず、長い腕を一本繰り出し、水槽のずっと向こう側まで、一メートル二〇センチ以上伸ばした。

続いて卵から離れて降下し、何百も連なった真珠のような卵があらわになった。まだ二本の腕の大きな吸盤数個で巣穴の天井にぶら下がってはいたものの、残りの腕も、腕のあいだの傘膜も、体も、完全に卵から離れた。そして漏斗を使って強烈な水流を噴射したので、連なった卵が風になびくカーテンみたいに揺れた。オクタヴィアは興奮した様子で、吸盤を外側に向け、腕の先端を丸めて、腕全体を動かした。このディスプレーはおそらく十五分ほど続いた。しまいにヒトデはオクタヴィアのいるほうに向かうのをやめ、逆戻りし始めた。情報処理する脳はなくても、オクタヴィアのメッセージを理解したらしい。オクタヴィアは卵のところに戻った。腕の動きはゆっくりと穏やかになった。オクタヴィアはようやくほっとしたようだった。

「オクタヴィアは最初、あのヒマワリヒトデに慌てたんじゃないかな」階段を下りて私たちに加わったウィルソンが言った。「結局、ヒトデは自分がもらった魚を食べようとしてるだけだと気づいた。でもヒトデがあれ以上近づいたら、どんな行動に出ていたかわからない」。野生の状態では、ヒマワリヒトデはタコの卵を食べることで知られている。

「年間最優秀お母さん賞は彼女で決まりね！」クリスタが言った。

だが、オクタヴィアの行き届いた母親ぶりにもかかわらず、卵は縮んでいくばかりだった。数十個が下の砂地に落ちていた。しまいにはばらばらに崩れてしまうのだろうかと、ウィルソンは気にしていた。卵がなくなったら、オクタヴィアはカーリーの樽に移ってもまったく問題ないかもしれない、とウィルソンは感じていた。実際、次の週、ウィルソンはビルに、水族館としては二匹のタコを入れ替えるつもりはあるのかと尋ねた。でも誰も乗り気ではない。「卵は展示としても最高なんだ」とウィルソンは私に言う。

日によっては、カーリーは興奮してなんでもつかみたがる。二十分飽きもせずに遊ぶこともある。そういうときは魚を受け取ってもすぐには食べない。それよりも私たちの腕を這ったり引っ張ったりしたがり、自分の腕を私たちの腕に絡ませ、吸盤で私たちの皮膚に吸いつく。浮き上がってきたかと思うと、私たちをつかんでいる腕を緩めて急に沈んだりもする——私たちがみんな油断したら、誰かひとりをいきなり力いっぱい引っ張るというタコ流のいたずらでみんなを笑わせる。

＊

遊びの時間が終わったら、一緒に休憩することが多い。カーリーは樽のてっぺんからぶら下がり、吸盤で私たちを優しくつかんで、時間の流れをとめる。カーリーの皮膚の上で繰り広げられる色の変化を眺めながら、彼女の心にさまざまな考えが浮かんでは消えるのを目の当たりにしている気分になることもある。カーリーは何を考えているのだろう。カーリーのほうでも、私たちの皮膚の下を流れる血液の味を一瞬とらえて、私たちが何を考えているのかといぶかっているのだろうか。私たちの愛情、落ちつき、喜びを味わっているのだろうか。

その一方で、最近はとくに、カーリーはふさぎ込んでいるように見えるときもある。そんなときは私たちに触れるときもためらいがちで、体の色は薄い。出迎えに浮き上がってくることもあるが、すぐに沈んで、樽の底がすっかり腕で隠れてしまう。こういうとき私は不安になる。しょっちゅう人間と交流していて、ビルから餌として生きたカニをもらっているとはいっても、この若い、育ち盛りの動物が、こんなに狭くて何もないところで元気に成長できるものだろうか。

それから数週間、私たちの水曜日のランチタイムはカーリーの苦難の話題で持ちきりだ。カーリーをよその、もっとスペースに余裕のある水族館に移してはどうだろう。水族館同士で動物の交換はしょっちゅう行われている。ペンギンプールで泳いでいるインドゥという名前の体長一五〇センチあまりのトラフザメは、ピッツバーグの水族館からの貸与で最近やってきたばかりだ。一方、スコットは温帯ギャラリーにいる大型で年長のニシンを、大型水槽のあるモントリオールの水族館に車で運ぶ準備を進めている。貸し出すだけにせよ、カーリーをよそに送り出すなんて、口にするだけでも私にはつらい。でも、カーリーのためにはそうするのが一番なのだろうか。

いや、そんなことはないと、スコットは言う。ビルもよく承知しているとおり、大型のタコは搬送しにくいことで有名だ。タコは動揺すると墨を吐き、ミズダコの場合、容量およそ一万一三〇〇リットルの水槽全体を黒く濁らせるほどの量があるので、浄水フィルターがついていない搬送用のビニール袋では、自分の身を守るための墨で窒息しかねない。「それに」とスコットが続ける。「ミズダコはそもそも、とくにストレスに弱いんだ。とても認識能力が高いからね」

水槽を新調するというわけにはいかない。水族館全体が混乱しているさなかに、たった一匹のタコがほんの数か月、ひょっとしたら数週間しか使わない水槽のために、新たに工事を増やすというのはなかなか認めてもらえないだろう。仮に新調したとしても、どこに置くというのか。それに新しい水槽を造ることはできても、タコが逃げ出せない水槽にできるだろうか。「問題は彼女が水槽から出る可能性があること。そうなったらおおごとだ」とウィルソンが言う。「どんな小さな穴からでもタコは抜け出す」そして、こう続ける。「駄目だ、ビルにはいい選択肢はない。彼にはどうしようもないんだ」

カーリーの気の毒な状況もさることながら、スペース不足を我慢しなければならないのは人間も同じだと、ウィルソンは身にしみてわかっている。先週、ホスピスに新しい患者を受け入れるために、ウィルソンの奥さんは別の部屋に移されたのだ。

「奥さん、混乱しないかしら」と私は尋ねた。

「いいとは言えない」ウィルソンは言った。「だが、ほかにどうしようもないんだ。みんなそれぞれベストを尽くしてる」

＊

十二月十九日水曜日。きょうはとくに、オクタヴィアとカーリーのいるところに近づくにつれてうきうきする。もうすぐクリスマス。いい一日になりそうだ。工事の騒音は、それを和らげようと水族館が流しているクラシック音楽をはるかに上回っているが、その埋め合わせに大ぜいのボランティアガイドが配置されているので、来館者は騒音を気にするふうではない。ほぼ来館者一グループごとにガイドがひとり付くという具合になっているようだ。ペンギンプールのなかではウエットスーツを着たダイバーがふたり、質問されるのを待っている。あるボランティアは前屈みになって、小学校の一年生にタイマイの模型を見せている。別のボランティアは動物と触れ合うための水槽で、エイを優しく撫でるときのお手本を子供たちに見せている。この水族館が世界で一番いいところに思えてくる。

けさは入ってくるとき、オスのイタヤラのそばに腰を下ろしたくなった。彼はブルーホール展示コーナーの前面にいる。イタヤラの両目がくるりと回転して私を見る。彼の水槽の前にいるのは私だけ。五センチの距離でじっとしていると、犬をかわいがるときみたいに彼をかわいがれそうな気がする。大きさも犬くらいでたぶん一メートルちょっと、でも二メートル四〇センチから二メートル五〇センチくらいまで成長する場合がある。「イタヤラの口に手を入れてもいいのよ」マリオンは言う。「ちゃんと戻ってくる。血だらけになるけどね」。それでも、彼のそばにじっとして、彼に注目してもらえるのは心が落ちつく。野生の状態では、イタヤラは大きな美しい目で、サンゴの陰から来訪者をじっと見つめる。犬と同じようにそれぞれ個性があり、非常に頭もいいと言われている。シュノーケリングやダイビングをする人たちは彼らのことをよく知っている。

私はイタヤラに別れを告げて、古代魚、シードラゴン、塩沼地、マングローブ湿原、ニシンとクラゲのコーナーを通り過ぎる。今は布で覆われているスロープを登り、熱帯雨林の水中を再現したアマゾン浸水林とそれとは別に設置されたピラニアの水槽へ、続いて蛍光ブルーと赤のカーディナルテトラやせわしないカメの群れがいるアナコンダの水槽へ、さらにデンキウナギ、ニューイングランドの沼、渓流の各コーナーを過ぎ、もう一度向きを変えて、メーン湾コーナー、ステルワーゲンバンク・コーナー、賢いダンゴウオとかわいくてへんてこなヒラメのいるアイルズ・オブ・ショールズ……イーストポート・ハーバー、メスのアンコウと彼女といつも一緒にいるきらきら輝くトウゴロウイワシ科のアトランティック・シルバーサイド……ジャイアントグリーンアネモネの森があって、二十五秒間隔で液体の稲妻のように勢いよく波が打ち寄せ、すべてを変える、「太平洋岸の潮だまり」……そしてようやく私のお目当て、卵につきっきりの、美しく静かなオクタヴィアのもとへ。きょうは卵は茶色っぽく見える。それでもオクタヴィアはいつもどおり、かいがいしく世話を焼いている。

私は懐中電灯をつけていたが、コートを脱ぐ前に、クリスマス休暇中のアナが現れる。ハグを交わし、数秒後にはウィルソンが降りてくる。「よかった。みんなここだったのか」とウィルソンは言う。「上に来てくれ。ビルがこれからカーリーを移そうとしてる！」

行ってみると、スコット、クリスタ、マリオンが通路で私たちを待っていた。

カーリーの引っ越し先はC1、容量三四〇リットルの水槽で、最近、ビルがメーン湾に出向いて集めてきた無脊椎動物の一部を収容した。ターナー建設の作業員はC1からC3までの水槽に頑丈な蓋を造らなければならなかった。配管と配線のためにこれらの水槽の上でひざまずいて作業ができないといけないからだ。「すごい蓋なんだ」とビルが言う。蓋は作業員たちが厚さ一・三センチほどのアクリル樹脂で造ったもの。バイスグリップ（ロッキングプライヤ）を四つ追加すれば、ビルはカーリーの新しい水槽の蓋をしっかり閉めることができ、彼女の途方もないタコ力にも太刀打ちできる。完璧な解決策に思える。

ビルがカーリーの樽のねじ蓋を開ける。カーリーは見上げているけれど、浮き上がってはこない。ビルは彼女をビニール袋に入らせ、狭い通路を何歩か渡ってC1に運びたいと思っている。

「ビニール袋だなんて！」私はびっくりする。「ここへ来たときもビニール袋だった」とビルが言う。

しかしカーリーは浮き上がろうとしない。疑っているかのようだ。ひょっとしたら何か変だと感じ取れるのかもしれない。

「大丈夫」ビルは言う。「樽ごと持ち上げるから」。空っぽなら樽そのものは重さ四、五キロだが、水が入ると（しかも海水は淡水より重いので）少なくとも一四キロから一五キロは重くなるはずだ。さらにカーリーの体重が九キロ。でも背が高くて力持ちのビルは、高さ一メートル二〇センチの樽を、私がティッシュの箱を持ち上げるくらい簡単に持ち上げる。樽の脇に開いた穴から排水だめに水が流れ出すが、底のほうには十分な量の水が残っていて、ビルがカーリーをＣ１に運んでなかに移すまで六秒間、カーリーはなんの問題もなく過ごす。

Ｃ１に移った途端カーリーはいつものカーリーに戻り、真っ赤になる。即座に吸盤をせわしなく動かして新しい世界を探り始める。吸盤は平らになり、吸い、それから大水槽のガラスの壁に沿って滑るように移動する。すべての腕が動いている。カーリーは私たちに一番近い正面の壁を集中的に探っているが、その側面にも触れる——ただ、壁に向かっている後ろ側は別だ。まるでパントマイムでおなじみの「箱のなか」の手順をやっているみたいだが、両の手のひらだけではなく、吸盤千六百個で、だ。最初に野生の状態で捕獲されたあとに一時保管されていた施設を除けば、カーリーがガラスというものに触れて味わうのはこれが初めてだ。

クリスタとマリオンとアナ、ウィルソンとビル、スコットと私が固唾をのんで見守るなか、若くて知的で元気いっぱいのカーリーは、この何か月ものあいだ、彼女にそうさせてやりたいと私たちみんなが望んでいたことを実現するチャンスをついに手にする。それは暗い樽よりも複雑で興味深い環境を探ることだ。カーリーの新しい水槽は今までの樽より大きいだけでなく、底には砂利と砂があり、初めて味わったり触れたりできる新しい表面があり、三方向に興味深い眺めが広がっている。ほかの生き物なら新しい環境に怖じ気づくかもしれないが、カーリーは広い世界に飢えているようだ。私たちの目の前で、文字どおり、伸び伸びする。彼女の腕がこんなふうに広がるのを、私たちはこれまで見たことがない。「彼女、すごく大きい！」マリオンが言う。

腕は広がり、膜は伸び、カーリーはスポンジが膨れるように感じるものを吸収している。すばやく、かつ意図的に動き、あらゆるものに触れ、腕は初めての雪を探検する子犬のように、あるいは鳥かごから解き放たれた鳥のように、勢いよく動き回る。「あんなに喜んでる！」クリスタが叫ぶ。

「ああ、大喜びだね」ウィルソンが穏やかに言う。

私はとても嬉しい。カーリーのことが。クリスタの新しい仕事のことが。ウィルソンが人生のつらい時期にあっても何かしら喜びを感じられることが。アナが最近、投薬治療を調整したおかげで震えから解放されたことが。マリオンの頭痛がよくなっていることが。スコットが来月、毎年恒例のツアーでブラジルに行くことが……。

「ビル、あなたは幸せ？」と私は尋ねる。

「もちろん！」とビルは言う。自分が担当するタコが新たに手にした自由を満喫している様子に、ビルは見るからに幸せそうだ。とはいえ、ビルは神経をとがらせてもいて、それを臆せず認める。

「彼女をこいつに放り込むのは大きな賭けだ」という。「何が起きるかわからない。タコが逃げ出せないようになっていると僕らは思ってる。だけどタコってやつはあの手この手を思いつくから」

私はビルに何が一番心配かと尋ねる。「そうだな、ちゃんと手は打ったつもりだけど、彼女は排水管につながってるパイプを外すかもしれない」。水槽から排出された水は排水だめにためられて再循環される。カーリーは自分の水槽の水を抜くかもしれない。あるいは排水管を詰まらせてフロア全体を水浸しにしてしまう可能性もある。

それでも今は、あふれんばかりの喜びに、心配事の入り込む余地はほとんどなさそうな気がする。カーリーの後ろ側の腕は相変わらず新しい水槽の正面と側面を調べているが、前のほうの腕は水槽の陶製の縁を探りにかかる。ウィルソンが注意をそらそうとしてシシャモを差し出すと、カーリーはそれを待ってましたとばかりに受け取る。それでも、タコはみんなマルチタスクの達人なだけに、ちょっとやそっとのことでは注意をそらせない。私たち人間が目から入ってくる情報をすべて処理するのは至難の業だが、カーリーは餌を食べながら同時に何かを探ることができる。体の下側を正面のガラスパネルに張りつけているので、シシャモが吸盤から吸盤へ、ベルトコンベアーに載っているかのように、口に運ばれていくのを私たちは見守る。そのあいだも、さらに多くの腕がバレエの動きのようにカーブを描いて水槽の外に伸びてくるので、アナとクリスタと私が優しくたしなめる。「触手を水槽に戻しなさい」アナが穏やかに諭す。カーリーは樽のなかにいたときとは違って、何がなんでも水槽から出たいというわけではなさそうで、割と素直に私たちの言うことを聞く。「とても穏やかになっている」とウィルソンが言う。私は思わず、我が家の愛犬の足の肉球にキスするときのように、カーリーの吸盤のひとつにキスしそうになる。でも結局、思いとどまる。カーリーが喜んでいれば、私たちはみんな自分のことのように嬉しいけれど、カーリーは大きくて強い、ペットとは違う、もうおとなと言っていいタコなのだということを忘れてはいけない、と自分に言い聞かせる。彼女にとってはまったくなじみのない人間界の仕草に、カーリーがどう反応するか、私たちには知る由もないのだ。

それでも……カーリーは水面からひょっこり顔を出し、私たちの目をじっとのぞき込む。招きに応じるかのように、私たちの手が反応する。みんなほぼ一斉に手を伸ばしてカーリーの頭を撫で、カーリーもそれをただ許すというより、楽しんでいるように見える。カーリーの目が水面から出る。照明がとても明るいのに、瞳孔は広がっていて、ちょうど、恋に落ちたばかりの人間の瞳のようだ。

「さあ、そろそろ彼女を休ませよう」とウィルソンが言う。ウィルソンは水槽上部が大丈夫かどうか、排水管につながるパイプをぴったり覆っているか、餌をやったり交流したりする際はどうやって開けるのかを確かめたがっている。ビルはアクリルガラスの蓋を持ち上げ、私たちがカーリーに腕の最後の一本の先端を縁からどけさせると、蓋を水槽にかぶせてバイスグリップ四個で固定し、さらに念を入れて四隅にダイビング用の九キロのウエートを置く。途端にカーリーが新しい表面に腕を伸ばし、吸盤をたぶん五十個くらい、彼女の世界の新しい屋根にくっつける。ぶら下がっているカーリーの重みで吸盤が二、三センチ伸びて、カーリーは唇で天井からぶら下がっている人間みたいな妙な姿に見える。あんな状態でどのくらい干からびずにいられるんだろうと私は不思議に思う。「そのために粘液があるんだ」とスコットが言う。カーリーは手遅れにならないうちに離れるはずだという。「彼女はお利口さんだからね」

ビルが蓋をチェックする。「ほかの水槽では新しい蓋はまったく問題ない」という。「でもタコを逃がさないとなると……大丈夫だとは思うけど」。一番遠くにあるバイスグリップにはウィルソンは手が届きづらい。「まだ途中なんだ」とビルが説明する。後ろに蝶番をつけたらどうだろう。あるいは、とウィルソンが案を出す。水槽上部を前後ふたつに仕切って、後ろ側は閉めきったままにし、手の届く前側だけ簡単に開けられるようにしてはどうか、というものだ。

こうした案をビルは検討してみるという。「今後のためにきちんとしておきたい」そうだ。「次のタコのために。同じ問題が持ち上がったときのために、その場しのぎじゃない解決策を考えなきゃ」。ここ何か月ものあいだビルの肩にのしかかっている責任の重さが伝わってくる。ビルが負っている重責、先が見えず、彼自身どうすることもできない状況のせいで、自分の愛する若く知的な動物を暗いなかに閉じこめておかざるを得ないという思いだ。ビルは言う。「五月からまた別のタコを樽に閉じ込めとくなんてごめんだ」

タコなりの幸福に浸るカーリーを私たちはもう少し見守る。「こんなふうにほっこりできる時間は貴重」とアナが言う。アスペルガー症候群の人たちはあまり情に流されない印象があり、アナもそれほど感傷的にならないほうだ。「あなたをほっこりさせる相手は、冷たくてぬるっとしてるのね」と私は答える。そして思う。アナが本当に心の広い人間だという証拠だ、と。そしてカーリーがカリスマ性と心を持っている証拠でもある、と。

＊

私たちは昼食をとりながら情報交換する。クリスタの仕事は順調か。新入りのトラフザメは誰かをかんだりしていないか。トラフザメは誰もかんでいないけれど、クリスタはハリセンボンの仲間に指をかまれたという――「そのオスは人間のあとをつけ回して、隙があればかむの。指を大きな締め金ではさまれたみたいな感じ」。マリオンは決まった形のトウゴロウイワシしか食べないガーがいたという話をする。小さくてまっすぐなもの以外は、エイのところに持って行ってエイにやってしまうのだという。ウィルソンが話してくれたのは、体長四五センチのサメの話で、そのサメが入れられた水槽には大きなハタがいた。サメが入ってくるとほとんど同時にハタはサメを飲み込んだが、すぐに丸ごと無傷で吐き出した。「だが、それからというもの」ウィルソンによれば「サメは安全網の陰からほとんど出てこなくなって。餌をやるときは長い棒を使わなきゃならなかった」。

マヤ暦の終わりが近づいているというので、その話題になる。南極と北極の磁場は本当に反転するのか――だとしたら、磁場を感知できるサメは影響を受けるだろうか。「世界中のお腹を空かせたホオジロザメが高級避暑地のマーサズビンヤードに押し掛けたりして」とスコットが笑う。

サメの話が出たので、またかむ話に戻り、みんなでもう一度これまでにアナをかんだ生き物を挙げてみることになった。アナが数え上げる。タコ、ピラニア、ガチョウ……ラクダに髪の毛を少し食いちぎられたこともあるという。スコットの提案で、アルファベット順に挙げて、二十六種類の動物がアナをかんだかどうか見てみようということになる。まずはアルファベットの最後のZから。シマウマ（zebra）はどうだろう。かまれたことはない？「でも小さな動物園でコブウシ（zebu）に指を吸われたことはある」とアナが言う。「それは数に入る？」数に入れることに決定。「ヤク（yak）はどう？」農場でヤクにかまれたことがあるという。餌をやっていたら、餌と間違えてかまれたそうだ。では次の文字、Xで始まる動物は何だろう。「ゼノプス（Xenopus）」とスコットがアフリカツメガエル属のカエルの名前を挙げる。「ある、かまれたことある」とアナ。Aに戻る。「A――アリクイ（anteater）とか？　駄目、アリクイには歯がないから。でもなめることはできる……アナ、アリクイになめられたらどうする？」

私たちがみんなかまれたことのある動物はアロワナで、アマゾンコーナーの水槽に二匹いる。骨のように硬い舌を持つ肉食性の魚で、体は細長く銀色、原始的で運動能力の高いハンターで、水から跳び上がって獲物をつかまえる。でも今は新たに一匹、金色のアジア原産の種が、トレド動物園からやってきたばかりで、私たちはレストランをあとにしてそのアロワナに会いに行く。カーリーの新居にぜひとも祝福を与えてもらわなくては。何しろアロワナはアジアでは幸運の象徴として崇められている。水生生物の愛好家たちはアロワナ一匹に一万ドル払うこともいとわない。大きくてまばゆい鱗が龍の鱗を思わせることから中国では龍魚とも呼ばれ、風水では最もパワーがある魚で、富と成功をもたらし、飼い主を危険や事故や病気や不運から守ると信じられている。

アロワナは「人間の言葉を理解し、自らの務めに集中し、高度な知性を示す」と風水サイト（FengshuiMall.com）は紹介している。「アロワナのとくに顕著な能力は、将来の災難を予見し、迫り来る負のエネルギーのオーラを察知する力だ」と続き、アロワナの力を最大限引き出すには水槽をメインホールに置くといいとアドバイスしている。

大して迷信深くない私たちでも、デンキウナギのトールの身に起きたことを思えば、アロワナの力を信じたくもなる。アナはその日が二〇一一年十二月七日だったことまで覚えている。いつもの水槽が修理中だったので、トールは非公開エリアの大型水槽の半分に仮住まいしていた。同じく仮住まいしているほかの魚たち――ハイギョ一匹と、生まれたときからスコットが世話をしているメスのアロワナ――の安全のため、高さ九〇センチあまりの壁で仕切ってあった。デンキウナギが水から跳び上がるという話はあまり聞かない。しかしトールは跳び上がり、水槽の仕切りを跳び越えて、その向こうにいた、この水族館でもとくに貴重で長生きしてきた二匹に放電したのだ。

死んだのがスコットが十年以上つき合い、愛情を注いできたアロワナだっただけに、その死はよけいに悲しいものとなった。でもそれ以上に、アナによれば、「トールはアロワナを死なせ、一緒に幸運まで死なせてしまった」。アロワナが死んだ直後から、スコットは立て続けに災難に見舞われた。私はそのいくつかは知っていたが、アナとマリオンから聞くまで、どれほど災難が続いたかには気づいていなかった。

まずアロワナが死ぬ前の晩、フェリーで帰宅中のスコットのもとに、両親が交通事故に遭って母親が入院したという知らせが飛び込んできた。次に、大好きなおじが大聖堂を訪れているときに階段から転落して亡くなった。スコット自身も自宅の階段から落ちてけがをした。息子が高熱で入院した。毎年恒例のブラジルツアーでは、参加者のひとりで、長年の友人でありスコットの取り組みの支援者でもある男性が死亡し、スコットはそれから帰国するまで、友人のなきがらを外国からアメリカに送り届けるという、つらい仕事に悪戦苦闘するはめになった。スコットは皮膚病になった。愛犬が死んだ。不運は八月に入っても続き、飼っていたニワトリの群れがキツネに襲われ、わずかに生き残ったニワトリも手放さざるをえなかった。

新しくやってきたアロワナの検疫用水槽は幸先よく、スコットの席からほんの数メートルしか離れていない、ボランティア用ラウンジからの通路の入り口に置かれている。このやってきたばかりの美しい魚を見て、私たちの喜びは増すばかりだ。これでもう怖いものなしだねとスコットをからかう。きっと幸運の波はコールドマリンギャラリーまで届き、新居にいるカーリーをも洗い清めるはずだ。

私はひと足先に帰らなければならない。きょうのような雪の日は、自分で車を運転するのではなく、バスを利用するからだ。午後二時四十五分のバスに乗るつもりだった。でも、もう一度カーリーを見て、ためらう。声に出さずに、帰るのはやめようかと自問する。夜通し水族館にいて新しい水槽に移ったカーリーを見ていようか。

「今夜は誰かカーリーのところに見回りに来るの？」私はスコットに尋ねる。

スコットの話では、水族館は夜間警備員を雇っただけでなく、機械設備の操作担当者も各ギャラリーと非公開エリアと地下室を四時間おきに巡回して、水漏れや浸水や動物にトラブルがないかを確認することになっているという。何か問題があれば、たいてい彼らが対処するが、手に負えない場合は上級飼育員に電話で連絡する。五年前の今ごろ、アナコンダのキャスリーンが出産するときも、そうやってスコットに電話がかかってきて、スコットは早朝三時に水族館に駆けつけたのだった。

だからカーリーのことを心配する理由はなく、私が夫とボーダーコリーの待つ我が家に帰らない理由もなく、明日のジョディともうひとりの友人とのお茶会の予定を変更する理由もない——万事順調だと安心して、とにかく私のお気に入りの休日、クリスマスの準備に専念すればいいのだ。帰り際、アナが自分で描いたメジロダコの見事な絵をくれた。震えなくなったので描けるようになったという。私の机の特等席に、フレームに入ったダニーの絵と並べて飾ろうと思う。ダニーの絵はコンピューターソフトの助けを借りて描いたもので、彼の誕生日に私とウィルソンとダニー自身が樽のなかにいるカーリーと一緒にいるところが描かれている。

マリオンは私たち全員にクリスマスのクッキーを焼いてきて、私は手作りのバクラワ［訳註：パイ皮とナッツとハチミツを重ねた中近東の焼き菓子］をみんなに配る。きょうはオクタヴィアはイカを二四、一心に食べた。この分ならカーリーの幸運の割りを食う心配もなく、長生きすると期待してよさそうだ。私はスリー・ドッグ・ナイトの「ジョイ・トゥー・ザ・ワールド（喜びの世界）」を口ずさみながら水族館をあとにする——「ディープブルーの海にいる魚たちに喜びあれ」。タコのもたらす多幸感が体じゅうに染みわたるのを感じ、新年の祝福を待ち望みながら。

＊

翌日の午前十一時三十分ごろ、私はスコットから十時五十一分に送信されたeメールに気づく。

「このメールを読んだら電話をくれますか」

私はスコットに電話をかけた。

「悪い知らせなんだ」スコットは言った。「カーリーが死んだ」

＊

何が起きたのか、私は断片的な情報を集めてつなぎ合わせようとした。あの夜から翌朝未明までは万事順調だった。抜け目なく信頼できる夜間警備員が最後にコールドマリンギャラリーを見回ったのが午前六時ごろ。午前七時三十分ごろには魚の学芸員助手のマイク・ケラハーがいつもどおりギャラリーにやってきた――そして恐ろしいことに、カーリーの新しい水槽の土台部分で、淡い黄褐色になって床に横たわっているカーリーを発見した。水槽の蓋はビルが閉めたときのまま、四つの締め具と合計三六キロのウエートでしっかり固定されていた。連絡ミスでマイクはカーリーがオクタヴィアの水槽に移されたものと思い込んでいて、逃げ出したのは若いカーリーではなく高齢のオクタヴィアのほうだと勘違いした。それでもマイクは一瞬もためらわなかった。すぐに水槽の蓋を開けてタコを水のなかに戻し、獣医を呼びに走った。途中、出勤して階段を上ってくるビルと鉢合わせし、何が起きたかをビルに告げた。ビルは水槽に駆け寄り、大急ぎで蓋を開け、人工呼吸を始めた――タコの場合は、体を持ち上げて外套腔にホースで海水をかける。カーリーの漏斗はごくわずかだがまだ動いていて、体と腕は濃い褐色に変わった。

獣医チームが駆けつけ、三つの心臓を心停止から回復させようと、カーリーにデキサメタゾンとアトロピンを注射し、強力な抗生物質オキシテトラサイクリンも注射した。しばらくのあいだ、誰もがこれでカーリーを救えると思った。しかし注射から一時間後、カーリーは再び黄褐色になった。触ると依然として筋肉は収縮し皮膚の色は濃くなるものの、カーリーは死んだ。

クリスタは昼食を済ませてからカーリーが死んだことをスコットから知らされ、お別れに行った。「ギャラリーには誰もいなかった」と、お互いに泣きながら電話をしているときに、クリスタが私に言った。「彼女のいた水槽は黒い防水シートで覆ってあった。ひどい眺めだった。カーリーはぺしゃんこになってたけど、それでも見栄えよく寝かされてた。私は目を伏せて彼女の目を見なかった。でもカーリーの頭は水槽の底で正面に向けられてた。腕は後ろ側に向けられてた。いかにもタコらしい形だった。酸素発生器からは相変わらず泡が出ていた。すごく奇妙だった。カーリーは真っ白で。あんなカーリーを見るのはすごく変な気分だった。タコというと普通、真っ赤とか茶色を想像するでしょう。カーリーは触腕の先端に向かってピンクがかった白だった」とクリスタは言った。「それでも相変わらずすごく美しかった」

人が死んだときと同じように、私は亡き友を知っていた人たちと語り合う必要があった。「カーリーと過ごした日で一番気に入っているのは？」私はクリスタに訊いた。「ダニーが初めてカーリーに会って、水浸しにされた日」と彼女は言った。「あれ以来――ふたりで初めて彼女に会って以来、とにかくまた水曜日が来てカーリーに会えるのが楽しみで。ダニーはひどくショックを受けると思う。もうすぐふたりで水族館に行くつもりだったから。もう今までどおりにはいかないよね……」

「嫌だ」私は言った。「信じられない。こんなことになるなんて。みんなあんなに幸せだったのに……」

私たちはふたりとも思い出に浸りたかった。思い出が過去をよみがえらせ、受け入れがたい現在を帳消しにしてくれるとでもいうように。

「ウィルソンが樽の蓋を開ける前のわくわく感がいつもよみがえってくるの」とクリスタは言った。「底から飛ぶように浮き上がってこないかな。彼女が毎回違った登場の仕方をしたのを、私、頭のなかで思い返すんだ。いつだってほんとにわくわくした。それに、初めて触れたときのこと──みんな手を引っ込めるのが間に合わなくて。カーリーが私の腕につけたタコのキスマーク、写真を撮っておいてよかった……」

私はアナに電話をした。

「信じられないわ」と私は言った。「きのうはすばらしい一日だったのに！」

「私、気づいた気がする」とアナは私に言った。「きょう自分が何をしようと、きのうは変わらないって」。カーリーが死んだという事実を変えることはできない。それでも、前日の喜びはたとえ死といえども消し去ることなどできない。子供のころからどの誕生日も、どの成功も、どの幸せも分かち合ってきた友人を亡くして、アナは知ったのだ。「きのうは」彼女は私に請け合った。「完璧なまま」だと。

＊

その木曜は大半の時間を電話の前で過ごし、ほかのことはあまり手につかなかった。友人たちと会う約束はキャンセルし、友人たちもわかってくれた。わかるわ、お茶する気分にはなれないでしょう、お友だちが亡くなったんだもの。

「タコと友だちになるってどういうことか、特別な人間じゃないとわからない」とアナは私に言った。アナは学校での友人たちとの会話を想像した。「友だちが死んだの。名前はカーリー。『どんな子？　インドから来たの？』ううん、ブリティッシュコロンビア。っていうか太平洋から。実はその子、タコなんだ」

私はビルに電話をかけてお悔やみのメッセージを残したが、当然ながらビルは電話に出ず、折り返し電話がかかってくることもなかった。私はウィルソンに電話した――技師としての意見も聞きたかったし、慰めと友情も求めていた。カーリーはどうやって水槽から出たのだろう。

「考えられる可能性はふたつしかない」とウィルソンは言った。「蓋を押し上げたのかもしれない。タコが蓋を押し上げて逃げ出すのを見たことがある。重い蓋でもね。あるいは穴から逃げ出したかだ」。しかしウィルソンによれば、今回の水槽の蓋はオクタヴィアの水槽のものよりさらに重く、「それにしっかり固定されていた」。ということはつまり、蓋に穴が開いていたわけだ。それは開けるべくして開けられた穴だった。水槽に新鮮な海水を供給するパイプを通すための穴だ。その穴とパイプとのあいだに隙間があったとしたら、それがどんなに小さい隙間でも、カーリーの脱出ルートになったに違いない、というのがウィルソンの考えだった。

「今回のことは誰の落ち度でもない」とウィルソンは力説した。「ビルはできるかぎりのことをした。オクタヴィアの水槽を比較的安全なレベルにするだけでも何年もかかったんだ。私は悲しんではいるが驚いてはいない。とにかくビルと話をして、私たちに解決できることを考えてみるつもりだ。でもあのときはああするしかなかった。リスクを負うしかなかったんだ」

カーリーはあそこまで生きられて幸運だったといえる。ほとんどのタコはおとなになる前に死ぬ。十万匹孵化したとして性的に成熟するまで生き延びるのは二匹だけ――さもないと海はタコだらけになってしまうだろう。「それに少なくとも私たちはみんな知ってる。彼女が最後にすばらしい一日を過ごしたことをね」と私は言った。「そうだ」ウィルソンも言った。「彼女は自由な一日を味わった。それに彼女が水槽から出たってことは、驚くほど好奇心旺盛で知的な生き物が自由を求めたことを物語ってる。間違いなく、水槽から出るには相当苦労したはずだ。頭のいい動物じゃなきゃ、そんなことをしようとは思わない」

「偉大な探検家みたいな死にかたね」と私は言った。チャレンジャー号の爆発事故で亡くなった宇宙飛行士たちや、ナイル河の源流を探し、アマゾンの奥地に分け入り、北極や南極に向かって命を落とした勇敢な男たちのように、カーリーは自分の世界を広げようとして、未知の危険に立ち向かうことを選んだのだった。

「タコには人間にはない独自の知性がある」とウィルソンは言った。「私たちが自分たちの失敗から学べればいいと思うよ。それが私たちにできる精いっぱいのことだ。結局、私たちはただの人間にすぎないんだ」

第七章
カルマ
選択、運命、そして愛

去年の夏、ビルはバーモント州で過酷な障害物レース「タフマダー」に出場し、二〇キロ近いコースを走破した。泥、火、氷水、高さ四メートル近い壁、それに電気ショック。レースの翌日というのは傷ついた歴戦の勇士にとってはゆっくり傷をいやす休息日なのだが、ビルは午前三時に起床し、自分で車を運転して仕事に戻った。それでも、あの朝のビルのほうが今よりはましに見えた。きょうはカーリーが死んで初めての水曜日。ビルは憔悴した様子で、コールドマリンの階段を下り、オクタヴィアの水槽の前にいる私を見つける。

私たちは長いことお互いをしっかり抱きしめる。最初はカーリーの話はしない。代わりにビルが世話をしている、ほかの動物たちの話をする。まずオクタヴィアの水槽から何個目かの水槽にいる三匹のダンゴウオ。いつもは灰色の魚だが、一匹だけオレンジ色に変わっている。「あれはオス、オレンジなのは発情してるからなんだ」とビルが満足げに言う。そして魚たちが発するシグナルを翻訳してくれる。「ほら、自分が選んだ巣の場所をメスにアピールしてるだろう」。オレンジ色のオスは水槽の丸石のあいだの一角を産卵場所に選び、まわりの藻やごみに岩の上から息を吹きかけて念入りに掃除して、メスにアピールしている。息を吹きかけられたウニは、棘のあいだの管足を動かしてのそのそ逃げていく。ウニはダンゴウオの卵を踏むおそれがあるので油断がならない。でも今のところ、卵が生まれる気配はない。メス二匹はまだ発情しておらず、オスが懸命にアピールしても興味がなさそうだ。それでもきっと大丈夫だとビルは思っている。二年前、ビルが世話をしていたダンゴウオが産卵して赤ちゃんが八十匹孵った。「最高にかわいいんだ!」とビルは言う。ビルが育てた赤ちゃんたちは、彼が水槽の上に身を乗り出すと、まん丸い目とぷっくりした頬、たまらなくなるくらい愛くるしい、びっくりしたような表情で、彼の顔を見上げてじっと見つめるという。

ビルが担当するギャラリーの水槽をふたりで順に見て回りながら、私たちはそれぞれの動物たちに驚嘆する。ビルはその一匹一匹を九年間毎日世話をしてきて、いまだにわくわくさせられるそうだ。「ほら、あそこに僕のテズルモズルがいる」イーストポートハーバー展示コーナーに入るとビルが言う。「すごい連中だよ。ゴージャスなんだ」。それは体長一三センチ足らずの生き物で、動物というより水晶か何かのように見える。真ん中の円形の部分はちょうどヒナギクの中心部のようだが、そこから二本一組の畝が五つ、放射状に伸びていて、五本の腕はそれぞれふたつに均等に枝分かれし、それぞれがさらに、世界一複雑な形をした雪の結晶の線よりも込み入った、細い、コイル状の小枝に分かれている。

左側に何歩か行くと、メーン湾のボールダーリーフ・コーナーがあり、容量一万五〇〇〇リットルの水槽で千四百匹の動物が飼育されている。たとえばレッドアネモネ四百匹、ナマコ二百匹、サギフエ二百五十四、クシエラボヤ数百匹。クシエラボヤは見た目はゴムノキに似ているが、じつはオクタヴィアやカーリーと同じ軟体動物だ。そして、ミステリアスなキメラ、ギンザメ。しなやかで古風で、この世のものならぬ優美さが漂い、一部は軟骨、一部は骨、天使のようでもあり、幻のようでもある。二〇〇七年に成熟したメスとして手に入れたと、ビルが言う。「彼女はすばらしい。とにかく動きかたにほれぼれするよ」

担当する動物たちに対するビルの愛情は、そのキメラの、先端にとげがあって目を引く背びれのように一目瞭然だ。こんなに細やかで気を配る男性が、世話をする動物のなかでも一番知的で、外向的で、愛情を注いでいた相手を失ったなんて――それも健康で、元気いっぱいで、将来が楽しみな盛りに、何より自分の落ち度で死なせてしまったと、自分を責めているなんて、ひどく、とてつもなくひどく間違っていると思う。『ハムレット』の殺された王のせりふが脳裏に浮かぶ。「我らの意志と運命は相反し／我らの策略はまたしても覆される」。ビルの悲しみがすすり泣きのように、私の悲しみの上をかすめていく。

そこへウィルソンが現れる。カーリーの検死報告書を手にしている。カーリーの死後わずか一時間後に実施された検死の結果、目、腕、墨袋、結腸、嗉嚢《そのう》、食道、未成熟なメスの生殖器官は正常だった。胃のなかには私たちが与えた餌のシシャモの骨がまだ残っていた。カーリーは大きくて、まだ成長していた。一番長い腕は伸ばすと一三〇センチあまり。頭部と外套膜は三〇センチ。何もかも完璧だった。死んでしまったことを除いては。

カーリーはどうやって水槽から出たのか。蓋の、パイプの後ろの部分に隙間があった。それをビルは見落としていたわけではない。隙間をビニールの防水布で覆い、タコが嫌がる、ごわごわした感触の網目状の生地を詰めておいた。それでもカーリーはひるまなかった。体重約一〇キロ、腕と腕を広げた長さは三メートル近い彼女が、約六×二・五センチの穴をすり抜けたのだ。

謎はまだ残っていた。どうやらカーリーが死んだのは、タコが水の外では長くは生きられないせいだった——ミズダコは水から出て十五分ほどで脳に取り返しのつかない損傷を受ける。でもカーリーの場合は、どの方向に行っても水が見つけられたはずだ。腕を一本伸ばせば届くところに、カーリーのいた水槽からあふれた水を受ける、蓋のないプールがあって、温度といい化学的性質といい、カーリーにとって完璧な条件の水がたっぷり入っていた。ほかのタコの場合は、近くにある別の水槽に入って、そこにいる魚などを食べるために水槽から抜け出すようだ。カーリーはどうして、ほかの水槽を見つけて、そこに入ることができなかったのだろう。

誰もが同意しているわけではないが、コールドマリンのスタッフのあいだからは、カーリーが感染防止用のマットの上を這ったのではないか、という声も上がっている。マットのうち一枚は、カーリーの水槽のそばの、水族館の非公開ギャラリーのほとんどに通じている入り口に敷いてあった。靴やブーツの底にくっついて持ち込まれるおそれのある病気から動物たちを守るため、マットにはビルコン加工が施されていた。ビルコンは薄いピンク色をした溶液で、ウイルスやバクテリアや菌類を殺す。同時に、腐食性薬品でもあり、皮膚や目や粘膜に炎症を起こさせることでも知られている。しかもタコの皮膚というのは、ひと続きの巨大でとても敏感な粘膜だ。スタインハルト水族館の学芸助手J・チャールズ・デルビークによれば、頭足類の皮膚は哺乳類の内臓のようなもので、その結果、「ほかの種や無脊椎動物には毒にならないと思われるレベルの化学物質、栄養素、汚染物質などが、頭足類にとっては有毒になり得る」という。ビルコンに一度触れただけでもそれがカーリーには毒になったのかもしれない。

なんとも皮肉でやりきれない話だ。カーリーは、彼女を誰よりも愛し、できるかぎりすばらしい一生を送らせたいと心から願う人たちが彼女のためにしつらえた水槽から逃げ出し、その人たちが動物を危険と病気から守るために敷いたマットがあだになって死んだのかもしれないなんて。

カーリーの死が残した影は、タコの墨が水中で広がるようにみんなのあいだに広がっている。「嘘だ」クリスタが両親の家で、カーリーが死んだと告げたとき、ダニーはそう言ったという。ダニーは最初、混乱していた。高齢のオクタヴィアならともかく、カーリーが死んだなんて！　しかしクリスタが、カーリーを別の水槽に移したこと、カーリーが小さな穴を見つけて、そこに体を押し込んで外に出たことを説明した。「そうだね、タコは頭がいいもの。それに擬態するし。それに友だちだし……」。ダニーはそう言うと、しだいに無口になった。ひとりにしてほしいかとクリスタはダニーに訊いた。「そうしたら、部屋から出ていってほしいって。そんなことめったにないの」とクリスタは私に言った。「私、『きっと新しいタコに会えるね、楽しみだね』って言ったの。そしたらあの子、『うん、だけどカーリーじゃないんだね』って。カーリーは私が思ってた以上の存在だったのね。彼女は私たちの友だちの輪を広げてくれた」

ビルはクリスマスイブにeメールで新しいミズダコを注文した。出荷されたら知らせてくれるそうだ。

＊

八日後、年が明けてわずか三日目に、ビルから電話が来た。新しいタコが明日の朝到着する予定だという。明日は金曜で、ビルは非番なので、デイヴ・ウェッジと同僚の飼育員のジャッキー・アンダーソンに頼んでおくという。ふたりは空港のフェデラル・エクスプレスのカウンターまで引き取りに行くときに、私も一緒にどうかと言っているという。

「引き取りはいつもスムーズにいくとは限らないの」と、髪をポニーテールにした美人のジャッキーが言う。ジャッキーはクラゲのエキスパートだ。私たちが乗り込む水族館の白いバンは後部座席を外して、水族館関係の荷物を積み込むスペースを確保してある。ある日、ジャッキーはバハマから到着するクラゲを引き取りに、ローガン空港に向かった。引き取りが済んだらすぐに水族館に戻って、忙しい一日が始まるはずだった。ところが航空会社の手違いで、国内線貨物の書類になっていて、税関を通過したことを証明するものがなかった。ジャッキーは午前八時に空港に着いたのに、一日がかりで航空会社を説得するはめになった。刻一刻と、クラゲのストレスが危険なまでに高まって、最悪の場合、死んでしまう可能性が増大していった。しまいに午後四時、いらだち、くたくたに疲れ果てたジャッキーは荷物の引き取りを放棄すると脅した。税関の係官は折れた――ジャッキーによれば、「死んだクラゲの群れを空港に置き去りにされても困るってわけ」だった。

そのときのクラゲはともかくも生き延びた。バンを走らせながら、ジャッキーは日本からのコウイカに起きたことを話してくれた。

以前はテキサス州ガルベストンの会社がコウイカを繁殖させて水族館に出荷していた。その施設がハリケーンで破壊されてからは、日本が世界最大のサプライヤーになった。日本ではコウイカは野生のものを捕獲する。しかし二〇一一年の津波で福島第一原子力発電所が破壊され、汚染水が海に流れ出してからは、日本の沖合で捕獲された動物はすべて放射能に汚染されているとみなされた。放射能に汚染されたコウイカがローガン空港に到着したとき、税関の係官は当惑して、コウイカを三日間放置した——そのあいだにデリケートなコウイカはみんな死んでしまった（水族館は現在はコウイカの送り先をニューヨークに変更、スタッフが車で引き取りに行く。ニューヨークの税関の係官のほうが通常とは異なる貨物の扱いに慣れているからだ）。

ジャッキーはバンを空港の最初のフェデックスカウンターにとめ、デイヴが引き取る荷物の問い合わせをしになかに入っていく。荷物はほんの数カウンター先に保管されている。八四×六四×六四センチの段ボール箱で、本来は二七インチ液晶テレビの出荷用に作られた箱だ。《天地無用》と表示されている。《至急》の表示もある。でも《生きている動物》という表示はない。まさかタコが入っているとは誰も思わないだろう。

二十分後、私たちは悪戦苦闘の末に重さ約六〇キロの箱をバンから降ろし、スコットが水族館の荷物積み降ろし場に用意していたカートに載せて、エレベーターを使ってコールドマリンギャラリーまで運ぶ。段ボール箱のなかには特注の白い発砲スチロール製の樽が入っている。デイヴが蓋を開ける。なかには新聞紙で包んだアイスパックが入っていて、その下に、口を結んでベージュ色のゴムバンドでぐるぐる巻きにした容量一〇〇リットルあまりの厚手の透明なビニール袋があり、上のほうに純粋な酸素、それから四〇リットルほどの水、そして私たちのタコが入っている。なかをのぞいてタコの様子を確かめられるように、デイヴが結び目を切る。

どうか、どうか、お願い、と私は心のなかで祈る。何もかも大丈夫でありますように。

水のなかでじっとしているのは、大きく、淡いオレンジ色のぶよっとした塊で、ところどころ白い丸がある。

「おい、起きてるか」デイヴがその動物に問いかける。私たちの目の前で、一本の腕の先の繊細な部分がカールし、それからねじれる。

ジャッキーが水のにおいを嗅ぐ。「ストレスのにおいがする」と告げる。ビニール袋のなかの水はゼラニウムのようなにおいを放っている。ジャッキーの話では、クラゲも動揺するとゼラニウムみたいなにおいがするという。でもそれは種によってまちまちだ。たとえば、ストレスを感じたイソギンチャクは、酸っぱくて磯くさいにおいがする。

「ひどい眺めね」ジャッキーが袋をのぞき込んで言う。脱皮した吸盤が黄ばんだ水に浮いて、スノードームのなかの偽物の雪を思わせる。育ち盛りのタコが吸盤の脱皮をするのはよくあることだが、海ではこの残骸は——袋の底に沈んでいる細いリボン状の排泄物ともども——流れ去る。

「誰だって国際線の長旅のあとでは最高のコンディションではいられない」と私は言う。「自分の排泄物だらけの袋で移動しなきゃならない場合はなおさらよ」

「ああ、僕も覚えがあるなあ」デイヴが言う。

「調子はどうだい」とデイヴはタコに語りかける。一本の腕が弱々しく揺れる。私たちからはタコの目は見えないが、漏斗と、片方のえらに通じる外套腔がゆっくりと動いているのは見える。少なくとも息はしている。

デイヴが汚れた水の一部を床に捨て、ジャッキーは黄色いプラスチックの水差しを使って、排水だめからのきれいな水をいくらか注ぎ入れる。タコは腕の先端でその水差しをためらいがちに探る。

タコを袋から出したいのはやまやまだが、温度や水の化学的性質の突然の変化でタコにショックを与えたくない。pH値、塩分、アンモニアの濃度を調べるため、ジャッキーが水のサンプルを研究室に送る。デイヴは水温を計る。七度。排水だめの水のきょうの温度は一〇度。結果を待つあいだ、私はビニール袋のなかの新しいタコをじっと見つめる。右側第二腕の一部、先端四分の一が無くなっている。どうしたのだろう。タコは覚えているだろうか。たぶん、失われた腕には記憶が宿っていただろう。あるいは、ひょっとしたら残りの腕はその腕がなくなったのを知っているかもしれないが、脳は知らない可能性がある。

タコは濃いオレンジに色を変え、私はその謎について思いをめぐらす。生まれたときはコメ粒くらいの大きさで、海底に落ちつけるくらい大きくなるまで、プランクトンのなかをよるべなく漂って奇跡的に生き延びた存在。私の前にいるのは何か月ものあいだ獲物を追い求める一方で、いたるところに潜んでいる捕食者――魚、アザラシ、カワウソ、クジラ――をかわしてきた個体だ。この袋のなかにいる動物は、その短い一生のあいだに、すでに想像を絶する数々の冒険を生き延び、死をも恐れず脱出し、生死を賭けた大逆転を成し遂げてきた。この動物は若いころ、捨てられていたワインの空き瓶に身を潜めたことがあったのだろうか。一本の腕をサメに食べられて、再生したことがあっただろうか。人間のダイバーと戯れ、カニを集めて牧場をやり、漁師の網をすりぬけ、難破船のなかを探検したことがあっただろうか。そして、そうした経験が性格に影響を及ぼしただろうか。

私は水のなかをじっと見つめて問いかける——あなたは誰？

*

私が次に会いに行ったときには、このタコのことがもう少しわかっていた。またしてもメスだ。右側の三番目の腕、水族館にやってきた日には私たちから隠していた腕を、ビルが調べた結果、先端まで吸盤が並んでいることがわかった。ビルの話では「かなり威勢がよくて活発なお嬢さんだ」。体重は四キロから五キロくらい、来たばかりのころのカーリーより重く、生後九か月から十か月といったところだろう。

今回の荷主は、オクタヴィアとカーリーのときとは違って、ケン・ウォン。何年も前にビルの大切なタコ、ジョージを調達した業者だ。

「タコを捕まえるのはひと筋縄じゃいきませんよ」と電話をかけた私にケンは言った。「見つけるのもひと苦労でしてね。しかも展示向きのを探さなきゃならない。体重が一五キロ前後のタコじゃ駄目なんです。そういうのは捕まえずに繁殖させせないといけない。かといって小さすぎても駄目で」。もうひとつの問題は、毎年このくらいの時期はタコのほとんどが腕を一本から四本失っていることだ。鋭い歯を十八本持つ貪欲な捕食者で、成長すると体重三五キロを超えることもあるキンムツが孵化し、タコを追い出して巣穴を横取りしようと、かみついたり、いじめたりするのだ。私たちの新しいタコもそれで腕をなくした可能性がある。

最初の数回のダイビングではケンは条件に合うタコを見つけられなかった。タコが一匹も見当たらないこともあった。「お手上げってときもある」とケンは言った。それでもケンはあきらめなかった。六回目でようやく、ボストンに出荷するタコを見つけた。

そのタコは水深約二二メートルの岩石層に隠れていて、吸盤だけが飛び出していた。ケンがそっと触れると、岩の裂け目から勢いよく飛び出してきて、そのままケンが広げていたモノフィラメントの網に飛び込んだ。

「とても柔らかい網で、顔をこすってもわからないくらいです」とケンは言った。「タコに触れるときは子ヤギの革の手袋をする。いきなり水面に引っ張り上げちゃいけない。ショックを与えるといけないから」。深いところの水温は海面より八度あまり低い場合もあるので、容量約一九〇リットルの密閉容器に水を張ったものを用意し、網に入ったタコをそこに移して、容器ごとゆっくり引き上げた。タコは一度も暴れたり墨を吐いたりしなかった。

それから六週間、タコは一五二×一五二×一二二センチ、容量一五〇〇リットル、隠れ場所にできそうな岩やパイプの屈曲部がある水槽で過ごした。最初の三週間で、ケンが餌を持って行って水をたたくと寄ってくるようになった。とくにサケの頭とカニが好物だった。餌の時間はまちまちで、どちらかといえば野生の状態に近かった。エビ一匹だけの日もあれば、その二日後には大きなカニ二匹というごちそうにあずかることもあった。「体重は急ピッチで増えていきました」とケンは言った。捕まえたときの体重は三キロくらい。今は四キロ前後だろうという。

では、ケンはどうやってタコを出荷用のビニール袋に誘い込んだのだろうか。「袋に入るよう仕向けるんです」とケンは言った。「あれだけ知恵があって腕も八本もある相手だと、力ずくってわけにはいかない。手間も暇もかけないと」。作業しやすくするため水槽の水を少し抜いたが、それでも納得ずくで袋に入らせるには一時間くらいかかったそうだ。

ブリティッシュコロンビア州にあるケンの施設にはほかに三匹のタコがいて、それぞれすでに買い手がついていた。一匹は未来の飼い主が水槽の修理を終えるのを待っていた。もう一匹は検疫の問題が解決するのを待っていた。天気待ちで出荷を延期しなければならないこともある。雪や濃霧で空港が閉鎖され、悪天候によるフライトの遅延で待たされそうな場合は、絶対にタコを出荷しない。

私たちの新しいタコの様子を知らせると、ケンは喜んだ。「様子を聞けて嬉しいです」と私に言った。「どのタコにも愛着があるから」。野生の動物を捕まえて一生閉じ込められる場所に送り出すのはどんな気持ちだろうか。後悔していないとケンは言う。「彼らは野生からの使節みたいなもの」で「こういう動物のことを知り、実際に目にしないと、野生のタコに対する責任感は生まれない。だから彼らがこれからちゃんとした施設に行き、愛され、最高の状態で公開されるんだとわかっていれば、幸せな気分になる。彼女は長生きして幸せな一生を送るでしょう――野生の状態より長生きするはずです」

　私はケンから聞いた話をビルとウィルソンに伝えながら、ふたりと一緒に樽の上に身を屈めて新しいタコを見つめる。彼女の体は濃いチョコレート色から赤にピンクと茶色の縞模様へ、さらにまだらな栗色に変化し、突き出した乳頭にはところどころ雪のような白い斑点がある。「どう思う？」私はウィルソンに問いかける。

「そうだな……その……セクシーといってていいくらいだ！」とウィルソンが答える。「何か惹かれるものがある。こういう気持ちは、どう言えばいいんだろう」。どうやら私の正直な友人は恋に落ちたようだ。「とにかく何か惹かれるものがあるんだ」ウィルソンは夢見るように言う。まるで初恋みたいな言いかたじゃないか。奥さんに初めて会ったときもそんな気持ちがしたの？「おいおい、それとこれとは……話が違うよ！」ウィルソンはそう言って笑う。

　それでもウィルソンは見るからにこのタコにぞっこんだ。「模様といい、色といい……」。キュービックジルコニアの取引でウィルソンの強みになった才能のひとつは、色に対する人並み外れた鋭敏さだ。ウィルソンは専用のルーペを使わず肉眼でダイヤモンドとキュービックジルコニアを識別できる（ウィルソンは共同創業者と共に熱伝導率を測定して識別する装置を考案した。それをあるパーティーに持って行き――一組のカップルを婚約破棄に至らしめたこともある）。きっとウィルソンはこのタコに、私にはわからない美まで見いだせるのだろう。

　一方、私は自分で彼女の魅力に目を閉ざしているのかもしれない。カーリーを失ってから、しばらくは別のタコに心を開くことをためらっていた。おかしくて、わがままで、いたずらで、人なつっこい私たちのカーリーとついつい比較して、点数がからくなってしまったりしないだろうか。もちろん、ウィルソンの場合はそんな心配はない。「実に美しい！」と相変わらず言っている。確かに彼の言うとおり。彼女はすばらしいタコだ。健康で、強くて、色とりどりに輝いている。

クリスタも新しいタコを歓迎している。クリスタはタコが到着した日、タコの額に白い「ビンディ」があるのに気づいた。「カーリーと同じ！」クリスタは言った。「きっといい兆しね！」新しいタコが来てから、どんな名前がいいか、スタッフとボランティアであれこれ話し合った。ビルを手伝っているボランティアは、来館者にタコがどこにいるかを教えるのに使う懐中電灯に赤いカバーをつけているが、彼らの一部は、売春婦のことを歌ったポリスの曲にちなんで、ロクサーヌという名前にしようとロビー活動をしていた（「ロクサーヌ！ 赤いライトはつけなくていい」）。でもビルが選んだのは別の名前だった。カルマだ。

どうして？ 「それは」ビルによれば「僕がカーリーを別の水槽に移し、彼女は死んだ。僕は新しいタコを手に入れざるをえなくなった。そういうカルマだったんだ」

欧米の普段の会話では、カルマ（karma）という言葉は運命や宿命や運・不運といった言葉と同じように使われる。ビルは私たちみんながシェイクスピアの悲劇にも匹敵する運命のように感じているものに今なおとらわれながら、カルマという名前を選んだのだ。エリザベス朝時代、ヨーロッパではほとんどの人々が、一人ひとりの運命は、生まれたときの惑星と恒星の位置によってあらかじめ決まっていると信じていた。今なおそう信じて疑わない人たちもいる。しかし、カルマという概念は運命という意味にとどまらず、より深遠で、前途有望な意味合いを持っている。カルマは私たちが知恵と思いやりをはぐくむのに役立つ。ヒンドゥー教では、カルマはブラフマンの境地に至る道とされる。ブラフマンとは最高神、普遍的な自己、世界精神だ。カルマは運命と違って、私たちの意志でコントロールできる。「意志をもって行う行為は業（カルマ）である」とブッダは語ったと伝えられている。カルマとはヒンドゥー教と仏教の伝統においては意識的に行動することをさす。カルマは運命ではなく、実際はその逆――選択なのだ。

＊

一週間後、あのダンゴウオのオスは相変わらず求愛行動を続けている。彼が巣として選んだ場所にオレンジ色のロブスターが居座っていて、彼は死に物狂いで追い払おうとしている。二匹のメスはどちらも、まだ巣のある場所に興味を示していない。びっくり顔の赤ちゃんを思わせる、どんぐりまなこで灰色の小さなおでぶさん二匹は、オスの存在に気づかないかのように、彼のそばを通り過ぎていく。ビルはオスを気の毒に思いつつも、メスをその気にさせるには、発情したオスをもう一匹水槽に入れたほうがいいのだろうかと迷っている。

一方、淡水ギャラリーでは、ニシキガメのキラーが恋に落ちた。といっても、あいにくお相手はカメではなく、パンプキンシード。同じ水槽にいるほかの魚はみんな、キラーにとっては最愛の彼女を脅かす存在に思えるらしい。彼女に求愛しながら、そばに寄ってくる魚がいれば相手構わず攻撃し、ひれにかみついている。この話を飼育助手のアンドルー・マーフィーが来館者たちにしている最中に、当のキラーが水槽の底に降りてきて、驚く来館者たちの目の前でミノーに似たタップミノーを二匹殺してしまう。

ジャイアント・オーシャン・タンクの新しいサンゴ彫刻はマサチューセッツ州チャールストンとカリフォルニア州のアトリエで製作されているが、そのあいだにペンギンプールに仮住まいしている魚たちの一部が小競り合いを始めた。ホグフィッシュ一匹とチョウチョウウオ一匹が尾とひれのかなりの部分を食いちぎられているのが見つかった。二匹は回復するまでよそに移された。それにしても犯人はいったい誰なのか。クリスタによれば、スタッフはバラクーダ（オニカマス）のバリーか、ダークグレーのウツボのトーマスではないかと踏んでいるという（気だての優しい、明るいグリーンのウツボ、ポリーは容疑者ではない）。犯人を突きとめたらペンギンプールの隔離区域から出さないようにしなくてはと、スタッフは考えている。

何がこれらの動物たちに選択を促すのだろうか。なぜ別の相手ではなく、この相手をパートナーに選ぶのか。どうしてこのルート、この戦い、この巣穴で、別のではないのか。この行動は気まぐれなのか、それとも経験によって培われたものなのか。外部からのきっかけに対する機械的な反応なのか。本能なのか。動物は――あるいは人間は――自由意志を持っているのだろうか。

これは今なお史上最大の哲学的論争のひとつだが、これまでの研究からは、自由意志が存在するとすれば、種を超えて存在する可能性がうかがえる。

「動物はえてして機械的に行動するというレッテルを貼られがちだが、実際は、単純な動物でもそうではない」と、ベルリン自由大学の研究者ビョルン・ブレンブスは述べている――脳の神経細胞が十万個しかないショウジョウバエ（ゴキブリの場合は百万個）も例外ではないという。こうした小さな昆虫が単に反応するだけのロボットだったら、まったく特徴のない部屋ではでたらめな動きをするはずだと、ブレンブスは推論した。そこでショウジョウバエを小さな銅製のフックに糊付けして、均一な白い部屋に放した。

その結果、ショウジョウバエたちの飛行パターンはでたらめではなかった。それどころか、レヴィ分布と呼ばれるパターンの数学的アルゴリズムに合致していた。この捜索パターンは餌探しに効果的で、ほかにもアホウドリ、サル、シカが使っていることがわかっており、ショウジョウバエもでたらめではなく合理的な選択をしていた。人間の行動でもeメール、手紙、お金の流れにおいて（ブレンブスによれば、ジャクソン・ポロックの絵画においても）同様のパターンがあることを科学者たちは突きとめている。

ハエたちの選択には個体差まであった。ほとんどのショウジョウバエは普通、驚くと光のほうへ移動する――だが例外もあり、緊急度もまちまちだ。ハーバード大学の研究チームは、研究室のショウジョウバエが示す個体差が大きいのに驚いた。遺伝学的に同じハエでもそうだった。そしてショウジョウバエも人間同様、恐怖、高揚、絶望といった感情に駆り立てられて選択をするようだ。別の研究では、メスに性的に言い寄って冷たくあしらわれたショウジョウバエのオスは、思いを遂げたオスに比べて、「飲酒」（研究室でアルコールを補った液体の餌）に走る率が二〇パーセント上昇することがわかった。

タコのように複雑な動物になると、たとえ樽のなかでも選択肢は無数にある。カルマは私が水面をたたくと樽の上部に浮き上がってきて、私たちがいてもとても落ちついているので、遊んでいて純白に近い色になることも多い。活発だけれど、カーリーほど元気いっぱいというわけではない。大きめの吸盤で私たちに吸いつくほうが好きで、ときには丸一日キスマークが残るほど強く吸うこともある。腕の先端と触れ合おうとすると、私たちの手からするりと引っ込めてしまうこともある。たいてい二十分かそこらでリラックスして、私たちを優しくつかんでいる。でもその後、再び、もっと力を込めて私たちをつかみ、まるでクギを刺しているかのようだ。あなたたちを水に引っ張り込むくらい、簡単なのよ。私の意志で優しくしてあげてるの、と。

しかし、ある週末、カルマは優しくなかった。アンドルーが餌の魚を与えるために樽の蓋を開けると、カルマの腕が飛び出してきて彼をつかんだ。カルマは体をねじり、体を真っ赤にして、逆さまになった。なんとカルマの腕の付け根にくちばしが見え、アンドルーは彼女が自分にかみつこうとしているのだと悟った。

それでも冷静さを失わなかったところがいかにもアンドルーらしい。現在二十五歳のアンドルーは六歳のころから魚を飼っていて、七歳で繁殖に成功した（水槽の魚が全滅したときでも、泣くどころか、解剖して死因を調べたいからハサミを貸してと母親に頼むくらいだった）。水生動物といるととても落ちつくので、一年前に通りの向こうのコンビニエンスストアでてんかんの発作が起きそうになったとき、真っ先に脳裏に浮かんだのは、水族館に戻ること、それもピラニアの水槽の裏手に戻ることだった――発作が起きたときに自分が安心できる場所にいたかったからだ。だからミズダコのカルマに襲われたときも、熱帯魚用の水槽の設計・管理ビジネスを共同で手がけてもいるアンドルーは、落ちついてカルマの吸盤をはがし、彼女を樽に戻したのだった。

「出足――いや、腕か――でつまずいちゃったけどね」とアンドルーは言った。

カルマが突然アンドルーを嫌がったのは、気まぐれなものに思える。例のダンゴウオのメスたちが熱烈な求愛者につれない態度をとり続けているのと似たようなものだ。粘り強いオスはまだあきらめていない。巣の周辺にはちりひとつ落ちていない。何百という大切な卵を安全に守ることのできる滑らかな岩には、藻ひとつ見当たらない。念入りに守られた巣に近づこうなどというヒトデもウニもいない。あのオスはロブスターでさえ近寄らせていない。水槽のてっぺん近くを行ったり来たりして、行きつ戻りつするトラのように、二匹のメスのうち一匹でいいから、自分が用意したマイホームに気づいてほめてもらいたくて、必死になっている。

しかし、どちらのメスも相変わらず彼を無視している。ビルもまだ希望を捨ててはいない。たぶん、来週になれば、と……。

ダンゴウオの話の続きは、私は当分おあずけになりそうだ。来週の木曜はバレンタインデーで、私は夫の許しを得て、シアトルでデートを楽しむ予定になっている。西海岸へひとっ飛びして二匹のタコのセックスを見に行くのだ。

＊

容量約一万一〇〇〇リットル、ふたつに仕切られた水槽のてっぺんには、赤いハート型のライトが張り巡らされ、ガラスの壁には紙を切り抜いて作った赤いハートの飾りがきらめいている。水面にはバラの造花を赤いサテンのリボンで結んだ花束が浮かんでいる。午前十一時には、もう人だかりができ始めている。小学校の六年生百五十人がスクールバスで到着。お母さんたちはショッピングカートよりも大きいベビーカーに赤ちゃんを乗せて押している。小学校二年生八十八人と付き添いの大人十九人、それから別の小学校から最年少は五歳という児童たちが集まっている。ここにいる人たちの約四分の三は子供たちだが、大人も大ぜいいる。赤い髪を後ろで束ね、黒い革ジャンをこれみよがしに着ている男性は、四年前からバレンタインデーには毎年欠かさず、ガールフレンドとこのシアトル水族館恒例のオクトパス・ブラインドデートに来ているのだそうだ。

「クレージーだけど、実にすばらしい」とシアトルのABC系列のテレビ局KOMOのカメラマンは言う。彼が撮影するこのイベントのもようは、四時、五時、六時のニュースで流れるという。オクトパス・ブラインドデートは九年間、シアトル水族館の恒例イベントになっている——年間最大の呼び物、オクトパスウィークのなかでも珠玉のイベントといっていい。普段なら、冬場の平日の来館者は三百人か四百人、込み合う土曜、日曜でもおそらく千人がせいぜいだろう。それがオクトパスウィークには連日千人に達することもある。

「動物が交接するのを見に来るって、考えたら変よね」と、シアトル水族館の主任無脊椎動物学者で三十一歳のキャスリン・ケーゲルは言う。だが彼女にとっても、ここで働いて七年が過ぎた今でも、この日は一年でもとくにスリリングな一日だ。「これまでに見た交接は腕が絡み合ってボール状になってて、二匹の区別がつかなかった」。ここで働き始めて以来、ブラインドデートには欠かさず立ち会っているそうだ。「二匹が興味を持つ確率は半々くらい」だろうと言う。何もしないかもしれない。あるいは一方がもう一方を攻撃するかもしれない。そんなことになったら、キャスリンともうひとりのダイバーが二匹を引き離す――それができればの話だが。「腕が多すぎて、大して効果はないけどね」とキャスリンは言う。

ある年など、メスがオスを殺して食べ始めた。幸い来館者の前ではなかったが、水族館の閉館時間になって、タコたちは一緒に水槽内に残されたのだ。別の年には、片方のタコがふたつの水槽の仕切りを外すことに成功、ブラインドデートの前の晩に交接してしまった。そのため現在は仕切りはボルトで固定され、四か所をケーブルでくくり付けてある。

十六本の腕と六つの心臓がひとつの鼓動を刻むとあって、タコのセックスはさまざまな可能性に満ちた「カーマスートラ（性愛指南書）」みたいに思えるだろう。でもほかの海洋性無脊椎動物に比べれば、タコの愛し合いかたは保守的なくらいだ。たとえば裸鰓《らさい》類のチリメンウミウシ。日本周辺のサンゴ礁の浅瀬にいるウミウシで、どの個体もオス・メス両方の生殖器官を持ち、その両方を同時に使うことができる。それぞれのペニスを相手の開口部に挿入し、お互いを同時に貫く。それでもそれで全部ではない。数分後には二匹ともペニスを自ら切断し、それは海底へ落ちていく――だが二十四時間後には再生し、繰り返し交接できるのだ。

タコの場合は、例外はあるものの、ほとんどの種は普通、ひとつかふたつのなじみのある方法で交接する。哺乳類が普通やるようにオスがメスの上に乗るか、横に並ぶかだ。後者は遠隔交接と呼ばれることもあり、共食いのリスクを軽減するタコ流の適応だ（フランス領ポリネシアのある大きなメスのワモンダコは、特定のオスと十二回交接した――しかし不幸にして十三回目の交接のあと、相手を窒息させて、次の二日間は巣穴でその死体を食べて過ごしたという）。遠隔交接は安全なセックスの究極の形に思える。オスは交接腕をある程度先まで伸ばしてメスに触れようとする。種によっては、これはオスとメスが隣り合った巣穴にいるあいだに行われる。

タコは見つけて観察するのが難しいので、その性生活についてはほとんど知られていない。私たちの思いも寄らないことがいろいろと起きているのかもしれない。オスはメスをめぐって戦い、汚い手を使う。恋敵の交接腕の舌状片をかみちぎって食べてしまうのだ。モントレーベイ水族館の研究者クリシー・ハファードが二〇〇八年にまとめた記録によれば、あるインドネシアの種は驚くほど複雑な交接システムを持っている。オスは自分の選んだメスを守り、「間男」に寝取られることがあっても、それは変わらない。その後二〇一三年には、驚くほど美しい、ウデブトタコの仲間で新種のタコ（larger Pacific striped octopus）が最大四十四のコミュニティーで暮らすという研究報告があった。この種はオスとメスが巣穴で共同生活をし、くちばしとくちばしを突き合わせて交接し、生涯に一回きりではなく何回も産卵するという。

キャスリンは今年のミズダコのカップル、レインとスクワートに大いに期待している。オスのレインは体重なんと三〇キロ近い。キャスリンによれば「体は大きく気は優しい、ほんとに陽気でのんきなタコ」だという。レインは五月に水族館とは目と鼻の先の海域で捕獲され、みるみる成長した。あるボランティアの話では、レインはやってきた当初の二倍の大きさになり、「週を追うごとに目に見えて大きくなっている」そうだ。ハンサムなタコで、体色はいい色合いの赤。水槽のガラスに吸いついている大きな吸盤のひとつは直径約六センチ、一〇キロを超える重さを持ち上げることができる。これまでさまざまな玩具で遊んできた。とくに、カワウソのお気に入りでもある、穴のあいたプラスチックボールで遊ぶのが好きだった。でも最近は玩具にあまり興味を示さなくなった。子供っぽいものはそろそろ卒業らしい。レインの水槽ではこの二週間ですでに精莢がふたつ見つかっている。精莢は透明な、長さ九〇センチくらいのイモムシのように見える。ある水族館では飼育員たちがタコの水槽で精莢を発見して、オスダコに寄生虫がいるに違いないと思い込んだ。実際は精莢は、レインが性的に成熟してピークに近づき、まもなく短い一生を終えるという証拠だった。

メスのスクワートはレインに比べて小柄で、体重二〇キロ、恥ずかしがりやだ。今回の新しい水槽に移されると巣をつくった——タコにしては珍しいことだ。スクワート（噴水）という名前のとおり、水を噴射する——といっても通りすがりの相手ではなく、ほとんどが水槽のアクリル製の壁にかかるのだが。容器の蓋を開けるのも好きで、たいてい夜にやる。

二匹はこれまで、ふたつの水槽を隔てている、穴のたくさん開いた壁の両側から、お互いに腕を差し伸べ、相手を味わい、吸盤と吸盤で交流してきた。

デートが始まるのは正午だが、私は十一時半には場所を確保する。上から見ると、水槽は不格好な数字の8を横にしたみたいに、小さい水槽と大きい水槽を透明な通路がつないでいるが、その通路部分は今は小さな穴を開けたアクリル樹脂の壁で塞がれている。それぞれの後部には石壁がつくり付けになっていて、タコにとっては格好の隠れ場所がひとつはあるわけだ。ヒトデや巻き貝が底の砂地をゆっくりと移動し、アイナメと二種のカナリーフィッシュはぴりぴりしたように水中を泳ぎ回っている。ときには食べられて姿を消す魚もいる。

レインは最初、自分の水槽の上部の片隅にいたが、その後、赤くなって動き回り始める。また最初の隅に戻って、今度はまだらな灰色に変わる。「泳いでるときにあんなタコを見つけたら、俺、固まっちゃう！」と革ジャンを着たティーンエイジャーの少年が、ガールフレンドの体に腕を回して言う。小さいほうの水槽にいるスクワートのほうが活発だ。きれいな濃いオレンジ色で乳頭の多くを突き出している。

午前十一時三十五分、水族館の館内放送から、バリー・ホワイトの深みのあるセクシーな低音が流れてくる。《ベイビー、もっと君の愛が欲しい》。赤のドライスーツに着替えたキャスリンが水槽のそばに踏み段を設置する。彼女と同僚のケイティ・メッツが、ふたつの水槽のあいだの仕切りを固定しているボルトとケーブルを外して、スクワートを通路経由で向こう側に移動させることになっている。

「いよいよオクトパス・ブラインドデートが始まります」ロバータと名乗る司会者のアナウンスが館内放送で流れる。「水槽正面の最前列に陣取りたい方は床に腰を下ろしてください。立って見たい方は座っている方の後ろへどうぞ」

「みんな、あぐらをかいて」引率の先生の指示で小学二年生の子供たちが座る。私の後ろでは水槽を囲むように十二列の人垣ができている。

「きょうのタコたちはとても気まぐれなんです」と司会者が話を続ける。「どこにいるか保証しかねます。見にくい場合は、白いテーブルの後ろの大型スクリーンに映し出される映像をご覧ください。立ち上がったり動いたりせず、そのままの場所で数分間、何が起きるか見守ってください。あと十分でスタートです！」

子供たちはみんな興奮して歓声を上げる。

音楽が激しさを増す。今度はロバータ・フラックの歌声だ。《ベイビー、アイ・ラブ・ユー！》。開始を待つあいだ、教師のひとりが子供たちにリズムに合わせて「レイブ」する方法を教えている。「手を動かして！」まるで伝道集会の聖職者のような口ぶりだ。「手をとめないで！」

十一時五十五分、ロバータが再び、大きいほうの水槽のレインのそばに立っている観客に語りかける。「みなさん、ハッピー・バレンタイン！　本日のブラインドデートの主役たちをご紹介しましょう。こちらがレイン、おとなのオスです」そう言って、水槽の上のほうの隅にじっとしている灰色の吸盤の塊をジェスチャーで示す。「そして小さい水槽にいるのがスクワート、メスです。二匹はきょうが初対面です。タコはとても孤独を愛する動物なんです。一生を終える間際まで、ほかのタコに会いたがりません」

レインのいる大きな水槽のまわりに集まっている人たちのほとんどには見えないが、キャスリンとケイティが水に入って仕切りを固定しているボルトを緩める。「みなさんのなかでブラインドデートをしたことのある人はどのくらいいるかしら」ロバータが観客に語りかける。「うまくいくときもあれば、いかないときも。きょうはどっちかな、乞うご期待！」

ダイバーふたりが仕切りを外すあいだ、ロバータは観客にミズダコという種についてちょっとした情報を提供する——大きさとか、寿命とか、成長ペースとか。「さあ、ダイバーが、勇気を出してレイン君に会いに行くようスクワートを励ましますよ」とロバータが言う。

スクワートが興奮して真っ赤になって私たちのほうに向かってくるのが見える。水槽の底の砂地をレインのいるほうめがけて這ってくる。一方、レインは、グレーっぽい色から赤に変わっているが、まだじっとしたままだ。スクワートの「額」に明るい白のアイスポットが浮かび上がり、左から二番目の腕がレインのほうに伸びて、レインの一番近い腕まで一メートルもないところに近づく。やがて、十二時十分に、スクワートはもう一本、さらにもう一本と、腕をレインのほうに伸ばす。彼女の腕が触れて、レインは一気に岩壁を降り、水槽の底にいる彼女のところに向かう。

彼は彼女の腕のなかへ。彼女はひらりと逆さまになり、いつもは隠れている、無防備な、クリーム色がかった白の部分をさらけ出す。二匹は口と口をくっつけて、無数のまばゆくてすばらしく敏感な吸盤で相手を味わい、引き寄せ、吸っている。二匹とも興奮で紅潮している。

ついにレインが自分の傘膜でスクワートをすっぽり包み込む。肌寒い夜に大切な女性に自分の上着を着せかける紳士のようだ。スクワートの吸盤のうち、アクリル樹脂の壁の、観客から見えるところに残っているのは数個だけになった。

キャスリンとケイティはまだ水槽の上部にいて、ふたりのキューピッドのように恋する二匹を見下ろしている。生物学者にとっては緊張の瞬間だ。ブラインドデートには常にリスクがつきまとう。「まったく不安がないことなんてない」とキャスリンは私に言った。「でもそれは野生でも同じなんだし、何が起きても受け入れる」。そうはいっても、キャスリンもケイティも二匹のことをよく知っている。二匹のことが大好きで、傷つくのを見たくはない。デートがうまくいくよう願っている。過去にはメスが墨を吐いてオスから逃げようとしたこともあったので、スクワートが自分からレインに近づいていったのはいい兆しだという。

二匹が動かなくなったので、子供たちはスクールバスに戻り始める。子供たちの多くは戸惑っているようだ。この子たちにとっては人間のセックスでも理解しがたいもので、ましてタコのセックスなんて想像もつかないはずだ。大人はまだ大ぜい残って、デートの行方を見守っている。男性がふたり、お互いの体に腕を回し、厳粛な面持ちで水槽の正面に佇んでいる。ショートカットの女性は、一匹に見えるタコが本当は二匹だということが理解できずにいる。「今その最中ってこと？」と戸惑い顔で言う。「もう一匹はどこにいるの」

二匹は動かないが、レインはどんどん色が薄くなっていく。「結局はデートなんだから」私の後ろで男性の声がする。「コミュニケーションしなきゃ駄目だよ」

「テレパシーでコミュニケーションしてるのかも」女性の声が答える。

「メスを傷つけないかしら」別の女性が心配そうに言う。

「そういうこともあります」とケイティが説明する。「コントロールすることはできないんです。でもオスの呼吸は――深くてペースも落ちついていて――メスも逃げようとしていないから、とてもうまくいく可能性は十分ありそう」

「こんなにリラックスして穏やかな交接は初めて」だと、キャスリンは言う。

今では二匹ともとても静かで、十二時三十五分、レインは真っ白になる。すっかり満足している証拠だ。「人間だったら、ここらでちょっと一服ってあたりだな」私の後ろにいる男性がそう言ってくすくす笑う。

「あのオスがここまで白くなったのは見たことがない」と髪を肩まで伸ばし、レインハットを被った背の高い男性が言う。私が着いたときから、ずっと二匹を見守っている人だ。「ああ、美しい」その男性がつぶやく。「二匹とも実に美しい」。男性の名前はロジャー、この一年間、主にタコに会うために、週に二回この水族館に足を運んでいる。暮らし向きがよかったころに水族館の有料会員になったという。その後、母親が乳癌で死去し、自宅は差し押さえに遭い、今はコンパスセンターというホームレス保護施設に身を寄せている。そのセンターのために「親切にしてくれる人たちへのお返しとして」二四四×三六五センチの絵を制作中で、それで二匹の写真を撮影しているのだという。最初はシャチを描こうと思ったが、タコのほうがふさわしいと思い直した。羅針盤《コンパス》の方位は八つ、タコの腕も八本だから。水族館の動物のなかで、タコが一番好きだそうだ。「ここには瞑想しに来るようなもの」だという。「世間は生きづらいところで、感情に流されがちだ。だけどこいつらと一緒にいると心が落ちつく」。最近、友人のアパートに住まないかと持ちかけられた。ましな暮らしはもうすぐだ。「こいつらと一緒に穏やかな時間を過ごせてよかった」とロジャーは言う。「そのゆとりが幸運を運んできたんだ」

スクールバスはすでに引き揚げ、水槽のまわりに残っているのはほとんどが大人だ。誰もが目の前で繰り広げられる光景の甘美さがわかるようだ。「こいつはセックスとは違う」ロジャーが言う。「二匹の一生のクライマックスだ」。くすくす笑いやジョークは聞こえない。通りすがりの恋人たちは、教会のアルコーブを訪れるときのように、手をつないで水槽の前に佇む。自分たちにも覚えのある、祝福ともいうべき営みを見守っているのだ。静かに二匹を見守る人々のつぶやきには畏怖の念がにじんでいる。

「見て、オスがあんなに白い」

「それに皮膚も突起だらけだ！　ふわふわした子ヒツジみたい」

「幸せそう」

「そうだね――満足してる」

「なんて静かなんだ」

「すてきね。すてきで愛おしくなる」

「美しい。とにかくゴージャスだ」

そして私の真横でロジャーがつぶやくのが聞こえる。「愛してるよ、レイン」ほとんどささやくような声。「愛してるよ、スクワート」

＊

二匹は三時間ほとんど動いていない。そのそばを水に漂うプランクトンのように、人間たちがふわふわと通り過ぎ、たなびく触手のような感想を残していく。「タコの内臓は全部、あの鼻みたいなところに入ってるんだよ！」ボランティアのナチュラリストが五歳の子供に説明している。「唇から脚が出てる！」別の子供が叫ぶ。

「タコってバレンタインデーに子づくりするの？」と女性がデートのお相手に尋ねている。「どうやってバレンタインデーだってわかるんだろう」

二時十五分、水族館のナチュラリスト、ハリアナ・チルストロームが私のほうにやってくる。ハリアナの説明によると、「精莢を交接腕に移動させるのは射精みたいなもの」で「交接腕はペニスみたいに充血する」という。精莢は外套膜内部にある実際のペニスでつくられる。精莢がひとつ外套膜のなかから漏斗に移される。自在に動く漏斗は交接腕の溝のほうに移動し、精莢を溝に放出する。放出された精莢は溝を伝って交接腕の先端にある舌状片に達する。

精莢がオスからメスに渡されるとき、オスの心拍は乱れ、メスの呼吸は速くなる。人間と同じだ。それもそのはず。「タコには人間と同じ神経伝達物質がある」とハリアナは言う。

それにタコは一匹一匹違う。ハリアナの記憶によれば、以前、車椅子や杖を使っている人のことが「大好き」なタコがいた。そういう人が視界に入るたび、寄っていって見ていたそうだ。幼い子供にとくに興味を示すタコもいた。野生ではなく動物園などで飼われている場合、トラのような陸生の捕食動物も、同じような傾向を示すことが多い。動物園などにいるトラは障害のある人を見ると往々にしてクギ付けになるが、それは格好の獲物になると本能的にわかっているからなのかもしれない。国際自然保護連合（IUCN）トラ専門家グループのピーター・ジャクソン議長は、ダウン症の我が子をサーカスに連れていくたび、上演中にトラがその子をじっと見つめていた、と指摘している。動物園のトラも、私の友人のリズの娘ステファニーが車椅子でやってくると、途端にしゃんとする。しかし、タコにはきっと別の理由があるはずだ。タコは人間を食べるわけではないから、ひょっとしたら、車椅子や杖の金属部分が光るのが魚の鱗に見えるのかもしれない。あるいは単に、障害のない人たちとは動きかたが違うので珍しがっているだけなのかもしれない。

午後二時五十分、レインとスクワートが身じろぎする。平和で家庭的な光景だ。レインの吸盤がいくつかスクワートの顔にくっついていて、彼女の頬にキスしているみたいに見える。

午後三時七分。「そろそろおしまいみたい」ケイティが言う。「相手から離れていくわ」。スクワートの体の下側は水槽のガラスにくっついていて、白い吸盤のあいだの皮膚はピンク色になっている。頭部と外套膜は灰色に変わり、レインの腕のなかに横たわっている。アイナメが何事かと寄ってきて二匹を見つめる。「あのアイナメ、とても神経質なの」とハリアナが言う。以前は同じ水槽にオオカミウオもいたという。ギブソンという名前だった。「これが問題児で」。三年間この水槽で暮らしたが、よく巣穴をめぐってタコと小競り合いになった。ギブソンはタコの腕をかみちぎり、そのお返しにたたきのめされていたそうだ。

長いこと動きのない状態が続いただけに、二匹が離れて、それからどうするのか、私たちの誰もが見たくてたまらない。「ここでコーヒーなんか買いにいったら、見逃しちゃうのよね、きっと。絶対そう」ハリアナが言う。誰も水槽のそばを離れない。

三時四十五分。レインの淡い色の膜にところどころ濃いまだら模様が浮かんでいる。スクワートの顔と目が視界に飛び込んできて、体が鮮やかな赤になっているのがわかる。彼女の外套腔はまだ見えない。ロバータははしごに上って見下ろすが、見えにくさは変わらないようだ。

四時五分。スクワートが水槽の壁伝いにゆっくりと、吸盤から吸盤へと重心を移しながら、上に移動していく。彼女のほうがはるかに色が濃く、レインのほうは今は淡い赤になっている。二分後、スクワートの動きが止まる。

アイルランド系らしい高齢のカップルが通りかかる。「子づくりしてるんですって、レオ！」。すてきなブローグシューズを履いたご主人に、奥さんが大きな声で呼びかける。ボランティアの説明が耳に入るまで、動かないタコを「てっきり張りぼてだと思ってた！」そうだ。彼女はご主人に向き直り、熱弁を振るう。「とてもすばらしい経験だわ！　本当に感動的。とても心を動かされるわ」。ご主人のほうは体力が衰え、口は半ば開いたまま歩行器にしがみついている状態で、妻が何を言っているのかわかっていないようだ。それでも奥さんはわかったことを夢中で夫に伝えようとしていて、高揚感に浮き立っているようだ。きっとその昔、長きにわたる結婚生活のスタートを切ったころにも、同じような胸の高鳴りを夫と分かち合ったに違いない。

四時三十七分、レインが二本の腕の先をゆっくり動かし始める。体の色は白に戻っている。スクワートは横向きになって、口とそのまわりの吸盤を再びガラスに押しつけ、腕を放射状に四方八方に伸ばしている。一番大きい吸盤は一ドル銀貨くらい。レインが自分の腕と体をスクワートの頭部と外套膜にぴったりくっつける。彼の漏斗が波打ち始める。スクワートの吸盤の一部が波立つように見えて、まるで彼女がじれているような印象を与える。

五時三分、スクワートは腕を二本高く伸ばしたまま、相変わらずゆっくりと水槽の壁を登り続けている。三本目の腕はレインを愛撫しているように見える。レインは一本の腕をゆったりと彼女にもたせかけている。

五時十分。二匹は急に相手から飛び退くようにして離れ、スクワートが鮮やかなオレンジ色に変わる。絡み合っていた腕と傘膜が一気にほどける。レインは猛烈な勢いで右へ移動する。スクワートが追う。だが浮いているバラの造花にぶつかり、水槽の底でしばし停止する。彼女の外套腔から精莢の尾が長さ九〇センチほど白いロープのようにたなびいている。

「カップルが離れたわ！」ハリアナがあとを引き継ぐ夜勤の生物学者に無線で報告する。「了解」と返信が来る。スクワートは「咳払い」（タコの場合はギル・フラッシュと呼ばれ、灰色のえらが見える［訳註：タコは新鮮な水を外套腔に取り入れて、外套腔内部にあるえらで呼吸をし、汚れた水を外に出す。その際、外套膜と漏斗が明確に動く］）をして白くなり、それから赤くなる。続いて、二匹のタコは水槽狭しと追いかけっこを繰り広げる。

その姿は風にはためく大きな赤い旗のようだ。スクワートは左へ、岩場を横切って通路のほうへ向かい始め、一方、レインは右へ、水槽上部の定位置へと向かっていく。スクワートがもう一度「咳払い」をし、くるりと向きを変えてレインのほうへ戻っていく。彼を元いた隅から追い立てようとしているようだ。スクワートがレインに腕を伸ばし、レインは二本の腕で彼女をつかむ。レインがスクワートを引き寄せるようにして、二匹は再び左へ向かい、一本、二本、三本、しまいには四本の腕をお互いの体に巻きつける。それから、体を引き離す。

五時二十三分、スクワートが流れるような動きで、傘膜をパラシュートのように広げて、底の砂地に向かって降りかけるが、途中で腕を下でそろえて、ガラスを登りだし、水槽上部の一角、二匹が対面する前にレインがいた場所に、無理やり体を押し込む。一方、レインは小さい水槽のほうへ退却する。

「交接後にこれだけ活発に動いたケースは初めて！」ハリアナが言う。

五時二十六分、二匹はそれぞれ仕切りをはさんで反対側に落ちついたようだ。それはけさと同じだが、位置が逆になっている。今ではスクワートがレインのいた大きい水槽にいて、レインは通路のなかに腕二本を伸ばして、スクワートのいた小さい水槽に入ろうとしている。

「けさ起きたときは広々した立派なマイホームがあったのにな」と、私の隣に立っている、こざっぱりした身なりで白髪交じりの男性が言う。「そこへ女が現れて、ベッドを共にした。で、どうなった？　今じゃ彼は狭苦しいアパート住まいだ。さぞ後悔してるだろうな。『かかり合いになるんじゃなかった！』ってね」

＊

閉館時刻の六時になっても、二匹はそれぞれ仕切りの反対側にいる。夜勤のスタッフは仕切りを元に戻すよう指示されてはいない。

翌朝、私が再び水族館を訪れると、二匹は元の場所に戻っていた。仕切りも元どおりになっている。スクワートの外套膜からぶら下がっていた精莢の弱々しい白い尾は、どこにも見当たらない。水槽の底でもまだ見つかっていないが、目的は果たしたようだ。二匹が交わっているあいだに、七十億個の精子が放出され、スクワートの卵管に送り込まれた。今ごろはもう、彼女の貯精囊の壁にくっついているはずだ。精子はそこで何日も、何週間も、何か月も生き続ける――彼女が自分の意志で卵に受精させようと決断するその日まで。

＊

ニューイングランド水族館では、三月はほかのことも新たに始まる。ジャイアント・オーシャン・タンクのガラスは一枚を除いてすべて新しいものに取り替え済み。サンゴ彫刻（すべて本物のサンゴから型をとった）の最大のものが完成し、据えつけられた。一新されたサンゴ礁には身を隠す場所がたくさんあり、そこに住まわせる動物千匹のうち四百匹ほどを調達するため、ビルはバハマに出かけている。相変わらずノコギリやドリルの音が響き、接着剤のにおいも充満しているが、私たちはようやく未来が形になっていくのを見ることができる。

ある日、カフェテリアで昼食をとりながら、クリスタが私たちに、自分とダニーの今後十年間の生活についての青写真を語る。「こんなにも違う双子がいるのって、楽じゃないわよ」とクリスタは言う。「一緒にこの世界に生まれるはずだったのに、何かが起きて……」。大学に願書を出したとき、ダニーが一緒に進学できないと知って、頭にきたし、動揺もしたという。今はふたりが確実に一緒にいられるようにしようと頑張っている。クリスタの夢は今のパートタイムの非正規の仕事を、フルタイムの正規の仕事にすること。もっとお金を稼いで、ダニーと一緒に暮らせるよう、水族館の近くに寝室がふたつあるアパートを借りること。そしてダニーも水族館で、たぶん売店あたりで、働けるようにすることだ。生物学の修士号があれば水族館でもっといい仕事に就けるかもしれないと思って、ここで週四日働き、夜はバーで働いて、ハーバード大学のエクステンションスクールの授業料二万ドルを貯めようとしている。フルタイムで働きながら修士号を取得したいからだ。「大変だけど、やれると思う」とクリスタは言う。

マリオンはここ数週間、頭痛に悩まされていて、ワンダフル・ウェンズデーに顔を出していない。でもある週、嬉しい知らせで私たちを驚かせる——結婚するというのだ。お相手は私たちも会ったことのある、茶色い髪で眼鏡をかけた二枚目、デイヴ・レプゼルター。ボストン大学の生物物理学の博士課程を修了した研究者で、スターウォーズと、ふたりで飼っている九匹のラット、それにアナコンダたちを愛している。式の日取りはまだ決めていないが、立会人はもう決めてあるという——マリオンの英雄であり、心の師ともいうべき、スコットだ（彼は聖職者でもなければ治安判事でもないが、ふたりに司会役を頼まれても驚かなかった。彼と奥さんのタニア・タラノフスキーは進化生物学者のレス・カウフマンに立会人を頼み、動物園でシマウマとキリンに見守られて式を挙げたのだから）。

一方、アナは一緒に祝ってくれる親友を失って、十七回目の誕生日を迎えることをひどく怖がっている。十五日はシャイラの月命日だから、毎月、月半ばが乗り越えなければいけない一里塚のようなものだ。でも先月は違った。シャイラの墓参りに行って、ようやく泣くことができた。「私の脳はこれからもひどい記憶をよみがえらせて、私がすでに味わった苦痛を何度も何度も味わわせるかもしれない。でも、これからは」アナは決意したという。「こっちも反撃してやるんだから」

アナは十七歳の記念すべき第一日目を、カルマやオクタヴィア、ウナギやアナコンダ、ギンザメやダンゴウオ、スコットやデイヴ、ビルやウィルソン、クリスタやアンドルーや私と一緒に過ごすと決める。その日のためにクリスタは小さなカップケーキを焼いて、アイシングでタコの絵を描いた。私はドーナツ型のブントケーキを作り、爪楊枝でタコの旗を立てた。ウィルソンは特別なプレゼントを用意した――何十年間もかけて世界中を旅して集めた膨大な博物誌コレクションのなかから選んだもので、大きな干からびたタツノオトシゴだ。ウィルソンは相変わらずコレクションの大半を誰かに譲っている。奥さんと暮らしていた大きな家から、小さめのマンションに引っ越す準備を進めているのだ。数週間おきの水曜日に、貝殻や本やサンゴを私たちに持ってくる。メキシコで手に入れたイタチザメの顎は水族館に寄贈した。ある週末には、アンドルーに手伝ってもらって、家で飼っていた魚の最後の一匹、ビクトリア湖産シクリッドを水槽ごと荷造りし、クリスタに託した。

ウィルソンの奥さんも引っ越しをした。今はホスピスを引き払って、介護付きコミュニティーで暮らしている。理由はわからないが、原因不明の病気の進行が止まったようなのだ。担当医たちももう彼女が末期だとは考えていない。

新たに交流するたびに、タコたちは無限の可能性があることを私たちに思い出させる。カルマの切断された腕は再生しつつある。当初アンドルーに見せた攻撃性は和らいで、しだいに並外れて穏やかなタコになってきた。ウィルソンとビルと私に対しては、いつも変わらず優しい。前方の腕二本で私たちに触れ、ごく小さい吸盤で吸いつく。水から顔を出して私を見つめ、頭を撫でても逆らわない。体の色はたいてい真っ白なので、私たちは「スノーパス」と呼んだりするくらいだ――でも、もちろん、見事に色を変え、お気に入りの玩具を見せたときはなおさらすばらしい。一番のお気に入りは、アザラシから借りた、紫色のコングというゴム製の犬用おもちゃ。朝から閉館時間まで一日じゅう離さず、外套膜と腕のミルクチョコレート色の部分に紫色のすじがついたこともあった。

オクタヴィアの卵は目に見えて縮んでいるけれど、相変わらずかいがいしく世話をする姿は感動的だ。例のヒマワリヒトデもどうやら近づいてはいけないと学んだようだ。今では卵からできるだけ遠いところを定位置にして、そこから動こうとしない。

ついスクワートとレインのことが脳裏をよぎる。シアトル水族館はニューイングランド水族館には不可能な選択肢を選ぶことができる。水族館からほんの数メートル先が太平洋で、そこで展示用のミズダコを捕獲できるので、一生の終わりが近づいたタコを野生に返すことができる(ミズダコは大西洋には放せない。オクタヴィアをブリティッシュコロンビア州まで空輸するというのも、彼女の年齢と大きさを考えると、たとえ資金面では可能だとしても、危険すぎる)。スクワートとレインはブラインドデートの数週間後、捕獲されたときと同じ海域に放された。

二匹が放されるところを私も見られたら、どんなによかっただろう! それでもインターネットの動画で別のデュードというミズダコが放される場面を見た。デュードはブリティッシュコロンビア州シドニーにあるショー・オーシャン・ディスカバリーセンターで一般公開されていたタコで、その七か月前にそうした海域で捕獲され、当時の体重は四キロ、カルマがニューイングランド水族館にやってきたときと同じだった。それが海に返すときには二〇キロを超えていた。

ダイバー四人が付き添い、まる一時間にわたってデュードの横や周囲を泳いだ。

鮮やかなオレンジ色をして、大きくてまっすぐ突き出た乳頭に飾られ、デュードは後ろ側の腕二本を使い、前方の腕は後ろ向きにカールさせて、泥だらけの海底を意を決したように横切っていく。途中でちょっとひと休みして、ときおり画面に被さったりしながら、吸盤でビデオカメラを探っている。動画には映っていないが、飼育員のひとりのコメントによれば、デュードはカニをつかまえて食べたり、巣穴にできそうな場所をいくつか調べたりもしたそうだ。

「彼とは信じられないくらいすばらしい時間を共に過ごした」と担当の飼育員は書いている。「彼は実に交際上手で、社交的で、万能型のすばらしいタコだ。空っぽになった水槽を見ると悲しい。さみしくなるよ！　またな、デュード！」（これを見た人が慰めのコメントを寄せている。「友だちと別れなきゃならなかったのは気の毒だけど、これで彼はメスダコを見つけて野郎《デュード》を増やせるよ」）。

飼育員たちがタコに愛着を持っていたように、タコも飼育員たちに愛着があったらしい。一緒に泳いだ一時間、巨大なタコは逃げようと思えば簡単に逃げられたのに、人間の友だちを横で泳がせた。エアタンクの空気が残り少なくなって始めて、飼育員たちはしぶしぶデュード（「世界最高のミズダコ」だと飼育員のひとりは書いている）にさよならを告げた。

この動画を見ながら、私はもう一度海に戻って、タコにとっても海のように果てしなく選択肢が広がるところで、タコを観察したいと思った。夏になれば、その願いをかなえるチャンスがやってくる。

第八章

意識　考え、感じ、知る

私はパラダイスの紺碧の海に入る――すると恐ろしいことに、体が石みたいに沈んでいく。数分前、私はボートの舷側から逆巻く波のなかに後ろ向きに飛び込んだ。それは意図的なものだった。私たちのボート、全長六メートルのオプノフ号はダイバーがジャイアントストライド式でエントリーするには小さすぎた。そのため、メキシコでの初ダイブ以来となるバックロールエントリーを試み、成功した。タンクを背負った状態で、水面に背を向けてボートのへりに腰掛ける。片方の手でマスクとレギュレーターを顔に押し当て、もう一方の手でホースを前に固定し、顎を引いて後ろに反り返るようにして、背中から水に入る――この方法だと「いくぶん方向感覚が混乱する」と私のスキューバのマニュアル本には書いてある。

しかし万事うまくいき、水面にいる仲間のダイバーたちに私は大丈夫だと合図してから、オプノフ号のアンカーロープにつかまって手を交互に下ろしていきながら、水深六メートル前後まで降下した。すべて順調だった……なのに私が自分でＢＣＤの空気を抜いてしまったのだ。そして今、私は海底に向かって沈んでいる。仰向けに、ひっくり返ったカメみたいに。おかげで私たちのボートの白い船底が遠ざかっていくのが見えて、悪夢を見ているかのようだ。

幸い、私のバディのキース・エレンボーゲン（スキューバダイビングの元インストラクターで著名な水中写真家）が私の手をつかんで降下をとめる。キースはすぐにトラブルの原因を理解する。ほとんどの国では小型で軽いアルミ製のエアタンクを使っているが、今も正式にはフランス領であるここモーレアでは、ダイバーはいまだに、一九四三年にフランス人のジャック・イヴ・クストーとエミール・ガニヨンが開発したアクアラングタンクに使われた素材を義理堅く使っている――耐久性はあるがはるかに重いスチールだ。なのに私は新品のBCDに約六キロ分のウエートを追加していた。カリブ海で八キロ近く追加したのに比べればはるかに少ないが、それでもスチール製タンクを背負った小柄な人間にはやっぱり重すぎた。

キースに手をつかまれて、私は体勢を立て直す。ありがたい反面、自分が情けなくなる。キースとはニューヨークの彼の自宅からロス、タヒチ、それからフェリーでモーレアへ、二十時間の旅のあいだ、この瞬間を思い描きながら、励まし合っていた――何か月も待ち望んだ末に、ようやく、ポリネシアの熱帯のサンゴ礁でタコを探してダイビングする瞬間を。その願いがついにかなったというのに、フルブライト奨学生でいつもはジャック・イヴ・クストーの孫でやはり海洋探検家のフィリップ・クストーのような人たちと潜っているキースが、そりを引きずって丘を登るみたいに、水中で私を引きずっていかなければならないなんて。

前日キースが「僕の人生で最もエキサイティングな瞬間」を経験したばかりの場所に私は行きたくてたまらない。

キースはその日ダイビングをしていたが、私は研究チームの残りのメンバーとシュノーケリングをし、浅瀬で調査の候補区域を調べていた。今回の遠征のリーダーを務めるジェニファー・マザーは潜らず、潜る必要もない。野生のタコについての彼女の研究はすべて浅瀬で行われており、いつもたくさんのタコを見つけてきたからだ。ところが、ここモーレアでは困ったことが起きていた。

経験不足のせいじゃない。ジェニファーはタコの知性にかけては世界でもごくわずかしかいない優秀な研究者のひとりだ。「タコの知性」でグーグル検索してみれば、彼女の研究への言及が最も多いことがわかるはずだ。五十一歳のデヴィッド・シェールとはオクトパス・シンポジウムで出会った。デヴィッドはアラスカの冷たく暗い海に棲むミズダコを十九年間研究しており、遠隔測定法でタコを追跡する有効な方法を初めて考案した。ピアスの穴を開けるように、タコのえらの開口部に穴を開け、そこに衛星追跡用のタグを締めつけボルトで固定する。ブラジル人の研究者タチアナ・レイテは三十七歳、博士課程を修了、当時の指導教官のひとりがジェニファーだった。タチアナはブラジルのフェルナンド・デ・ノローニャ島沖で新種を発見し命名、さらに五種の記載を進めている。調査遠征が始まって数日後、二十九歳のキーリー・ラングフォードが加わった。キーリーは科学者ではなく、バンクーバー水族館の館内ガイドで、水族館ではアスレチックダイビングと水泳のスキル、海洋生物に関する幅広い知識、鋭い観察力で評判だ。

しかし、こんなエキスパートぞろいのチームをもってしても、浅瀬での偵察開始から三日間は一匹のタコも見つけられなかった。

私たちが調査する種はタコの基準からしても、変装の達人の域に達している。ワモンダコは昼行性なので、世界でもとくに擬態がうまいタコだ。ハワイ大学の研究者ヘザー・イリタロ＝ウォードの報告によれば、色素細胞の数がとりわけ多い種だ。それに、とくに賢い種でもあるという。ハワイではよく、半分になったココナツの殻を持ち歩く。移動する際、ココナツは携帯できる鎧になり、砂のなかに潜む捕食者から体の下側を守る。上からすっぽり被れば、身を隠すのに適した割れ目などがないところでは、テントのような手軽なシェルターになる。

キースはもちろん一回目のダイブでタコが見つかるとは思っていなかった。ところが見つけたのだ。

キースはダイブマスターのフランク・ルルヴルールと一緒に、ボートで私たちが滞在しているフランスの研究機関ＣＲＩＯＢＥのダイブセンターのすぐ裏手にある水路経由で出発。二十分足らずで、オプノフ湾の東のバリアリーフに沿って探査しやすいスポットに到着し、錨を下ろした。四十二歳のキースは十六歳のころからダイビングをしていて、世界中で潜ってきたが、野生のタコは見たことも撮影したこともなかった。だがフランクの鋭い目は二枚のホタテ貝の殻に引きつけられた――タコが食事をした証拠だった。フランクとキースが見ると、貝殻の数センチ先に穴があり、穴いっぱいに紫がかった円がふたつ、それぞれ直径二、三センチくらいで、白っぽい背景のなかに浮かんでいた。ふたつの円の上には王冠のような弧が見え、それはじつは吸盤が並ぶ腕だとわかった。ふたつの円は丸く膨らんだ目で、タコが巣穴からふたりを見つめているのだった。タコが引っ込む前に、キースは何枚か写真を撮ることができた。

翌日、キースとフランクは再びその場所を訪れた。嬉しいことに、前日のタコはすぐ見つかった。しかも今度はタコはシャイではなかった。キースがいても嫌がる様子はなく、体の色や模様を絶えず変えながら、サンゴ礁を五平方メートルくらい移動した。「僕をあちこち案内してくれてるみたいだった」とキースは言った。「陽気なやつらしくて、全然怖がってなかった」

私の友人で哲学者のピーター・ゴドフリー＝スミスと、オーストラリアのダイブ仲間のマシュー・ローレンスは、シドニーから南へ三時間のところに彼らがオクトポリスと呼ぶスポットを発見した。水深一八メートルくらいのところで十一匹ものコモンシドニーオクトパスがお互いから一、二メートルくらいの範囲内で暮らしていた。タコとしてはかなり大きい種で、腕を広げた長さは一・八メートルを超え、悲しげな白い目が特徴的なことから、「グルーミーオクトパス（陰気なタコ）」とも呼ばれる。マシューの話では、「ここでダイビング中にタコに手をつかまれて、五メートル先の巣穴に連れていかれたことが何回かある」そうだ。タコに連れられてその一帯の「大回りコース」、十分から十二分間の周遊ツアーをしたこともあるという。そのあと、タコはマシューに覆いかぶさるようにして吸盤で彼を調べた。訪ねてきた人間にうちの近所を案内してやったんだから、今度は自分がいろいろ見せてもらう番だと言わんばかりだったという。自分が出会ったタコは「攻撃的じゃなく――好奇心旺盛だった」とマシューは私に言った。しょっちゅうオクトポリスでダイビングするので、あのあたりのタコに覚えられているはずだという。ひょっとしたら、自分が来るのを心待ちにしているかもしれない、とも言っていた。マシューはタコによく玩具を持っていく――瓶、ふたつに割れるプラスチック製のイースターエッグ、それからGoPro（ゴープロ）の水中撮影用ビデオカメラ――タコはどれも興味津々で分解し、ときには巣穴に引きずっていくこともあるそうだ。

最初に出会ったタコが彼にあたりを案内したあと、驚いたことに別のタコが現れた。二匹のうちどちらを撮影したらいいのか、キースは迷った。写真写りのいいほうを選ぶといってもどうやって判断したらいいのだろう。二匹ともみるみるうちに色や形を変えるのだから。

結局キースはそのまま最初のタコを撮影することにした。そのタコは岩の側面を這っていた。撮影中、二匹目のほうは近くにあったより高い岩のてっぺんまで登って、人間が爪先立ちするときのように、八本の腕で体を支えてうんと背伸びし、いったい何が始まるんだと言わんばかりにキースと彼が撮影しているもう一匹のタコのほうへ身を乗り出していたという。「僕を観察しやすいように自分から場所を選んで陣取ったんだ」とキースは言った。「あんなふうに観察されるなんてびっくりだよ。これまでサメやらマグロやらカメやら魚やら、水中のいろんな動物たちを撮影してきたけど、あんなふうに見つめられたのは初めてだ。ファッション写真の撮影中にモデルを見つめる人間、あるいはプロフットボールの試合中に選手を見つめる人間みたいだった。ほとんどの場合、魚はこっちを見て、こっちに気づく。でもそれは、あのタコの見かたとは違う。あのタコは観察して学習しているみたいだった。今まで生きてきたなかでもとくに信じがたい経験だった」

おそらく最初のタコはキースを覚えていて、だからキースがそんなに近くに長い時間いることを許したのだろう。二回目のダイブでは、キースは全部で約三十分、最初のタコと一緒に過ごした。次に会ったら、さらに気を許すかもしれない。では、二匹目のタコについてはどうだろう。二匹は今も一緒にいるだろうか。この一帯にはさらに多くのタコがいる可能性もある。チームにとって大いに興味深い発見が期待できるかもしれない。

キースと私はビーチに平行に走るふたつの深い流れを泳いで越える。水は澄みきっていてどちらを向いても視界は良好だ。眼下に広がる、荒石の散在する地形は、破壊と再生を物語っている。このあたりのサンゴ礁は一九八〇年代までは比較的手つかずのままだった。しかし一九八〇年と八一年にサンゴを食べるヒトデの被害に遭った。一九八二年には一九〇六年以来のハリケーンとサイクロンが襲来、一九九一年にもやってきて、大雨によって流れ込んだ水でエダサンゴが破壊され、ほかのサンゴの成長も鈍化した。現在は若いサンゴがコロニーを形成し始め、モーレアはサンゴ礁の回復を調査している研究者にとっては貴重な生きた研究室となっている。一方、水中の穴と割れ目の多い地形はタコにはお誂え向きに思える。

私たちは巣穴のある水深二一メートルまで下降する。キースの手を握り、水中で難なく呼吸し、海の心地よい圧力に助けられていると、自分が再び、周囲の水中を漂う美しく探りがたい生き物たちのパレードに自由に加われる気がしてくる。キースがアカヒメジの群れを指さす。彼らはあごひげに化学受容器を持ち、サンゴや砂のなかに隠れている獲物を味覚と嗅覚で探し出す。体長二八センチ、今は光沢のある白に黄色の縞が映えているが、彼らもタコと同じで体の色を変える。その芸当のおかげで、地中海に生息する彼らの仲間はローマの祭りのごちそうの目玉になってしまった。ローマの祭りではヒメジを生きたまま出し、断末魔の体色の変化を見て楽しむのだ。私たちのまわりでは、ティーカップくらいの大きさで、レモン色に真っ黒な線が斜めに走るチョウチョウウオが、つがいで寄添って滑るように泳ぎ、七年に及ぶこともある生涯続く絆を誇示している。私たちの下では、エメラルドグリーンとトルコブルーのブダイがサンゴから藻をくちばし――といっても、実際はモザイクのようにびっしり生えた歯――でむしり取っている。ブダイは自前の粘液のまゆで眠る。口からぬめりのある寝袋を出して、体臭を捕食者が嗅ぎつけないようにするのだ。ブダイは隣接的雌雄同体、つまり、生まれたときはすべてメスで、その後オスに変わる。

そうした生き物の存在そのものが私に痛感させる。ありえないことなんてないのだ、と。

キースはすぐに例のタコの巣穴を見つける。二枚のホタテ貝の殻も同じ場所に落ちたままだ。でもタコは留守らしい。私たちは巣穴のまわり半径三〇メートルを念入りに調べる。隅や割れ目がそこかしこにあって、タコなら、焼きたてのイングリッシュマフィンにバターを塗ったときみたいに、簡単に溶け込んでしまえそうだ。ひょっとしたらキースのタコは狩りに出かけているのかもしれず、近くにいれば、見つけられる可能性はある。

タコを探して泳ぐ私たちのまわりを、漫画のような名前を持ち、ロックミュージカル『ゴッドスペル』のようなカラフルな色をした魚たちが、大げさなひれをたなびかせて泳いでいる。キースが何かを指さし、短い時間、私と離れて写真を撮りにいく。私はひっくり返ったり沈んだりしないよう、必死で水をかきながら、見上げる。私のバディは体長一二〇センチくらいの穏やかなツマグロ八匹に囲まれている。頭上の太陽の逆光のなか、九つの泳ぐ生き物は暈のような光に包まれている。

私たちは高揚感にあふれ、気落ちすることなく浮上する。とはいえ、またしてもタコに会えないまま、貴重な一日が過ぎていき、私はつい、別の逃したチャンスを悔やんでしまう。私がモーレアに着いた日はマリオンとデイヴの結婚式の日だった。きょうは新装成ったジャイアント・オーシャン・タンクが、新調された見事なサンゴ彫刻と無数の新しい魚で埋めつくされて、正式に一般公開される日だ。水族館の仲間たちが恋しい。背骨のある仲間も、背骨のない仲間も——この春にみんなで経験したことを思えばなおさら恋しい。

＊

なんて不思議なのだろう。水族館の薄暗いホールで、自然の光源から遠く、濾過水を張った水槽に閉じ込められていても、ここにいるたくさんの動物たちは春の訪れを感じ取っているようだ。一部の魚、とくに熱帯の魚は一年じゅう卵を産むとはいえ、三月から四月にかけて魚たちの性ホルモンはピークに達した。

フォールフィッシュ（北米北東部のミノーの仲間では最も大きい）のオスはメスにアピールし始めた。荒石を口で運んで水槽の底に塚をこしらえ、飾りとしてどこからかシルクプラントを引っこ抜いてきて、塚の真ん中に植えた。これと似た行動はオーストラリアのニワシドリのオスにも見られる。ニワシドリのオスは派手な羽毛を誇示するのではなく、鮮やかに飾られた立体芸術でメスの気を引く。フォールフィッシュは流れの速い小川や透明度の高い湖でよく見られるが、凝った交配の儀式はめったに見られない。

　コールドマリンでは、あのオスのダンゴウオがとうとうやった。二匹のメスの一匹のお腹が、卵でビーチボールのようにぱんぱんに膨らんでいる。もういつ産卵してもおかしくない状態で、オスが巣として用意した岩の多い場所に、何百というオレンジ色の卵を産みつければ、あとはオスが受精させて根気強く見守るはずだ。

　隣の水槽では、アンコウがまたベールをこしらえた。

「自分が結婚するとしたら」アナがビルと私に言った。「私、ベールはこういうデザインにしたいな」

「ぬめりだけは控えめに、ね？」私は言った。

　するとビルが口をはさんだ。「いや、アナはぬめりも全部ひっくるめて、あれがいいんだよな？」

　淡水ギャラリーでは、ある朝、私は着いた途端に歴史的なお産を目撃することになった。ブレンダンが希少な、体長五センチのビクトリア湖産シクリッドのメスの口を開けて片手で押さえ、もう片方の手で彼女のお腹を優しく圧迫した。するとメスの口からグッピーの稚魚くらいの大きさの赤ちゃんが二十三匹、飛び出してきた！　受精卵はメスの口のなかで孵化する。スコットによれば、とても希少な種なので正式な学名はまだついていないそうだ。野生では事実上絶滅し、スコットの知るかぎりでは、これまで飼育下での出産の記録はないという。「たぶん、僕らはたった今、世界全体でのこの魚の総個体数を三倍に増やしたんだと思う」と、スコットは言った。

その春、出産や産卵のたびに、水族館を訪れるときの私の胸のときめきは増していった。もっともオクタヴィアの水槽に近づくだけで十分ときめいたのだけれど。エレベーターや裏の階段を使うこともできたが、いつもあの螺旋スロープを歩いて上るときのわくわくする気持ちが好きだった。熱帯魚でいっぱいのペンギンプールを過ぎ、アマゾン浸水林を過ぎ、コモリガエルのコーナー(一匹は必要な訓練を終えて、常時一般公開されていた)を過ぎ、アナコンダの水槽とデンキウナギの水槽を過ぎ、アイルズ・オブ・ショールズとイーストポート・ハーバーのコーナーを過ぎ、アンコウと彼女がこしらえたベールを過ぎ、人工の波に洗われているベルベットのようなグリーンアネモネのそばを通り……ようやくオクタヴィアの水槽の前にたどり着く。私はそのときに感じるときめきが大好きだった。

ところが、ある朝、私が南太平洋に出発する前、オクタヴィアの水槽を訪れると、彼女の左目がオレンジ大に腫れ上がっていた。

最初は何かの見間違いだと自分に言い聞かせた。ひどい感染症のように見えたのは、実際は薄明かりのなかで水がつくりだした幻だろう、と。私は持っていた懐中電灯をつけた。それでもやはりオクタヴィアの角膜は腫れ上がっていて、細長い瞳孔が見えないくらい濁っていた。

「ああ、そこにいたのか」ウィルソンが言った。私が来てから二匹のタコに餌をやるつもりだったらしい。

「これを見て!」私は心配のあまりウィルソンに挨拶するのさえ忘れて叫んだ。「彼女の目が!」

「これは……」ウィルソンが言った。「まずいな。ビルを呼ぼう」

ビルはオクタヴィアの水槽をのぞき込んだ。するとオクタヴィアが少し向きを変え、もう一方の目も程度こそ軽いけれど、腫れて濁っているのが見えて、私たちは不安になった。「月曜に見たときはああじゃなかったのに」ビルが心配そうに言った。

やがてオクタヴィアは動き始めた。巣穴の天井と壁から吸盤を次々とはがし、彼女の大切な、縮んでいく卵を抱く腕を緩めていく。とうとう卵に触れている吸盤は数えるほどになった。残りの七本の腕は水槽の底を当てもなくさまよい始めた。

オクタヴィアの動きは私たちを当惑させた。例のヒトデはいつもどおり、オクタヴィアからできるかぎり離れていた。彼女の卵を脅かす者はいなかった。底に餌があるわけでもなかった。オクタヴィアは……ただきまよっているとしか思えなかった。

目が見えないのだろうか、と私は思った。もしそうだとしても問題ないのかもしれない。実験では目隠ししたタコが触覚と味覚を使って問題なく移動したという。実際はもっと悪くて、オクタヴィアは苦痛を感じているのかもしれない（ロブスターを煮えたぎる湯に放り込んで、ロブスターが逃げだそうとするのをただの反射だと言い張る料理人がいるが、それは間違いだ。中型のエビの触覚に酢酸を塗布すると、エビは傷ついた触覚を複雑で時間をかけた動きで念入りに手入れするが、麻酔をかけたときはその動きが減少する。ショック刺激を与えられたカニはその後も長時間、刺激された部分をこすっていたという。テキサス健康科学センターの進化生物学者ロビン・クルックは、タコもこれと同じことをし、傷の近くに触れると体のほかの部分に触れた場合よりも泳ぎ去ったり、墨を吐いたりする確率が高いことを発見した）。

「何が起きてるの、ビル？」私は困惑して尋ねた。

ビルは年老いたタコをしばらく見守っていた。オクタヴィアは落ちつきなく動き回り、方向感覚を失っているかのようだった。外套膜は脈打っていた。全身でひどい頭痛にのたうっているように見えた。

「これは」ビルは私たちに向かって悲しそうに言った。「老衰だ」

高齢になったオクタヴィアの体の組織は崩壊しつつあった。私はその前の週に我が家の近所で目にした光景を思い出した。近所に住む九十二歳の女性は、以前よりやせて、鈍く、弱々しくなっていた。デリケートな皮膚はちょっとしたことで傷つきやすくなった。芝生にゾウがいるのを見た、と口走るようになった。体も心も、木から落ちた実のように、溶けて崩れていくかのようだった。

ほかのタコの場合、この段階に入ると「徘徊するみたいになる」とビルは言った。「ところどころ白い斑点が出る。でも、目に変化が現れたのは初めてだ」

私は去年の八月の夜と同じ胸騒ぎを覚えた。あの夜、オクタヴィアの体が膨れ上がった腫れ物のようになっていて、ウィルソンも私も彼女が死にかけていると思った。あのときは私たちの思い違いだったが、今回は私たちが恐れていた瞬間がついにやってきたようだった。

「どうしたらいい？」私は尋ねた。

老齢に効く治療法はなく、タコの老衰を治療するすべはない。「僕としては自然のプロセスを最後まで公開したい」とビルは言った。「でも、いつもそうできるとは限らない……」

長い一生の最後に、オクタヴィアがもっと心地よく過ごせるような方法はあるだろうか。こぢんまりとして安全な樽のなかに移すべきだろうか。野生では、卵をかかえているメスはよく、巣のまわりを石の壁で囲う。正面に大きな窓がある展示用の水槽よりも、樽のほうがそれに近い環境を再現できる。

オクタヴィアを樽に移せば、水槽の空いたスペースに若いカルマを移すこともできる。カーリーがそうだったように、カルマにとっても樽は窮屈になっている。脱出を試みるのはあきらめたようだ。水をたたく音がすると、水面に上がってきて私たちを迎え、体は濃い赤褐色で、餌を食べ、食べ終わると樽の底に沈んで白くなる。優しくて温和なタコだが、もっと動いたほうが健康的なのかもしれないと、私たちは思っていた。

オクタヴィアとカルマを入れ替えるべきだと、ウィルソンは強く感じていた。その案にアンドルーとクリスタは猛反発した。興味深いことに、若いふたりが高齢のオクタヴィアをより心配し、年配のウィルソンは若いカルマが幸せに暮らせるようにすべきだと主張していた。「オクタヴィアを水槽から出して、卵から引き離すって言うの？」クリスタは言った。「そんなことをしたら彼女はがっくりきちゃう！」。水槽からよそに移せばオクタヴィアは死んでしまうのではないかと、アンドルーは心配していた。

「でも人間だって年を取ったら若いころのようなわけにはいかなくなるでしょう」私は言った。「年を取って体も頭も衰えてきたら、暮らしかたを変えなきゃならないケースも出てくるじゃない」。ウィルソンは笑ったが、ちょっぴり悲しげだった。「そんなことは考えたこともなかった」

とウィルソンは言った。「でも君の言ったとおりだ」。たとえば認知症の人はひとりでは世間を無事に渡っていくのが難しい。以前よりコンパクトで、よりシンプルな空間で、より穏やかに暮らしている人もいるようだ。でもタコの場合はどうなのだろう。

私たちには、年老いたオクタヴィアが静かに暮らせるようにしてやる義務があった。もちろん、カルマにもできるかぎりいい生活をさせてやるべきだった。とはいえ、私たちがより深く知っていたのはカルマよりもオクタヴィアのほうだった。オクタヴィアは二〇一一年春にこの水族館にやってきて以来、私たちの人生を豊かなものにしてくれていた。当時からすでに大きなタコで、本物の海を知っていて、ビルやウィルソンが出会ったどのタコよりも擬態というものを理解していた。はじめはシャイだったけれど、やがて私たちに心を開き、私たちを受け入れた。私はよく覚えている。彼女が初めて一本の腕を伸ばして、その先端で友人のリズの指に触れたかと思うと、どちらもすぐに引っ込めたときのこと。彼女が初めて、私と交流する気になって——私を水槽に引き入れかけたときのこと。オクタヴィアは、少なくとも六人が彼女を見守るなかで、誰にも見とがめられることなく、バケツいっぱいの魚をまんまとせしめて、みんなを笑わせた。アナが親友を亡くして苦悩しているとき、オクタヴィアは彼女に触れてその苦しみを軽くした。私たちは歴史を共有した。生命の神秘、生きるとはどういうことかを身をもって示してくれた彼女のために、私たちはその生涯の終わりを安らかさと尊厳に満ちたものにしなければならない。

私たちはみんな、先の読めない不安にさいなまれていた。自然はなんの助言も与えてくれなかった。自然界では死は避けられないのだ。野生の状態なら、オクタヴィアはきっともう死んでいたはずだ。たとえ卵を産み、それが孵化するまで生きながらえたとしても、野生の状態だったら、最期の日々を孤独にさまよい、飢えと知能の衰えにさいなまれ、捕食者の餌食になるか、シアトル沖で死んだオリーヴがヒトデに食べられたように、死骸を海の掃除屋に食べられるはめになっていただろう。

私たち人間が、オクタヴィアを海から連れ去ったときに、その自然な道筋を変えたのだ。人間が介入したせいで、オクタヴィアは卵を受精させるオスに出会うチャンスを奪われた。つきっきりで世話をしても、卵が孵るのを目にすることはないのだ。それでも、私たちは彼女に餌を与え、彼女を保護した。同じ海の生き物のそばで、興味深い眺めと、人間との交流やパズルを楽しむ暮らしを与えた。飢えや恐怖や苦痛から守った。野生の場合は、ほぼ毎日絶え間なく、カルマのように捕食者に体の一部をかみちぎられるか、生きたまま八つ裂きにされて食べられる危険がつきまとっていただろう。

卵を産んでからは、オクタヴィアはもう私たちと触れ合ったり一緒に過ごしたりしたくないようだった。それでも、少なくとも私たちが与える餌は楽しんでいるように見えた。それでウィルソンは彼女にイカを三匹与えた。オクタヴィアは一匹目を体の前方左側の腕でつかんだものの、結局、水槽の底に落とし、それをヒマワリヒトデがむさぼるように食べた。ウィルソンは二匹目のイカを直接彼女の口に入れた。オクタヴィアはしばらくそのままにしていたが、やがて吐き出した。オクタヴィアは三匹目のイカも落とした。

ビルがオクタヴィアを樽に移せば、オクタヴィアは広すぎるスペースと多すぎる選択肢がもたらす混乱から救い出された気分を味わうかもしれない。あるいは最後の力を振り絞って、卵を守ろうとするかもしれない。だが、これだけ何か月も卵が生きているかどうかまったく手がかりのない状態で、ひょっとしたらもう卵のことを忘れ始めているのかもしれない。私たちにはわからなかった。本当にオクタヴィアを移せるのかどうかさえ、誰にもわからなかった。

ビルはどうしたものかと迷っていたが、彼がどんな選択をしたとしても、その決定は苦悩に満ちたものになっていたはずだ。

＊

「心配しないで」明け方、ＣＲＩＯＢＥでジェニファーと一緒に使っている部屋の、私のベッドの反対側にあるベッドを覆っている蚊帳の下から、彼女の声がする。「タコは見つかる。何匹かはわからない。どの程度役に立つデータになるかもわからない。でもタコは見つかる、絶対に。鼻の利く人たちがいるから。みんなとても優秀なの」

私はひとことも発していないが、私の考えていることはジェニファーにはお見通しだ。フィールドサイエンスというのは本来、先の見えないものなのだ。私はほかの遠征でもそれを学んだ。モンゴルではユキヒョウを一頭も見なかった。湿地にマングローブの密林が広がるインドのスンダルバンス国立公園ではトラを見たのは四回の調査のうち一回きりだった。調査対象の動物が姿を現さない場合もある。それでもたいてい、かなりの成果を挙げられる。モンゴルではＤＮＡ分析用のヒョウの糞を収集し、インドではたくさんの足跡を調べて地元の人たちの証言を集めた。

でも、ここモーレアでは、どうしても実際にタコに会わなくてはならなかった――私たちの研究をやり遂げるには、タコの性格テストを行う必要があったからだ。

ジェニファーはタコが大胆かシャイかを判断する性格チェックシートを考案した。私たちはプラスチック製のダイブスレート（水中ノート）に、状況ごとのタコの反応を鉛筆で記入することになっていた。人間が近づいたらタコはどんな反応を示すか。隠れるか、色を変えるか、捜査するか、墨を吐くか。鉛筆でそっと触れたときの反応は？　隠れている場所から飛び出してくるか。退却するか。鉛筆をつかむか。侵入者にジェット水流の狙いを定めるか。何もせずただ見ているだけか。

私たちの調査の目的は、タコが何を食べているのかと、その理由について、三つの仮説を検証することだ。行動生態学者のデヴィッドは、タコは大型のカニを好むが、カニが見つからない場合はほかのものも食べるのではないかと考えている。海洋生物学者のタチアナは、複雑な環境に生息するタコのほうが餌もバラエティに富んでいるのではないかと予測している。そしてジェニファーは性格が餌の選択に及ぼす影響を検証している。多くの自信にあふれ大胆な人たちのように、大胆なタコほど餌の選びかたも大胆なのではないかと、ジェニファーは推論する。それを確かめるため、それぞれのタコの巣穴の周囲で餌の食べくずを見つけて収集することになっている。

ジェニファーは何年もかけて性格テストを開発した。懐疑的なほかの研究者たちがたびたび眉をつり上げてもひるまなかった。現在六十九歳の彼女が研究者としての一歩を踏み出したのは、動物に性格があるなんて――あるいは女性が有能なフィールド研究を行う科学者になれるなんて、ほとんどの科学者が思ってもいなかった時代だった。ジェニファーはマサチューセッツ州のブランダイス大学でヒトの感覚運動協調、とくに眼球運動の研究で博士号を取得。その後、統合失調症患者に特有の眼球運動を研究するようになった。しかし頭足類に魅了され、大学の心理学部の地階にメキシコマメダコ用の水槽を設置し、タコの動きと、水槽内のスペースをどう使うかを分類し始めた。

「それで、タコについて、『何をしているか』にとどまらず、もっと掘り下げ始めたとき、心理学的にアプローチすることにした」のだとジェニファーは私に言う。私たちがいる寄宿舎の窓の外では、ジャングルに覆われた火山の上空の雲を分けるように日が昇り、オンドリが鬨《とき》をつくる。「タコには絶対マザーコンプレックスはないと思う――フロイトなんてなんの役にも立たない！でも、動物にも人間と同じように、持って生まれた気質、世界に対する見方があって、周囲の環境と作用し合い、性格をつくっているというのも承知している。私以外、こんなことをやろうなんて人はいない。変わってるかもしれないけれど、ほかにない独自性があるの」

ジェニファーの研究は、かつては見落とされたり、まったく相手にされなかったりしたが、今では認知神経科学、神経薬理学、神経生理学、神経解剖学、計算論的神経科学の各分野の研究者たちから高く評価され、引き合いに出される。その一例が、二〇一二年にイギリスのケンブリッジ大学に集まって歴史的な「ケンブリッジ意識宣言」を書き上げた著名な国際組織だ。物理学者のスティーブン・ホーキングら科学者がＣＢＳテレビの『60ミニッツ』のカメラの前で署名したこの宣言書は、「人間だけに意識を生み出す神経基盤があるのではない」とし、「すべての鳥類、哺乳類、その他、タコをはじめとする多くの生物にもこうした神経基盤がある」と明言している。ジェニファーはタコのことを誰よりもよく知っている。その彼女がタコはきっと見つかるというのだから、それを信じるしかない。

その朝、私たちはシュノーケリングをするため、事前に見つくろっておいた調査候補地のひとつに向かう。緩やかに傾斜した海底が途中で険しい断崖になって、生きているサンゴと死んだサンゴが混在し、硬い山頂、それにたくさんの小峡谷がある。ほかのメンバーが浅瀬を調べているあいだ、デヴィッドと私は深い区域に泳いでいく。デヴィッドはまもなくタコの痕跡を見つける。カニの爪ふたつと、ウコンハネガイの殻が、ディナーのあとで流しに積んである皿のように慎重に積み重ねられている。「巣穴だが、タコはいない」とデヴィッドが言う。「それでも、ここは大いに期待できる」

私は宝くじでも当てた気分だ。ジェニファーは水深一メートル前後のところを探すことに最も関心があるようだ。でも私には浅瀬は難しいと感じた。浅瀬ではしょっちゅう唇や額や顎をラッパモクという茶色でごわごわした藻の大きな塊にぶつける。私は死んだサンゴの骨格のとがった部分に乳首がこすれてそぎ落とされはしないかと気が気じゃない。わずかに生き残っているサンゴを蹴ったり、ナマコを潰したり、いたるところで見かけるウニの、長くて黒くて毒のあるトゲや、砂と見分けのつかない猛毒のオニダルマオコゼの背びれの毒針が刺さったりはしないかと心配になる（刺さったら死に至ることもあるが、その前に、いっそ刺さった部分を切断してくれと医師に頼むほどの、耐えがたい苦痛にさいなまれることになる)。

一方、こうして深いところを泳ぐのは純粋に嬉しい。周囲のいたるところで、玉虫色に変化する縞模様、輝く目、燃えるようなオレンジ色の腹、黒い顔、ジャクソン・ポロックのアクション・ペインティングのような斑点を持つ魚たちがまばゆく揺らめいている。タイマイが私たちの下を泳ぎ、翼のような、革のように硬い前びれで水をかいている。またツマグロが木漏れ日のように軽やかに通り過ぎてゆく。私たちの下、海底には、ところどころにブルーや黄色の生きているサンゴがあり、タコにとっては理想的な割れ目が無数にありそうだ。

デヴィッドがスキンダイビングのやりかたを教えてくれる。息をとめて、潜って、巣穴のある一帯を調べ、それからクジラの潮吹きみたいに、シュノーケルで水を噴きながら水面に出る。デヴィッドは食べかすの山を十個以上見つけ、貝殻や甲殻があまりに多いので、集めてウエートベルトにつけている蓋付きのバケツに入れるのをやめてしまった。デヴィッドは防水仕様の懐中電灯を使ってサンゴの割れ目を調べ、そこかしこで証拠を見つける。貝殻が次々と積み重なって、そのてっぺんに、ちょうどボウルに入ったスプーンみたいに、カニの爪が載っかっている。「こんなものを山積みにするやつはほかにいるわけがない!」とデヴィッドは言う。「あのタコはきっとさっきまでここにいたんだ!」。実際、午前の半ばごろには、デヴィッドは少なくとも三か所、タコの巣穴を突きとめている。しかし、そのどれにもタコの姿はない。

空を見上げると、迫りくる嵐の黒い雲がアザのように浮かんでいる。私たちは、ほかのメンバーと合流するためしぶしぶ岸に向かう。遠くで彼らがこちらに手を振っているのが見える。追いつこうと泳ぐスピードを上げる。ジェニファーが口からシュノーケルを外す。「タコを見てるの！」彼女はそう言って再び顔を水に浸ける。

私がタコを見つけるころには、タコが引っ込んだほら穴のなかに見えるのは青みがかった腕に並ぶ白い吸盤だけになっている。しかし、もっといいニュースがある。きょうはこれで二匹目のタコだという。探し始めて最初の十分間にタチアナが一匹見つけたのだ。そのタコは狩りに出てきて、腕と傘膜を浅い小峡谷に広げ、青緑の皮膚を玉虫色に変化させていた。タチアナを見ると、まず頭部を、続いて腕を茶色に変え、それから穴に流れ込むようにして引っ込んだという。

雲は今では熱した油のようなザーッという音を立てて、私たちの頭上に雨を降らせている。稲光がひらめくなかで海にいるのは危険なので、私たちはCRIOBEに戻ることにする。タチアナがフィンを脱ごうとして足首まで水がくるところに腰を下ろしたとき、デヴィッドは最後にもう一度だけ水中をのぞいた。タチアナのすぐそばに貝殻が積み重なっていて、その横に岩があって、穴があって——三匹目のタコの吸盤が見えた。

それから数日間、私たちはさらに多くのスポットを調べたが、タコは見つからないことがほとんどだった。それでも、第一週の終わりまでに、三か所の調査スポットで合計六匹のタコがいることを突きとめた。餌となる対象を何百も収集・特定し、生息地で何千ものデータポイントを記録した。私は新しい仲間たちに深い愛着を覚え、私たちの遠征の成功をとても嬉しく思い、感謝を捧げたくなった。そこでその週の日曜日、調査が休みでほかのメンバーが観光やバードウォッチングに出かけているあいだに、私はキースとタコの教会を訪れた。

ＣＲＩＯＢＥから車ですぐのパペトアイという村に、その昔、モーレアの守り神であるタコを祀った寺院があった。モーレアの船乗りにとって、超自然的な力をもち、姿を自在に変えるタコは神聖な守護者であり、遠くまで届く多くの腕は、団結と平和の象徴だった。その寺院は現在、プロテスタントの教会として使われている。一八二七年に建てられた、モーレア最古の教会で、今もタコを崇めている。ロトゥイ山の山陰に埋もれるように八角形の建物が建ち、その形は、村人たちから見れば、横から見たタコに似ているという。

礼拝に詰めかけた百二十人ほどの会衆のなかで、外国人は後部座席に陣取ったキースと私だけ。周囲のほとんど全員がタトゥーをしている。女性の多くは竹と生花で作った凝った帽子を被っている。牧師は緑の葉と、黄色のハイビスカスと、白いプルメリアと、赤とピンクのブーゲンビリアを編んだ、腰のあたりまである花輪を掛けている。聖歌隊の女性たちは花と葉で編んだ頭飾りを着けている。聖歌隊の歌が始まり、その歌声が深く朗々と響きわたり、まるで海から聞こえてくるかのようだ。教会の正面は海に面していて、開け放たれた窓から吹き込む潮風が祝福のように感じられる。「なんだか幻の大陸アトランティスに来たみたいだ」キースがささやく。

礼拝はタヒチ語で行われ、私には言葉の意味はわからない。それでも崇拝の力、そして神秘について思いめぐらすことの大切さは、私にもわかる――教会であれ、サンゴ礁でダイビングしているときであれ、それは変わらない。ここに集まった人たちが探し求める神秘も、私がアテナやカーリーやカルマやオクタヴィアとの交流で探し求めた神秘と、何ひとつ違わない。私たちがあらゆる関係において、あらゆる最も深い彷徨において、探し求める神秘と何も変わらないのだ。

私たちは魂を理解しようとする。

でも、魂とはなんだろう。それは自己、肉体に宿る「私」だと言う人々がいる。魂のない肉体は電気のない電球のようなものだ。ただし、それは単なる人生の推進力にとどまらない、という声もある。魂は人生に意味と目的を与える。つまり、魂とは神の指紋だ、と。

その一方で、魂は私たちの最も奥深くにあるもの、私たちに感覚、知性、感情、欲望、意志、性格、アイデンティティーを与えるものだ、という声もある。魂とは「内在する意識であり、感情や思考が去来するのを見守り、世の中が過ぎていくのを見守る」と主張する人もいる。どの定義も真実ではないのかもしれない。あるいは逆にすべて真実なのかもしれない。でも教会の会衆席で、私が確信していたことがひとつある。私に魂があるなら——あると自分では思っているが——タコにも魂があるはずだ。

この教会には十字架像も十字架もない。あるのは魚と舟の彫刻だけで、それらを見ると私は自分が解放され赦されている気がする。牧師の説教を聞きながら、私はタヒチ語の母音の波に揺られて、時空を超えて運ばれてゆく。ギルバート諸島では、タコの神ナ・キカが八本の力強い腕で太平洋の海底から島々を押し上げたと伝えられている。ブリティッシュコロンビア州とアラスカ州の北西沿岸部では、先住民のあいだでタコは天候を意のままにし、病と健康を左右する力を持つとされている。ハワイでは古い神話のなかで、現在の宇宙はじつは遠い昔に滅んだ宇宙の残骸で、唯一タコだけが世界の狭い裂け目に体を滑り込ませて生き延びたとされている。世界のどこでも、船乗りや海辺で暮らす人たちにとって、タコの持つ変幻自在の能力と遠くまで伸びる体は、陸と海、天と地、過去と現在、人と動物をつなぐものだった。八角形の教会で、祝福に満たされ、神秘に包まれて、海と向き合っていると、私は科学という名目で遠征している身であっても、おのずと祈ることになる。

私は遠征の成功を祈る。いずれは岩の下からのぞく吸盤だけでなく、より多くのものを見られるように祈る。アメリカにいる夫、愛犬、友人たちのために祈る。ジャイアント・オーシャン・タンクのために——どうか水漏れしませんように！——そして水族館の仲間たちのために祈る。これまでに知り合ったタコたちの魂のために祈る——生きているタコのために、死んでしまったけれど私が決して忘れることのないタコのために。

＊

私が水族館をあとにしてから、オクタヴィアの左目の状態はさらに悪化し、右目も濁っていた。彼女の認知能力が衰えていて、精神機能が低下しているとしたら、ほかの動物がたくさんいて、表面がでこぼこしている水槽にいれば、さらに傷つく危険性が大きかった。さらに木曜の朝には、新たな要因が浮上して、ビルは検討を余儀なくされた。

午前十時ごろ、ビルはカルマの樽のなかの動きに目を留めた。蓋を開けずになかをのぞいてみると、それまで見たことのない光景を目にした。タコが水面に逆さまにぶら下がり、黒いくちばしもあらわに、蓋の上に被せてあるメッシュ状のプラスチック製ネットをひたすらかんでいるのだった。

カルマはすでにメッシュをねじ蓋に固定している真新しい結束バンドをかみ切っていた。ビルはこれを見て、カーリーが死んだあとでケーブルを一部交換しなくてはならなかった訳を悟った。ケーブルのダメージは通常の消耗によるものではなかったことにビルは気づいた。カーリーもカルマと同じように、樽から出ようとして計画的にケーブルをかんでいたのだ。

「心配になった」とビルは私に言った。「それでもまだオクタヴィアをあの水槽から移したくはなかった」。オクタヴィアを傷つけてしまわないかと、ビルは心配していた。捕まえることさえできないかもしれないと思っていた。ビルはそれまで、生きているタコを展示用の水槽から移動させた経験がなかった。「でもカルマのためにはほかに方法がなかった。オクタヴィアのためにもほかに方法はなかったんだ」

その木曜日、ビルは一日がかりで魚たちを移動させた。イーストポートの水槽にいたアカウオの一部をボールダーリーフの水槽に移し、イーストポートの水槽に非公開の水槽からキュウリウオを移して、空いたスペースに日本から届く新しいヒトデを入れられるようにした。非公開の水槽から小型のアカウオ二匹、クサウオ二匹、ラディエイティッドシャニー一匹をイーストポートの水槽に移し、そこに新しく到着したばかりの、私の手くらいの大きさの小さなレッドオクトパスを入れた。オクタヴィアとカルマについては、一般の来館者が帰ったあとに移動させようと決めた。いったいどんなことになるか、わからなかったからだ。

幸い、毎週木曜日にビルを手伝っている二十九歳のボランティア、ダーシャン・パーテルが手を貸してくれた。ふたりはカルマの容量約一九〇リットルの樽を排水だめから引き上げ、床に置いた。ビルがオクタヴィアの水槽の蓋を開けた。ダーシャンが一般来館者の側から見守るなか、ビルは柔らかくて縦長のメッシュ状の網で、水槽の隅にいるオクタヴィアをすくい上げようとした。網が触れると、オクタヴィアはさらに隅に引っ込んだ。ビルのいる角度からは彼女に届かなくなった。そこでふたりは場所を替わり、ダーシャンが上に行って蓋の開いた水槽からオクタヴィアが出ないように見張り、ビルはどんな状況かを見るために下に降りた。

作業するスペースを広げるため、水槽に固定されている覆いをさらに外す必要があった。ビルが上から作業するあいだ、水槽のなかに立っていられるように、ダーシャンは胸のあたりまである防水長靴を履いた。オクタヴィアの濁った目が回転して、作業するビルの姿を追っていた。

ダーシャンは身長一七八センチ。水は腰のあたりまでだが、前屈みになると防水長靴のなかに冷たい水が流れ込んだ。蓋を開けると、オクタヴィアは彼女のいる水槽とオオカミウオの水槽を隔てている後部のガラスのほうへ移動し始めた。ビルが上に網を構えた。ダーシャンは水のなかで網と空いているほうの手を使った。「ふたりとも優しく、彼女を網のなかに誘導しようとした」とビルは言った。でもオクタヴィアは何度も逃げた。腕四本を網に入れているのに、残りの四本でまだ岩にしがみついていた。ダーシャンが促すと、腕二本と体半分を岩の割れ目に滑り込ませて、離れようとしないのだった。「年取ったタコにしては、まだけた外れに強かった」とダーシャンは振り返った。「あの吸盤はすごいよ。あの強さは普通じゃないね」

どう考えてもうまくいきそうになかった。そこで、水槽のなかでずぶ濡れになって凍えかけているダーシャンと、水槽のてっぺんまでほんの数センチのところにいるオクタヴィアを残して、ビルは急いでウエットスーツに着替えた。ふたりともオクタヴィアが外に出ないことを祈った。窮屈な水槽にビルが戻るとダーシャンは後ろに下がり、ふたりとも水槽の底にいるレザースター二匹とイソギンチャクを踏まないよう気をつけながら進んだ。それから、ヒトデがオクタヴィアの巣穴の反対側にある彼の定位置から成り行きを（目はないけれど）見守るなか、ビルは一九五センチの体を折り曲げ、岩の下に引っ込んでいるオクタヴィアの姿は見えなくても、吸盤に触れられるようにした。指でそっと突っついて、ビルが構えている網に入るよう促した。

するとダーシャンが驚いたことに、ビルの手が触れた瞬間、オクタヴィアはビルの構えていた網に、一発で入った。十か月のあいだ、ビルの皮膚を味わっていなかったのに。そのあいだずっと、巣穴の天井の下にいたので、トングで餌を与えているビルの姿は彼女には見えなかった。にもかかわらず、オクタヴィアがビルに触れられて反応したことは、彼女と飼育員のビルとの関係のふたつの驚異的な面を示している。オクタヴィアはビルを覚えていただけではない。彼を信頼してもいたのだ。

＊

私たちがモーレアで見つけたタコが外に出てこないのも無理はない。大胆なタコ――何匹かは鉛筆でそっと突っつくと鉛筆をつかんだ――でも、身を守る殻を持たない無脊椎動物には世間は危険なところだと承知しているようだ。私たちは調査対象区域でずいぶんウツボやサメに遭遇した。ひどいときなど、かなり有望な区域を調べたのに、なぜタコが一匹もいないのか、理由がまったくわからなかった――漁師たちに先を越されたことを知るまでは。

だから、私の帰国予定日が三日後に迫っても、タコのほとんどは隠れたままだ。すでに調査済みの区域に戻ってマークしておいた巣穴を調べても、巣穴の主の姿は見当たらず吸盤しか見えない。

私たちは一八〇メートルほど先で興奮したようにこちらに手を振っているデヴィッドのほうへ向かう。キーリーと私は水深九〇センチの浅瀬を、死んだサンゴすれすれに、ほかの巣穴がないか目を凝らし、ウニやオニダルマオコゼのとげや針に刺されないように気をつけながら、ゆっくり泳いでいく。私たちからほんの三〇センチ先の、藻に覆われたこぶだらけの岩のどこに、デヴィッドの指さしている巣穴があるのか、私にはわからない。

でもその後、岩に目があるのが見える。

それは巨体の下に腕を丸めて、巣穴の上に陣取り、高さ三〇センチほどで、巣穴の前には赤みがかった、いぼだらけの、全長二〇センチあまりの体が大きな鼻のようにぶら下がり、目はカムフラージュのため、明るい星形の模様に我が家のボーダーコリーのような白い閃光が走っている。ハイフンの形の瞳孔が真ん中に浮かぶ、真珠のような眼球はくるりと回転して私たちに向けられる。それ以外、タコは一分以上まったく動かず、乳頭が藻のように波に揺れるがままになっている。ようやくタコが動く。体の下から腕を一本引き抜いて、その先端をえらの開口部からなかへ滑り込ませ、かゆいところをかこうとしているかのようだ。

デヴィッドと私はすっかり魅了されてしまい、キーリーがどこかへ泳いでいってしまったのにも気づかない。やがて水中から彼女のくぐもった声が響く。「もう一匹いる！　狩りをしてるわ！」

デヴィッドを彼が見つけたタコのもとに残し、私はほんの数メートル先にキーリーのタコを見にいく。またしても最初はどこにいるのか見分けがつかない。そのうちようやく、目が処理しているはずの情報が脳で像を結ぶ。今度のタコはデヴィッドのタコよりはるかに小さく、縦長になっていても体長わずか一五センチくらいだ。茶色と白のまだら模様が均一に浮かび、全身に乳頭が突き出ていて、とくに目の上のものはフクロウの耳羽《じう》にそっくりだ。もしもこの画像と相対的な大きさをスクリーン上で見せられて、なんの動物かと訊かれたら、私はヒガシアメリカオオコノハズクだと答えるだろう。

だが、それはやがてジェット水流を噴射し、再びタコの姿に戻る。どこから見てもこれぞタコ、という姿だ。私たちの目の前で、キーリーのタコはシルクのスカーフになり、脈打つ心臓になり、滑るように進む二枚貝になり、藻に覆われた岩になる。やがてそれは排水溝に流れ込む水のように穴に入り込んで、姿を消す。

私は水から顔を上げ、デヴィッドに呼びかける。「タコが狩りをしてる！」と大声で叫ぶ。

「こっちもだよ！」とデヴィッドが答える。

キーリーと私はデヴィッドに合流し、腕をくねらせて砂の上を進むタコを追う。タコが左に曲がるとき、腕全体があらわになり――広げれば一二〇センチはありそうだ――私たちはこのタコが経験したドラマチックで決定的な瞬間を垣間見る。体の前面の腕三本が途中からなくなっている。カルマと同じように、このタコも捕食者に遭遇して生き延びたらしい。皮膚は元どおりになっているが、腕はまだ再生していないようだ。私の胸に憐れみと賞賛の思いがあふれる。この勇敢なタコは生きるか死ぬかの瞬間を覚えているに違いないのに、私たちから隠れようとはしないのだ。追いかける私たちよりほんの数メートル先の海底を這いながら、私たちが見えるところにいて、私たちが向こうに興味を持っているのと同じくらい、向こうも私たちに興味を持っているように見える。向こうも私たちと同じことを知りたがっている——あなたは誰？　しかもどうやら、この動物にとって、知るための探求はリスクを冒すだけの価値があるらしい。ときおり移動するのをやめ、向きを変え、腕をこちらに伸ばして、私のネオプレン製の手袋に、無傷だった右側の第三腕で触れてくる。

先端まで吸盤が並んでいる。メスだ——怖いもの知らずで、向こう見ずな、腕をなくしたタコの海賊、カーリーと同じ大胆不敵な女冒険家だ。

私たちは海底を行くタコが率いるさまざまな種の小さな混成チームだ。彼女は行動を共にする私たちを見ている。突然、三列の長いライトスポットが彼女の腕に浮かび上がり、背景となる体色は赤から濃い褐色に変わる。それからまた急に白くなる——タコが獲物を驚かせて動かすときに同じ行動をとるのをジェニファーは目にしたことがあるという。でもカニも魚も現れない。色の変化は私たちに対する反応だったのだ。ひょっとしたら、彼女なりの性格テストなのかもしれない。私たちが調査対象に鉛筆で触れて反応を調べるようなものだ。でも私たちは何もしない。ただ見守るだけだ。私たちの反応が彼女を失望させませんように、と私は祈る。

続いて、彼女は皮膚をなめらかにし、体の色を淡い黄褐色に変え、勢いよく泳ぎ去る。私たちはかえる足で追いかける。ほんの数メートル先で、彼女は海底に静止し、今度はチョコレート色になって、再び乳頭を突き出して這い始める。なんだか、キースがダイビング中に出会ったタコや、マシューのオクトポリスのタコのように、私たちに近所を案内してくれているかのようだ――案内人が姿形を変え、サイケデリックな色に変わる、マジカルミステリーツアーといったところだろうか。彼女はなんと新しい目まで一組つくり出す。ツアーの途中で突然、体の左右に、眼状紋と呼ばれる直径六センチあまりの青い輪を浮かび上がらせる。眼状紋は捕食者の注意を本物の目からそらし、自分の体を実際より大きく見せる。さらにほかの意味もあるのかもしれない。また別のときには、デヴィッドの水中カメラ撮影のために、サンゴの残骸の上で穴に腕を突っ込んで餌を探し、ポーズをとる。そのあいだずっと鍵を探してポケットをまさぐる人間のように、視線は前方に向けたままだ。

温かい浅瀬をタコと泳いでいると、時間は意味を持たなくなる。一緒にいたのは五分間だったのかもしれないし、一時間だったのかもしれない。あとで計算してみた結果、三十分近かったことがわかった。最後はデヴィッドが水から顔を出し、これ以上、彼女の邪魔をしないよう、そろそろ引き揚げようと言った。

彼女と出会ってから、私たちの調査に運が向いてきた気がした。私たちは翌日からの二日間で、同じ区域で新たに三匹のタコの所在を特定。最終的には五つの調査区域で合計十八匹のタコを発見、貝殻や甲殻などタコが食べた餌の残骸二百四十四個を収集、タコが実際に生息している巣穴の周辺で餌となる百六品目をリストアップ、四十一種の餌を特定した。今回の調査で手に入れたデータは、ジェニファー、デヴィッド、タチアナの三人が何か月も研究に没頭する喜びに浸るのに十分だった。

でも私にとっては、この遠征の最大の贈り物は、なんといってもやはり、腕を失ったメスのタコと一緒に泳いだことだ。デヴィッドも私たちがいかに幸運だったかを認めた。「間違いなく僕これまでに経験したタコとの出会いのなかでも最高の経験だった」とデヴィッドは言った——野生のタコと飼育下にあるタコの両方を十九年来研究しているデヴィッドにして、このベタ誉めぶりだ。

野生のタコと泳げて夢はかなったけれど、タコと共にした経験で私にとって一番大切な思い出になるのは、水族館でのオクタヴィアとの出来事だ。それは四月が終わるころ、彼女の生涯の最後の最後に訪れた。

＊

樽に移されてからというもの、オクタヴィアはとても静かに見えた。卵を探すそぶりも見せなかった。メッシュをかむこともなかった。一方、カルマは新しい場所で生き生きとしていた。最初はシャイで、樽から出ようとせず、ビルが腕をつかんで誘導しなければならなかった。ところが樽から出た途端、早速探検に乗りだし、興奮に体を赤くし、風に翻る旗のように、広くなった住まいに体を広げた。

ビルの選択は正しかった。何か月ものあいだ、オクタヴィアがつきっきりで卵の世話をするのは豊かでたくさんの意味を持つ儀式になっていたけれど、いつのころからか、それは充足感のあるものではなくなってしまっていた。受精卵の世話をする野生のタコなら、鳥と同じように、卵が生きていて胚が成長している兆しによって、間違いなく報われる。母鳥はヒナが孵る前から、卵のなかのヒナとさえずり合う。母ダコは卵のなかにいる我が子の成長ぶりを、最初は黒い目で、続いてその動きで知ることができる。でもオクタヴィアにはそうした手応えが何もなかった。ひょっとしたら、卵を見るだけで、守りたいという気持ちが湧き起こったかもしれない。オランウータンの母親は死んだ我が子を何日も離さず、毛づくろいまですることもあるし、犬のなかには愛する誰かが死んだとき、そのなきがらから離れようとしないケースもある。もしかしたら、卵が目に入らなくなって、オクタヴィアはやっと、無駄ではないのかと疑いながらも続けずにはいられなかった務めから解放されたのかもしれない。今ようやく、彼女は安らぐことができるのかもしれない。

オクタヴィアを水槽から出したことで、私たちには思いがけないおまけもついてきた。オクタヴィアが六月に卵を産んだとき、私たちはみんな、もう二度と彼女に触れることはできないだろうと覚悟した。彼女は最期まで卵を守り、もう二度と私たちに興味を示すことはないだろう、と。でも今なら、もう一度触れさせてくれるかもしれない――ほろ苦いさよならをするチャンスを与えてくれるかもしれない。

次の水曜日、水族館に着いたウィルソンと私は、オクタヴィアが引っ越し以来あまり動いていていないことを知らされた。たいていは樽の一画にじっとして、腫れ上がった左目を二本の腕で覆っているという。なんとか食べさせようとビルが特別なごちそうを用意するのだが、ここ何週間も食欲は少しずつ落ちている。金曜には生きたカニ（彼女が傷つかないよう爪はとってあった）を平らげた。日曜にはエビを食べたが、月曜と火曜は何も食べなかった。

私は初めて、年老いた友に会うのが怖いと思った。この数か月はガラス越しに、薄暗い明かりの下でしか会っていなかった。それが今、ほぼ一年ぶりに、もう一度間近で、窓ガラスに隔てられることなく、対面することになるのだ。自分が何を知ることになるか、怖かった。彼女の目が濁って腫れ上がっているのを見たくなかった。彼女の皮膚が色あせ、張りを失っていくのを見たくなかった。彼女が弱々しくなったり、方向感覚を失ったり、混乱したりするのを見たくなかった。

そのくせ、私は彼女のそばにいたくてたまらなかった。去年の六月に卵を産んで以来、私たちは触れ合っていなかった。卵の世話をする彼女を、一般来館者側から見守りながら、彼女がガラス越しに私を見て、何か月も前に、小さく波打つ水面の向こうから自分に餌を与え、優しく撫でた人間だと気づいているのかどうか、私には知る由もなかった。

クリスタとブレンダンが少し下がって見守るなか、ウィルソンと私は樽のねじ蓋を外した。オクタヴィアは茶色がかった栗色で、樽の底に丸くなってじっとしていた。左の腫れ上がった目は私たちとは逆方向に向けられていた。右目は不思議なことに正常に見え、瞳孔は大きく鋭かった。ウィルソンは右手でイカをつかむとそれを水のなかで振り、イカの味と香りがオクタヴィアに届くようにした。二十秒足らずでオクタヴィアは逆さまになり、私たちに白いレースのような吸盤を見せて、水面から四分の一のところまで浮かび上がってきた。ウィルソンは冷たい水に右手を突っ込んで、彼女の口のそばにある大きな吸盤にイカを置いた。オクタヴィアはそれをつかんだ。私も同じように手を突っ込んで、オクタヴィアに私たちの皮膚を味わってもらおうとした。彼女はもう一度私たちを受け入れてくれるだろうか。私たちのことを覚えているだろうか。

オクタヴィアはさらに数センチ浮上し、何百もの吸盤が水面に浮かび出た。彼女はウィルソンの手の甲を、最初は吸盤数個で、続いてさらに多くの吸盤で、優しくつかんだ。それからゆっくりと、それでいて、意図的に、水中から一本の腕を伸ばし、ウィルソンの手に、それから手首に、順に這わせた——続いて隣の腕も、濃いワイン色の波のように立ち上がり、広がって、吸盤がウィルソンの手に、手首に、前腕に吸いついた。

「あなたがわかるのよ！」クリスタが叫んだ。「彼女、あなたを覚えてるのよ、ウィルソン！」オクタヴィアはウィルソンを二本の腕で抱いたまま、私にも同じことをした——最初は一本の腕で私の右腕を、それから二本の腕で私の左腕をつかんだ。彼女の湿り気を帯びた腕の感触が皮膚をとおして穏やかでなつかしく感じられ、皮膚に吸いつく吸盤の力は口づけのように優しかった。

「彼女がビルに気づいた一部始終を聞いたときは、ほとんど信じられなかった」とウィルソンは言った。「だが今は違う……間違いない。明らかに彼女は覚えてる」

たぶん五分間くらい、オクタヴィアは水面で私たちをつかみ、味わい、思い出していた。彼女はクリスタにも一本の腕を伸ばした——クリスタとオクタヴィアは前に一度会ったことがあった。「オクタヴィアは何を感じているのかしら」私はウィルソンにささやいた。
「彼女は老婦人《オールド・レディ》だ」ウィルソンはそこに私の問いかけへの答えが含まれているかのように、愛情を込めて言った。ウィルソンは伝統的な文化のなかで育った。アメリカ文化と違って、お年寄りを敬う文化だ。私の友人のリズは著書『昔の生活』のなかで、サン人は近寄ってくるライオンがいれば、「老いた」という意味の《ソ！ア（n!a）》という言葉で敬うように呼びかけると書いている。「神々について語るときにも使う言葉」だとリズは指摘している。「婦人」という言葉も、タコにはめったに使われないが、非常に意味深長だ。本当のレディのように、オクタヴィアは行儀よく思慮深く振る舞い、動くだけでひと苦労に違いないのに、水面に上がってきて友だちを迎えた。彼女が私たちをつかんでいるあいだ、誰も口を開かなかった——五分、いや十分だっただろうか。誰にわかっただろう。私たちはタコの時間のなかにいた。オクタヴィアは逆さまにぶら下がって、私たちに白い吸盤を見せ、私たちはそれらを撫で、彼女は私たちの指先から離れない。彼女は漏斗からそっと放水するが、以前のように冷たい海水を噴射するのではなく、水面がかろうじて波立つ程度だ。

彼女の腕がとてもリラックスしているので、くちばしの先が見える。花の中心部のような、全部の腕が集まる付け根部分に、ぽつんと黒い斑点がある。「彼女は実におとなしい」ウィルソンが静かに言った。「実に静かだ」

そのとき、ウィルソンが思いがけないことをした。彼がそんなことをするのを見るのは初めてだった。優しく、でも故意に、自分の指をオクタヴィアの口に押し当てたのだ。

「俺ならそんなことは絶対しない！」とブレンダンが警告するように言った。彼はカーリーがアナをかんだ日、私たちと一緒にいた。アロワナが私をかんだときも近くにいて、傷の手当をしてくれた。ブレンダンは強靱な男で、彼自身は数々の肉体的な痛みを経験してきたが、自分以外の人間が傷つくのを見るのは嫌なのだ。ウィルソンもむやみに危ないことをしたがる男ではない。興味本位でデンキウナギに放電させるインターンやボランティアとは違う。

「彼女はかんだりしない」ウィルソンはブレンダンに請け合った。それからオクタヴィアの口を人差し指で撫で、ほかのタコに対しては見せたことのない親密さと信頼を込めて彼女を愛撫した。

やがて、オクタヴィアは樽の底に沈み、それでもまだ私たちを見えるほうの目で見つめている。どんなにか疲れただろう、と私は思った。彼女は豊かで強烈な一生を送った——ふたつの世界のあいだで生きたのだから。彼女は海の荒々しい抱擁を知っていた。擬態の技に精通していた。私たちの皮膚の味、顔の形を覚えた。彼女の祖先たちがどんなふうにして卵を鎖状に編んだかを本能的に思い出した。水族館を訪れる何万もの人々を相手に、彼女の種を代表する使節の役目を果たし、自分たちの種に対する不快感を賞賛に変えさえした。なんという波瀾万丈の日々を送ったのだろうか。

私は樽に身を屈めて、畏怖と感謝の気持ちで彼女を見つめた。目が潤み、涙のしずくが水のなかに落ちる。激しい感情のこもった人間の涙というのは、目が刺激されて出る涙とは化学成分が異なる。嬉し涙と悲しいときの涙にはどちらもプロラクチンが含まれる。セックス、夢、発作などの際に男女共にピークに達するホルモンで、女性の場合は乳汁分泌を促す。オクタヴィアは私の感情を味覚で感じ取ることができるだろうか、と私は思った。覚えのある味だったかもしれない。魚にはプロラクチンがある。タコにもだ。

休息するオクタヴィアの茶色の皮膚に、薄い色合いでクモの巣に似た模様が広がった。「美しい」とブレンダンが敬虔な面持ちで言った。彼はオクタヴィアを間近で見るのは初めてで、以前はガラス越しにしか見たことがなかった。でも今でさえ、一生の終わりが迫っていても、オクタヴィアは美しく、悪いほうの目を除けば、やせてはいても健康そうで、壊死した皮膚の白い斑点はどこにも見当たらなかった。「美しい老婦人ね」私は言った。

私たちは、人間たちとタコは、さらに数分間見つめ合いながら、休息した。それから、驚いたことに、オクタヴィアはもう一度、私たちのいるほうへ浮き上がってきた。そのあいだに、私たちは樽の底に目を走らせ、ウィルソンが与えたイカを彼女が落としたことに気づいた。食べてくれていたらよかったのにと思いながらも、私たちは新しいことを学んだ。彼女がさっき浮き上がってきたのはお腹が空いていたからではなく、今度も空腹だから浮き上がってきたわけではなかったのだ。

オクタヴィアが浮き上がってきた理由は、十分すぎるほどはっきりしている。彼女はまる十か月、私たちと交流したり、私たちの皮膚の味を確かめたり、私たちが彼女の水槽の上部にいるのを見たりしていなかった。オクタヴィアは病気で、弱っていた。このあと四週間足らずで、五月の土曜の朝、樽の底で、色が薄くなり、やせて、動かなくなって、死んでいるオクタヴィアを、ビルが発見することになる。それでも、あらゆることに関係なく、あの瞬間に私たちは悟ったのだ。オクタヴィアは私たちを覚えていて、私たちに気づいただけでなく、もう一度私たちに触れたかったのだと。

＊

港の海水が初めて張られたとき、完成したジャイアント・オーシャン・タンクは神秘的で、前途洋々として、生き生きとしたグリーンの輝きを放った。曙光のようなその輝きに続いて、水中で新しいサンゴ彫刻と新しくやってきた何百という魚たちの、とりどりの色や形がきらめいた。スタッフは賢明にもまず一番小さな魚から水槽に戻し、そうした魚たちが岩の割れ目に陣取って、安全だと感じ、自信が持てる縄張りを確立できてから、より大型の、捕食性の魚を水槽に入れるようにした（おかげでこちらはまったく手がかからなかった）。マートルは再び、かつての勢力範囲で幅を利かせている。ペンギンたちはプールに戻り、それぞれ十一か月前に守っていたのとまったく同じ場所に陣取って、水族館の一階フロアを再び、来る者を歓迎するような騒がしい鳴き声で包むのだった。

七月一日に行われた新装ＧＯＴのお披露目はすばらしいものだった――マリオンとデイヴの結婚式もすばらしかった。立会人のスコットの説教はマリオンのアナコンダに関する取り組みの話が中心で、ある招待客はこんな感想を口にした。「これまでに参列したなかで最高にス
ネ
ー
ク
な結婚式だった」。ウィルソンとその家族はウィルソンの奥さんを介護付き施設から車椅子で連れ出

し、孫娘ソフィーのパーティーに出席させた。奥さんはみんなのことがわかり、集まりを楽しんでいる様子だった。クリスタは夏の終わりに、面接を受けた五十人のうちからひとり選ばれて、水族館の教育課の正規職員として採用された。ニューイングランド水族館の七月と八月の来館者数は四十三万人と、この水族館の四十四年の歴史のなかで最高を記録した。

＊

九月のある水曜日、私がタコの水槽のあるコーナーに着くと、訪れた人々をカルマが楽しませている。カルマは水槽正面を大きな白い吸盤を使って力強く這いながら、細長い瞳孔を持つ目の片方で集まった人々を見つめている。「わあ！ タコだあ！」金色の髪を三つ編みにしてピンク色のリボンで束ねた小さな女の子が叫ぶ。「おーっ！ すげー！」革ジャンを着た十代の少年が言う。「ほら、みんな来てごらん！」引率の先生が生徒たちを呼ぶ。「タコが出てきてる！」

私は急いで上の階に行ってウィルソンと合流し、カルマの水槽の蓋を開ける。カルマは鮮やかな赤い色をして、私たちのもとへ流れるようにやってきて、ひらりと逆さまになる。下でカメラのフラッシュが光るなか、私たちは彼女に一匹また一匹とシシャモを手渡す。合計六匹のシシャモをカルマは待ちかまえていたかのように受け取る。魚が彼女の腕の付け根の中央に集まっているのが見える。だが食べている最中も、カルマは私たちと遊びたくてたまらないようだ。腕がくねるように水中から出てきて私たちをつかみ、前腕と手の甲にキスマークが残るほど強く吸盤で吸いつく。

彼女はシシャモを六匹とも本当に食べたのだろうか。落とした魚がないかどうか確かめるため、私たちは下の展示コーナーに戻る。

「さっきタコといた人ですか」まるで私たちが大統領と食事しているのを見たかのような口振りで、少年が訊く。私たちは誇らしげにうなずく。

「あなたたちのことがわかっているんですか」口ひげを生やした中年男性が疑うように言う。

もちろんです、と私たちは答える。ひょっとしたら私たちが彼女をわかっているのと同じくらい、あるいはそれ以上かもしれない、と。

それでも私はまだたくさんの疑問を抱えている。私たちを見ているとき、カルマの頭のなか――というより、腕のたくさんの神経細胞の束――では何が起きているのか。ビルやウィルソン、クリスタ、アナ、私の姿が見えたら、三つある心臓の鼓動は速まるのだろうか。私たちがいなくなると悲しみを感じるのだろうか。タコの場合――さらに言うなら、自分以外の誰かの場合――悲しみはどんな感じがするものなのか。カルマはあの大きな体を巣穴の小さな割れ目に押し込むとき、どんなふうに感じているのだろうか。彼女の皮膚の上でシシャモはどんな味がするのだろう。

もちろん、答えは私には知る由もない。カルマにとって私がどんな意味を持つのかも知る由もない。それでも、カルマが、そしてオクタヴィアとカーリーが、私にとってどんな意味を持っているかは知っている。彼女たちは私の人生を永遠に変えた。私は彼女たちを愛した。これからもずっと愛している。私にすばらしい贈り物をくれたのだから。その贈り物とは、考え、感じ、知ることの意味をより深く理解することだ。

追記

二〇一六年四月、ニューイングランド水族館は新しい水槽をお披露目した。新しい水槽は、アテナやオクタヴィアやカルマ、それに彼女たちより前のタコたちが暮らした容量二一二〇リットルの水槽よりはるかに大きい。三つに分かれた展示コーナーの住民たちは、ヒトデ、オオカミウオ、ジャイアント・グリーン・アネモネを含めて全員、これからは容量約二万二七〇〇リットルの新しい水槽で暮らすことになる。前の水槽がフォルクスワーゲン・ビートルとほぼ同じ大きさだったのに対し、新しい水槽はトラックの大きさに近い。巨大な新しい水槽はふたつの「アパート」に分かれていて、それぞれ前の水槽の倍以上の広さに、タコが一匹ずつ入れられ、お互いに相手の姿は見えるけれど、危険のないよう隔離された状態で暮らすことになる。

これからは、一般公開前のタコがいる場合、そのタコも今までのように裏の樽のなかではなく広々したタコのアパートで暮らすことになる。一般の来館者も、正面にある水槽の「主役」であるタコも、若いタコの姿を見ることができる。

タコたちはこの新しいやりかたが気に入るだろうか。「僕らはそう願ってる」とビル・マーフィーは言う。今回の水槽リニューアルはビルの二〇〇七年以来の念願だった。「スペースも広がるし、彼女——か、彼か——も新しい動物に出会える」と、リニューアルオープンの数か月前、ビルは私に言った。主役のタコがいる側には、これまでどおり大きなオスのヒマワリヒトデなどヒトデたちがいるが、今後ほかの生き物たちも仲間入りする予定だ。「腕を伸ばしてウミエラに触れることもできる」とビルは言っていた。「気に入ってもらえるといいんだが」

タコのアパートは二部屋とも新しい石細工が売りで、タコが腕を突っ込んで探りを入れられるような物陰や割れ目がいくらでもあり、好奇心旺盛なタコを退屈させないようになっている。人間との交流がなくなるわけではないが、野生の状態では共存しているさまざまな種の生き物と過ごす時間も、これまで以上に増える——そして、ビルが誇らしげに指摘するとおり、「来館者にとっては太平洋北西部の海のなかをのぞく最高のチャンス」だ。場合によっては、ほかの生き物とタコをアクリル樹脂製パネルで仕切り、タコに食べられないようにするという。

謝辞

この本に登場するすべての人たち、そして動物たちに大変お世話になった。背骨のある皆さんにも背骨のない皆さんにも、そしてこの本で紹介できなかった多くの皆さんにも。

ニューイングランド水族館で出会ったボランティアやスタッフは、例外なく卓越した知識を持ち、頼れる人ばかりで、おかげで私は水族館のあらゆる面を探ることができた。アニタ・メッツラーが見せてくれた研究用のロブスターたちは一匹一匹が実に個性豊かだった。ジェイミー・マシソンは私を水族館のアザラシとアシカに引き合わせ、ゼニガタアザラシのアメリアには私の唇に、オットセイのコルドヴァには私の鼻に、それぞれキスをさせてくれた。シニア・ウォッチ・エンジニアのジョン・リアドンには水族館の地下室を案内してもらった。水族館の心臓部である地下室には、巨大な貯蔵タンクやポンプやフィルター類がひしめいていた。これらも含めて文中では紹介できなかったものもたくさんあるけれど、そうしたものも、それを実現させてくれた人たちの厚意ともども、私はこれからもずっと忘れない。

バーモント州のミドルベリー大学のタコ研究室と、そこにいる十一匹のカリフォルニアツースポットタコ、とくに、外向的で活発なメスのオクトパス1を訪れた思い出も、決して忘れない。脳神経科学責任者のトム・ルート、動物研究責任者のヴィッキ・メージャー、動物管理助手のキャロリン・クラークソンをはじめ、一日がかりの見学ツアーにお邪魔した私とニューイングランド水族館の友人たちを受け入れてくださった管理担当者や研究者に感謝している。

この本が生まれるまでには、さらに遠くへの遠征が水の上でひとつ、水のなかでふたつ、必要不可欠だった。シアトル水族館をオクトパス・シンポジウムとオクトパス・ブラインドデートで二度訪れたことは、故ローランド・アンダーソンのご厚意のおかげで、とりわけ有益で意義深い経験になった。ユナイテッド・ダイバーズのスタッフと、アクアティック・スペシャルティーズのバーブ・シルヴェスターは、私にダイビングの世界への扉を開いてくれた。私のスキューバダイビングの先生であるドリス・モリセットは、メキシコのコスメルへのツアーに私も加えてくれた。おかげで私は生まれて初めて野生のタコを見ることができた。固い絆で結ばれたツアーのメンバーたち――ロブ・シルヴェスター、ウォルター・フッカー、メアリー・アン・ジョンストン、マイク・ベレスフォード、ジャニス&レイ・ナドー、そしてスキューバクラブ・コスメルの頼り甲斐があって知識の豊富なスタッフにも感謝している。フランス領ポリネシアのモーレア島でのタコに関する調査遠征を企画・主導したジェニファー・マザー、彼女の先駆者的な研究、寛大な精神、そして尽きることのない友情に感謝している。彼女の研究仲間で共に遠征に参加したデヴィッド・シェール、タチアナ・レイテ、キーリー・ラングフォードとの友情も色あせることはない。

加えて、次の人たちにとくに感謝したい。

オリオン誌の編集者(すばらしい著述家でもある)アンドルー・ブレックマン、この本の基になったタコに関する記事を、すばらしい雑誌に掲載できたのは彼の励ましがあったからこそだ。

進化生物学者のゲーリー・ガルブレス。彼は私の主任科学顧問にしてヒーローであり、有能な教師であり、高く評価されている研究者であり、世界中の動物たちの友である。

ジョディ・シンプソン。この本が三年がかりで進化するあいだ、私の話に耳を傾け、森での我が家の愛犬サリー、パール、メイとの散歩に何百回とつき合ってくれた。

不滅の冒険家ポリマス・マイク・ストセレッツ。私がこの本を書いているあいだ、有能な調査助手となり、頭足類の卵包腺の機能から、日本の「触手責め」というあまり歓迎しないものまで、さまざまな話題について、タコにまつわる記事を私に届けてくれた。

ニューハンプシャー州ハンコックの図書館司書エイミー・マーカス。私がこの本の調査取材に出かけているあいだ、司書の仕事のかたわら私の個人的なアシスタントの役目もこなしてくれた。

著術家で翻訳者のジェリー・ライアン。ニューイングランド水族館の豊かな歴史にまつわる彼の見識に助けられた。

ティアン・シュトロームベック、オクタヴィア、カーリー、カルマの本質をよく捉えた写真をありがとう。ジョハンナ・ブラシ、ジャイアント・オーシャン・タンクの写真をありがとう。

キース・エレンボーゲンとデヴィッド・シェール、モーレアへのツアーでのすてきなひとときと写真をありがとう。

デザイナーのポール・ディポリット、この本をエレガントな一冊に仕上げてくれた。リズ・トーマス、この本（これまでとこれからのすべての本）のための下調べのあいだも、執筆中も計り知れない支援と非の打ちどころない助言を与えてくれる。

私の夫ハワード・マンスフィールド、文章に対する並外れて厳しい目、忍耐、優しさに感謝する。私がタコのキスマークだらけになっていても、じっと我慢してくれたことにも。

マリオン・ブリット、クリスタ・カルセオ、セリンダ・チコイン、マーク・ドーハン、スコット・ダウド、ジョエル・グリック、ジェニファー・マザー、マリオン&サム・マギル＝ドーハン、ロバート・マッツ、ウィルソン・メナシ、ビル・マーフィー、アンドルー・マーフィー、ジュディス&ロバート・オクスナー、ジェリー・プライス、リズ・トーマス、ジョディ・シンプソン、グレッチェン・ヴォーゲル、ポリー・ワトソン。原稿に丁寧に目を通し、間違いがあれば訂正し、コメントをくれて、ありがとう。

我が親愛なる著作権エージェントのサラ・ジェーン・フレイマン、最高の編集者レスリー・メレディス、レスリーのすばらしい共同編集者ドナ・ロッフレード。三人が初めからこの本がものになると信じてくれたことに、感謝している。

訳者あとがき

その体には青い血が流れ、三つの心臓が脈打っている。あの手この手で世間の目をあざむき、姿をくらますのはお手のもの。神出鬼没で変幻自在。刺激のない暮らしを嫌い、好奇心のおもむくまま、身の危険もかえりみず果敢に未知の世界に飛び込んでいく。群れることを好まず、孤高を持するが、短くも波瀾万丈の生涯の最後に、たった一度だけ恋をする。恋が実って新たな命を授かれば、母親は我が子にありったけの愛情を注ぎ、広い世界に送り出すまで自分は飲まず食わずで細やかに世話を焼き、小さな命を守り抜く――女手ひとつで……いや、八つで、だ。

そのミステリアスな生き物こそ、本書『愛しのオクトパス　海の賢者が誘う意識と生命の神秘の世界』（原題 *The Soul of an Octopus: A Surprising Exploration into the Wonder of Consciousness*）の主役――タコ、である。

著者のサイ・モンゴメリーはアメリカ在住のナチュラリスト。ニュージーランドの飛べないオウム「カカポ（フクロウオウム）」や、アマゾン流域に生息するピンクイルカといった希少生物の調査に携わり、プライベートでも瀕死の子豚を引き取って家族の一員として育て、十四年間共に暮らした経験を持つ。

そんな彼女が二〇一一年春、ボストンのニューイングランド水族館でメスのミズダコ「アテナ」に出会い、すっかりタコのとりこに。それからというもの、ニューハンプシャー州の自宅からボストンまで、自ら車のハンドルを握って毎週のように水族館に通い、お目当てのタコはもちろんのこと、水族館の生き物たち、飼育員やボランティアスタッフとも交流を深めていく。

タコは人間と違ってニューロン（神経細胞）の大部分が腕にあること。オスは目から右に数えて三本目の腕の先端に生殖器を持ち、その腕を使って精子の入ったカプセルをメスに渡すこと（このため生殖行為は「交尾」ではなく「交接」と呼ばれる）。脱走やいたずらの達人であること。頭がいいわりに、意外とドジなこと……。タコの生態や習性を知れば知るほど、著者のタコに対する恋心は募るばかり。恋をすれば、相手のことをもっと知りたくなるもの。相手がどんな気持ちなのか、いったい何を考えているのか。やがて著者は、人間とは異なる「もうひとつの知性」の可能性に思いをめぐらすようになる。

タコの意識や感情についての考察はかなり著者の思い入れがたっぷり。だが「もうひとつの知性」があるのではないかと考えるのは、あながち的外れではないのかもしれない。世界の著名な科学者でつくる国際組織は二〇一二年、「意識を生み出す神経基盤」は人間だけにあるのではなく、「すべての鳥類、哺乳類、その他タコをはじめとする多くの生物にもある」と宣言している。

二〇一五年八月には沖縄科学技術大学院大学（ＯＩＳＴ）とシカゴ大学、カリフォルニア大学バークレー校の共同研究チームがタコの全ゲノム解読に成功、その研究成果が英科学誌ネイチャーに掲載された。それによれば、ゲノムを構成する塩基対の数がタコの場合は二十七億対で、ヒトの三十一億対にほぼ匹敵するそうだ。

進化の過程でタコにつながる系統と私たちヒトにつながる系統とが分かれたのは、今から五億年あまり前――サルとヒトの系統が分かれるはるか以前だ。以来、タコとヒトはまったく異なる道のりをたどった末に、片や海の無脊椎動物、片や陸の脊椎動物として、それぞれ進化の頂点を極めるに至った。

無脊椎動物のなかでもタコやイカなどは「軟体動物門」に属する「頭足類」だ。この頭足類は軟体動物のなかでもとくに変わり種らしい。たとえば、ほかの軟体動物の場合は脊椎動物の両生類などと同様に、子は「ラーバ（幼生）」と呼ばれるが、タコやイカの子は「疑似」という意味の「パラ」をつけて「パララーバ（擬幼生）」と呼ばれる。ほかの軟体動物が孵化直後は親とまったく違う姿をしているのに対し、頭足類は孵化した時点ですでに親と同じ姿をしているためだ。子が孵化して大海原に泳ぎ出すころには親はすでに短い一生を終えており、子は自力で生き抜いていかなければならない。

余談ながら、江戸時代中期の絵師、伊藤若冲もタコを描いている。かの有名な『動植綵絵』三十幅の一幅「群魚図」で、いろんな種類の魚たちに交じって大きなタコが泳いでいるのだが、目を凝らしてみれば、大ダコの一本の腕の先端に、ちょこんともう一匹、小さな小さなタコがしがみついている。タコの習性・生態からすれば現実にはありえない光景で、もちろん若冲の意図は知る由もない。それでも訳者は思わず、本書に登場する二匹のタコ、オクタヴィアとカーリーの姿を重ねずにはいられなかった。

タコに対してはもちろん、タコ以外の生き物たちに対しても、著者のまなざしは温かく、本書は人間も含めたすべての生き物へのエールのようでもある。動物に人間の感情を投影するのは動物学ではタブーらしいが、本書に登場する動物たちは、タコを筆頭に実に個性豊かで「人間味」にあふれている。姿かたちも、性格も、知能も、年齢もさまざまだが、それぞれに与えられた時間を精いっぱい生きている。そんな彼らの営みに思わず人間の姿を重ねてしまうのは著者だけではない。水族館の水槽のまわりに集まる、年代も境遇もさまざまな人々のつぶやきも、それぞれの人生を反映して味わい深い。著者はタコを見守りながら、人々のそんなつぶやきにも静かに耳を傾けている。

あらゆる生き物を「人間以上」の存在として捉え、敬意と愛情をもって接し、感動し驚嘆する姿勢は、ときに同じ人間でさえ見下して「動物以下」と切り捨てるような身勝手な優越感とはおよそ対極にある。自分とは異質なものを頭ごなしに否定し、排斥しようとする空気が気がかりなきょうこのごろだが、相手が人間だろうとタコだろうと、相手に興味を持ち、相手の身になって想像力を働かせてみるほうが、よほど楽しいいんじゃないだろうか。そうした能力にかけては、生き延びるために天敵や獲物の心を読み、その折々の環境に合わせて、体の色や形や模様を刻々と変えることができるように進化してきたタコの右に出る者はいないのかもしれない。

「水族」の生き物たちの魅力もさることながら、飼育員やスタッフの奮闘ぶりや大改修の様子など、水族館の舞台裏も生き生きと描かれていて、実際に足を運んでみたくなる。ニューイングランド水族館は一九六九年に非営利組織として設立。さまざまな水生生物をユニークな方法で展示し、研究、教育、環境保護活動にも力を入れている。ボランティアやインターン制度も充実、セミクジラの里親制度などもあり、参加・体験型の水族館のはしりといえる。一般向けの無料講座を定期的に開催しており、原書刊行後に行われた著者の講演の様子をYouTubeで視聴することが可能だ(https://www.youtube.com/watch?v=_N2yDf7_1oc)。映像からも著者の気さくな人柄と、ビル・マーフィーら水族館スタッフとすっかり気心の知れた雰囲気が伝わってくる。現在は著者にちなんで名づけられた「サイ」というメスのミズダコが飼育されていて、伸びやかに泳ぐ姿を捉えた動画も公開されている(http://www.neaq.org/blog/active-octopus/)。そして、「サイ」とのエピソードを紹介したニューハンプシャー・ユニオン・リーダー紙(二〇一六年五月二十一日付)によれば、著者の次なるプロジェクトはなんと「ハイエナ!」だそうだ。

最後になりましたが、刊行にこぎつけるまでにはたくさんの方々のお力添えをいただきました。訳出・推敲にあたって多くの的確で貴重なご指摘をくださった亜紀書房編集部の田中祥子さん、校正者の谷内麻恵さん、Mike Loughranさん。すてきな装幀をデザインしてくださった五十嵐哲夫さん、魅力あふれるイラストを描いてくださった漫画家の望月ミネタロウさん。突然のメールでの質問にもかかわらず、タコのえら呼吸と交接についてご教示くださった琉球大学理学部海洋自然科学科生物系の池田譲先生、ニューイングランド水族館でのボランティア経験を基に貴重なアドバイスをくださった和田裕子さん。お世話になったすべての皆様に、この場をお借りして心より御礼申し上げます。

なお、本文中の書名については邦訳版のないものは初出に原題とその訳を併記し、邦訳版のあるものは邦題のみとし、引用部分については既訳のあるものは既訳を参考にしつつ、聖書からの引用以外はすべて訳者独自の訳としたことを、ここに申し添えておきます。

二〇一七年一月

小林由香利

参考文献・資料

この本を執筆するに当たって、とくに役立った書籍、論文、動画、ウェブサイトなどを一部紹介しておく。

書籍

Bailey, Elisabeth Tova. *The Sound of a Wild Snail Eating*. Chapel Hill, NC: Algonquin Books of Chapel Hill, 2010.
（『カタツムリが食べる音』エリザベス・トーヴァ・ベイリー著、高見浩訳／飛鳥新社／2014年）

Blackmore, Susan. *Consciousness: A Very Short Introduction*. Oxford, UK: Oxford University Press, 2005.
（『意識』スーザン・ブラックモア著、信原幸弘、筒井晴香、西堤優訳／岩波書店／2010年）

Cosgrove, James A., and Neil McDaniel. *Super Suckers: The Giant Pacific Octopus and Other Cephalopods of the Pacific Coast*. Madeira Park, BC: Harbour Press, 2009.

Courage, Katherine Harmon. *Octopus! The Most Mysterious Creature in the Sea*. New York: Penguin, 2013.
（『タコの才能　いちばん賢い無脊椎動物』キャサリン・ハーモン・カレッジ著、高瀬素子訳／太田出版／2014年）

Cousteau, Jacques, and Philippe Diolé. *Octopus and Squid: The Soft Intelligence*. New York: Doubleday, 1973.

Damasio, Antonio. *The Feeling of What Happens: Body and Emotion in the Making of Consciousness*. New York: Harcourt Brace and Co., 1999.
（『無意識の脳　自己意識の脳　身体と情動と感情の神秘』アントニオ・R・ダマシオ著、田中三彦訳／講談社／2003年）

Dennett, Daniel C. *Kinds of Minds: Toward an Understanding of Consciousness*. New York: Basic Books, 1996.
（『心はどこにあるのか』ダニエル・C・デネット著、土屋俊訳／ちくま学芸文庫／2016年）

Dunlop, Colin, and Nancy King. *Cephalopods: Octopus and Cuttlefishes for the Home Aquarium*. Neptune City, NJ: TFH Publications, 2009.

Ellis, Richard. *The Search for the Giant Squid: The Biology and Mythology of the World's Most Elusive Sea Creature*. New York: Penguin, 1999.

Fortey, Richard. *Horseshoe Crabs and Velvet Worms: The Story of the Animals and Plants That Time Has Left Behind*. New York: Knopf, 2012.

Foulkes, David. *Children's Dreaming and the Development of Consciousness*. Cambridge, MA: Harvard University Press, 1999.

Gibson, James William. *A Reenchanted World: The Quest for a New Kinship with Nature*. New York: Holt, 2009.

Gomez, Luiz. *A Pictorial Guide to Common Fish in the Mexican Caribbean*. Cancún,

Mexico: Editora Fotografica Marino Kukulcan S.A. de C.V., 2012.

Grant, John, and Ray Jones. *Window to the Sea*. Guilford, CT: Globe Pequot Press, 2006.

Gregg, Justin. *Are Dolphins Really Smart? The Mammal Behind the Myth*. Oxford, UK: Oxford University Press, 2013.

Hall, James A. *Jungian Dream Interpretation*. Toronto: Inner City Books, 1983.
（『ユング派の夢解釈　理論と実際』ジェームズ・A・ホール著、氏原寛、片岡康訳／創元社／1985年）

Humann, Paul, and Ned Deloach. *Reef Creature Identification: Florida Caribbean Bahamas*. Jacksonville, FL: New World Publications, 2002.
——. *Reef Coral Identification: Florida Caribbean Bahamas*. Jacksonville, FL: New World Publications, 2011.

Jaynes, Julian. *The Origin of Consciousness in the Breakdown of the Bicameral Mind*. Boston: Houghton Mifflin, 1976.
（『神々の沈黙　意識の誕生と文明の興亡』ジュリアン・ジェインズ著、柴田裕之訳／紀伊國屋書店／2005年）

Keenan, Julian Paul, and Gordon G. Gallup and Dean Falk. *The Face in the Mirror: The Search for Origins of Consciousness*. New York: Harper Collins Ecco, 2003.
（『うぬぼれる脳　「鏡のなかの顔」と自己意識』ジュリアン・ポール・キーナン、ゴードン・ギャラップ・ジュニア、ディーン・フォーク、山下篤子訳／日本放送出版協会／2006年）

Lane, Frank. *Kingdom of the Octopus*. New York: Pyramid Publications, 1962.

Lawbel, George S., and Larry R. Martin. *Diving and Snorkeling Cozumel*. St. Footscray, Victoria, Australia: Lonely Planet Publications, 2006.

Linden, Eugene. *The Octopus and the Orangutan*. New York: Dutton, 2002.
（『動物たちの愉快な事件簿』ユージン・リンデン著、野中香方子訳／紀伊國屋書店／2003年）

Mather, Jennifer, Roland C. Anderson, and James B. Wood. *Octopus: The Ocean's Intelligent Invertebrate*. Portland, OR: Timber Press, 2010.

Mather, J. A. "Cephalopod Displays: From Concealment to Communication." *In Evolution of Communication Systems*, eds. D. Kimbrough Oller and Ulrike Griebel, 193–213. Cambridge, MA: MIT Press, 2004.

Morell, Virginia. *Animal Wise: The Thoughts and Emotions of our Fellow Creatures*. New York: Crown, 2013.
（『なぜ犬はあなたの言っていることがわかるのか　動物にも"心"がある』ヴァージニア・モレル著、庭田よう子訳／講談社／2015年）

Moynihan, Martin. *Communication and Noncommunication by Cephalopods*. Bloomington, IN: Indiana University Press, 1985.

Paust, Brian C. *Fishing for Octopus: A Guide for Commercial Fishermen*. Fairbanks, AK: Sea Grant/University of Alaska, 2000.

Prager, Ellen. *Sex, Drugs and Sea Slime: The Oceans' Oddest Creatures and Why They Matter.* Chicago: University of Chicago Press, 2012.

Ryan, Jerry. *A History of the New England Aquarium 1957–2004*. Boston: produced for limited distribution by the author, 2011.
——. *The Forgotten Aquariums of Boston*, 2nd rev. ed. Pascoag, RI: Finley Aquatic Books, 2002.

Segaloff, Nat, and Paul Erickson. *A Reef Comes to Life: Creating an Undersea Exhibit.* Boston: Franklin Watts, 1991.

Shubin, Neil. *Your Inner Fish: A Journey into the 3.5-Billion-Year-History of the Human Body*. New York: Vintage, 2009.
(『ヒトのなかの魚、魚のなかのヒト　最新科学が明らかにする人体進化35億年の旅』ニール・シュービン著、垂水雄二訳／ハヤカワ・ノンフィクション文庫／2013年)

Siers, James. *Moorea*. Wellington, New Zealand: Millwood Press, 1974.

Williams, Wendy. *Kraken: The Curious, Exciting, and Slightly Disturbing Science of Squid.* New York: Abrams Image, 2011.

—— 科学論文 ——

Anderson, Roland D., Jennifer Mather, Mathieu Q. Monette, and Stephanie R. M. Zimsen. "Octopuses (*Enteroctopus Doflenini*) Recognize Individual Humans." 2010. *Journal of Applied Animal Welfare Science* 13: 261–72.

Boal, Jean Geary, Andrew W. Dunham, Kevin T. Williams, and Roger T. Hanlon. "Experimental Evidence for Spatial Learning in Octopuses (*Octopus Biomaculoides*). 2000. *Journal of Comparative Psychology* 114: 246–52.

Brembs, B. "Towards a Scientific Concept of Free Will as a Biological Trait: Spontaneous Actions and Decision-Making in Invertebrates." 2011. *Proceedings of the Royal Society of Biological Sciences* 278 (170): 930–39.

Byrne, Ruth, Michael J. Kuba, Daniela V. Meisel, Ulrike Griebel, and Jennifer Mather. "Does *Octopus Vulgaris* Have Preferred Arms?" 2006. *Journal of Comparative Psychology* 120 (3): 198–204.

Godfrey-Smith, Peter, and Matthew Lawrence. "Long-Term High-Density Occupation of a Site by *Octopus Tetricus* and Possible Site Modification Due to Foraging Behavior." 2012. *Marine Freshwater Behavior and Physiology* 45 (4): 261–68.

Hochner, Binyamin, Tal Shormrat, and Graziano Fiorito. "The Octopus: A Model for a Comparative Analysis of the Evolution of Learning and Memory Mechanisms." 2006. *The Biological Bulletin* 210 (3): 308–17.

Leite, T. S., M. Haimovici, W. Molina, and K. Warnke. "Morphological and Genetic Description of *Octopus Insularis*, a New Cryptic Species of the *Octopus Vulgaris* Complex from the Tropical Southwestern Atlantic." 2008. *Journal of Molluscan Studies* 74 (1): 63–74.

Lucerno, M., H. Farrington, and W. Gilly.

"Quantification of L-Dopa and Dopamine in Squid Ink: Implications for Chemoreception." 1994. *The Biological Bulletin* 187 (1): 55–63.

Mather, J. A., Tatiana Leite, and Allan T. Battista. "Individual Prey Choices of Octopus: Are They Generalists or Specialists?" 2012. *Current Zoology* 58 (4): 597–603.

Mather, J. A. "Cephalopod Consciousness: Behavioral Evidence." 2008. *Consciousness and Cognition* 17 (1): 37–48.

Mather, J. A., and Roland C. Anderson. "Ethics and Invertebrates: a Cephalopod Perspective." 2007. *Diseases of Aquatic Organisms* 75: 119-129.

Mather, J. A., and R. C. Anderson. "Exploration, Play and Habituation in *Octopus Dofleini*." 1999. *Journal of Comparative Psychology* 113: 333–38.

Mather, Jennifer A. "Cognition in Cephalopods." 1995. *Advances in the Study of Behavior* 24: 316–53.

Mather, J. A. " 'Home' Choice and Modification by Juvenile *Octopus Vulgaris*: Specialized Intelligence and Tool Use?" 1994. *Journal of Zoology* (London) 233: 359–68.

Mathger, Lydia M., Steven B. Roberts, and Roger T. Hanlon. "Evidence for Distributed Light Sensing in the Skin of Cuttlefish, *Sepia Officinalis*." 2011. *Biology Letters* 6: 600–03.

Nair, J. Rajasekharan, Devika Pillai, Sophia Joseph, P. Gomathi, Priya V. Senan, and P. M. Sherief. "Cephalopod Research and Bioactive Substances." 2011. *Indian Journal of Geo-Marine Sciences* 40 (1): 13–27.

Toussaint, R. K., David Scheel, G. K. Sage, and S. L. Talbot. "Nuclear and Mitochondrial Markers Reveal Evidence for Genetically Segregated Cryptic Speciation in Giant Pacific Octopuses from Prince William Sound, Alaska." 2012. *Conservation Genetics* 13 (6): 1483–97.

―― インターネット上の動画・音声 ――

ニューイングランド水族館でミズダコのジョージと触れ合う飼育員のビル・マーフィー。
http://www.youtube.com/watch?v=_6DWQZkgiaU

藻と思いきや突然タコが1匹現れ――泳ぎ去る。
http://www.youtube.com/watch?v=ckP8msIgMYE

ロジャー・ハンロンが頭足類における擬態とシグナルについて講義する、傑作シリーズの第1回。第2回以降はリンクから。
http://www.youtube.com/watch?v=oDvvVOIyaLI

手にしていた新品のビデオカメラをタコにもぎ取られ、そのまま持ち逃げされて呆然とするダイバー――その間もカメラは回り続けている。
http://www.youtube.com/watch?v=x5DyBkYKqnM

ショー・オーシャン・ディスカバリーセンターで短期間飼育されていたミズダコのデュードを野生に返す様子。

http://www.youtube.com/watch?v=V57Dfn_F69c

シアトル水族館の大水槽でサメが死んでいるのが発見されるようになった。「犯人」はなんとタコだった。
http://www.youtube.com/watch?v=urkC8pLMbh4

ニューイングランド水族館のダンゴウオの調教風景。
http://www.youtube.com/watch?v=7j9S0vBHpUw

海底をつま先立ちのようにして移動するメジロダコ。半分に割れたココナツの殻をシェルター代わりに持ち歩いている。
http://www.news.nationalgeographic.com/news/2009/12/091214-octopus-carries-coconuts-coconut-carrying.html

ウエストシアトルの入り江で、5万個の卵の世話を焼くミズダコ。1週間後に最後の卵が孵化し終えたとき、母ダコの命は尽きる。
http://www.huffingtonpost.com/2011/06/23/giant-pacific-octopus -bab_n_883384.html

「リビング・オン・アース」のスタッフがニューイングランド水族館にミズダコのオクタヴィアを訪れた際のレポート。
http://www.loe.org/shows/segments.html?programID=12-P13-00033&segmentID=5

—— その他オンラインの資料 ——


ニューイングランド水族館の公式サイト。施設案内、動画、お知らせ、特別プログラムなど。

www.neaq.org

シアトル水族館の公式サイト。オクトパス・ウィークや2年に1度開催されるオクトパス・シンポジウムの告知も。

www.seattleaquarium.org

The Octopus News Magazine Online. タコ、オウムガイ、イカ、コウイカ、頭足類の化石に関するニュースを提供。
www.TONMO.com

哲学者でダイバーのピーター・ゴドフリー゠スミスのブログ。頭足類の進化や体や心、および海に関する興味深い話題のほか、オクトポリスについての記事も。

www.giantcuttlefish.com

医学研究者養成コースの学生マイク・リシエツキによる、頭足類に関する綿密で優れた記事と動画を掲載。とくに頭足類の知性と擬態に重点が置かれている。

cephalove.southernfriedscience.com

著述家でサイエンティフィック・アメリカン誌の編集者でもあるキャサリン・ハーモン・カレッジがタコについて綴る、気が利いていて、かつ爽やかなブログ。
http://blogs.scientificamerican.com/octopus-chronicles/

サイ・モンゴメリー　Sy Montgomery

ナチュラリスト、作家。大人向け、子供向けのノンフィクション20冊を執筆、高い評価を受けている。大人向けの『幸福の豚――クリストファー・ホグウッドの贈り物』（バジリコ）は全米ベストセラーに。オウムの保護活動を取り上げた *Kakapo Rescue* で良質の子供向けノンフィクションに贈られる「ロバート・F・サイバート知識の本賞」を受賞。人食いトラの問題に迫った *Spell of the Tiger* は彼女の仕事ぶりを追ったナショナル・ジオグラフィックTVの同名ドキュメンタリー番組の着想を与えた。アマゾンでの冒険をまとめた *Journey of the Pink Dolphins* は「ラプソディーのよう」（パブリッシャーズ・ウィークリー）、「心を奪われる」（ブックリスト）、「相手を知ろうとする真摯さがある」（ニューヨーカー）と評され、the London Times Travel Book Awardの最終選考に残った。その他、アメリカの動物愛護団体「全米人道協会（HSUS）」およびニューイングランド書店協会の特別功労賞、3つの名誉学位など、数々の栄誉に浴している。
現在、ボーダーコリーのサリー、放し飼いのメンドリの群れ、そして夫で作家のハワード・マンスフィールドと共にニューハンプシャー州で暮らしている。

小林由香利　Yukari Kobayashi

翻訳家。東京外国語大学英米語学科卒業。訳書にエドワード・O・ウィルソン『ヒトはどこまで進化するのか』（亜紀書房）、アート・マークマン『スマート・チェンジ――悪い習慣を良い習慣に作り変える5つの戦略』（CCCメディアハウス）、ケヴィン・ダットン『サイコパス――秘められた能力』（NHK出版）などがある。

愛《いと》しのオクトパス

海《うみ》の賢者《けんじゃ》が誘《いざな》う意識《いしき》と生命《せいめい》の神秘《しんぴ》の世界《せかい》

2017年3月1日 第1版第1刷発行

著者 サイ・モンゴメリー
訳者 小林由香利

装画 望月ミネタロウ
装丁 五十嵐哲夫

発行所 株式会社亜紀書房
〒101-0051
東京都千代田区神田神保町1-32
TEL 03-5280-0261（代表） 03-5280-0269（編集）
http://www.akishobo.com/
振替 00100-9-144037

印刷所 株式会社トライ
http://www.try-sky.com/

Printed in Japan
ISBN 978-4-7505-1503-8 C0045